高等职业教育
工程造价专业系列教材

GAODENG ZHIYE JIAOYU
GONGCHENG ZAOJIA ZHUANYE XILIE JIAOCAI

建筑工程
计量与计价

JIANZHU GONGCHENG
JILIANG YU JIJIA

主　编 / 李希然
副主编 / 张　春　余春宜

重庆大学出版社

内容提要

本书依据《建设工程工程量清单计价规范》（GB 50500—2013）、《房屋建筑与装饰工程工程量计算规范》（GB 50854—2013）以及重庆市 2018 年版系列定额等进行编写。全书共 8 章，主要内容包括绪论、工程造价构成及计算、建设工程计价方法及计价依据、工程量计算概述、建筑面积的计算、房屋建筑工程工程计量、建筑安装工程费计算以及工程计量与合同价款的结算。本书以工程计量与计价的"手工计算"为依托，按照项目划分"化整为零"、项目计价"合零为整"的原则，循序渐进、依次展开。

本书可作为高等职业教育工程造价、工程管理、建筑工程技术专业的教学用书，亦可供广大工程造价人员学习、参考。

图书在版编目（CIP）数据

建筑工程计量与计价 / 李希然主编. -- 重庆：重庆大学出版社，2019.8（2024.1 重印）
高等职业教育工程造价专业规划教材
ISBN 978-7-5689-1596-0

Ⅰ.①建… Ⅱ.①李… Ⅲ.①建筑工程—计量—高等职业教育—教材②建筑造价—高等职业教育—教材 Ⅳ.①TU723.32

中国版本图书馆 CIP 数据核字（2019）第 109411 号

高等职业教育工程造价专业系列教材
建筑工程计量与计价
主　编　李希然
副主编　张　春　余春宜
责任编辑：刘颖果　　　版式设计：刘颖果
责任校对：关德强　　　责任印制：赵　晟

*

重庆大学出版社出版发行
出版人：陈晓阳
社址：重庆市沙坪坝区大学城西路 21 号
邮编：401331
电话：(023) 88617190　88617185（中小学）
传真：(023) 88617186　88617166
网址：http://www.cqup.com.cn
邮箱：fxk@ cqup.com.cn（营销中心）
全国新华书店经销
重庆华林天美印务有限公司印刷

*

开本：787mm×1092mm　1/16　印张：16.75　字数：452 千　插页：8 开 9 页
2019 年 8 月第 1 版　　2024 年 1 月第 6 次印刷
印数：13 001—16 000
ISBN 978-7-5689-1596-0　定价：43.00 元

本书如有印刷、装订等质量问题，本社负责调换
版权所有，请勿擅自翻印和用本书
制作各类出版物及配套用书，违者必究

前言

　　"建筑工程计量与计价"是工程造价、工程管理、建筑工程技术等专业普遍开设的一门专业课程。本课程具有涉及知识面广,技术性、专业性、实践性、综合性均较强的特点,同时该课程又具有很明显的地区性和鲜明的政策性。通过本课程的学习,可使学生初步了解工程造价的重要性,掌握工程造价的组成及计算方法,为今后继续学习和从事建筑工程相关工作奠定基础。

　　本书紧紧围绕建设工程"计量"与"计价"两大核心知识点逐步展开,内容主要包括以下三大部分,共8章:

　　第一部分为计量与计价基础:主要包括第1章(绪论)、第2章(工程造价构成及计算)、第3章(建设工程计价方法及计价依据)。

　　第二部分为工程计量(工程量计算):主要包括第4章(工程量计算概述)、第5章(建筑面积的计算)、第6章(房屋建筑工程工程计量)。

　　第三部分为工程计价:主要包括第7章(建筑安装工程费计算)、第8章(工程计量与合同价款的结算)。

　　关于本书的其他说明:

　　(1)本书的工程量计算和工程计价均按照手工算量过程依次展开,重点在于讲解计量与计价的基本原理。另外,依据计量与计价工作量的大小、复杂程度、时间要求的紧迫程度等,手工计算已无法满足要求,故计量与计价的"电算化"将另外成书,专门介绍,或请广大读者自行参阅相关内容。

　　(2)本书第2章按照建标〔2013〕44号文件进行讲解,第5章按照《建筑工程建筑面积计算规范》(GB/T 50353—2013)进行讲解。另外,考虑工程造价具有明显的地域特征,本书第6章、第7章则按照重庆市2018年版系列定额进行讲解,恳请广大读者参阅时注意!

　　(3)本书的计价模式均采用工程量清单计价,但考虑目前国内仍有较大数量的清单组价为定额组价转换而来,为方便读者掌握其中缘由,本书个别章节中依然会出现少量"过时"的专业词汇,如

"定额基价"等,提醒广大读者注意。

（4）本书为方便读者理解相关内容,除附有相关例题外,还在书末附有一套完整的建筑施工图（包括建施图纸和结施图纸）,供广大读者参阅。

本书由李希然主编,张春、余春宜副主编。编写分工如下:第1和8章由张春编写,第2,3,6和7章由李希然编写,第4和5章由余春宜编写。全书由李希然统稿。

另外,本书在编写过程中得到了重庆建筑工程职业学院各级领导的大力支持和关怀,特别是工程造价教研室全体同仁的无私帮助,在此一并致谢!

由于编者水平有限,加之时间仓促,书中错误在所难免,恳请广大读者及同行不吝赐教,编者在此深表感谢!

编　者
2019 年 3 月

目 录

第 1 章　绪论

1.1　工程建设概述

工程建设是指投资兴建固定资产的经济活动,即建造、购置和安装固定资产的活动以及与之相联系的其他工作。工程建设包括基本建设和更新改造建设。工程建设过去常被称为基本建设。近年来国家对现有企业进行的以改进技术、增加产品品种、提高质量、治理"三废"、劳动安全、节约能源为主要目的的更新改造项目,也是固定资产扩大再生产的一部分,此部分被称为更新改造建设。今天所讲的工程建设在很大程度上即为基本建设,故下面重点阐述基本建设的相关内容。

· 1.1.1　基本建设相关概念 ·

1952 年我国国务院规定:凡固定资产扩大再生产的新建、改建、扩建、恢复工程及与之连带的工作为基本建设。

基本建设是形成固定资产的生产活动。《企业会计准则第 4 号——固定资产》中规定,固定资产是指同时具有下列特征的有形资产:

①为生产商品、提供劳务、出租或经营管理而持有的;

②使用寿命超过一个会计年度。

通俗地讲,固定资产是指在其有效使用寿命期内重复使用而不改变其实物形态的主要劳动资料,是一个物质资料生产的动态过程,这个过程概括起来,就是将一定的物资、材料、机器设备通过购置、建造和安装等活动把其转化为固定资产,形成新的生产能力或使用效益的建设工作。

· 1.1.2　工程建设项目分类 ·

为适应科学管理的需要,正确反映工程建设项目的性质、内容、规模等相关要素,可以从以下不同角度对工程建设项目进行分类。

①按照建设性质划分,可分为建设项目和更新改造项目。建设项目可分为新建项目、扩建项目、改建项目、迁建项目和恢建项目;更新改造项目主要包括挖潜工程、节能工程、安全工

程和环境保护工程。

②按照资金来源渠道划分,可分为国家投资项目和自筹资金建设项目。

③按照建设用途划分,可分为生产性建设项目和非生产性建设项目。

④按照建设规模划分,基本建设项目可分为大型、中型、小型三类;更新改造项目分为限额以上和限额以下两类。

⑤按照行业的性质和特点划分,可分为竞争性项目、基础性项目和公益性项目。

· 1.1.3　工程建设项目的分解（化整为零）及价格形成 ·

1) 工程建设项目的分解（化整为零）

为准确计算出工程建设项目的价格,必须对整个项目进行分解,划分为便于进行计算的基本构成项目(或单元)。工程建设项目按照其组成内容的不同,可划分为 5 个层次,如图1.1所示。

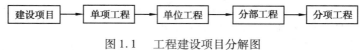

图 1.1　工程建设项目分解图

（1）建设项目

建设项目是指按一个总体设计组织施工,建成后具有完整的系统,可以独立地形成生产能力或者使用价值的建设工程。

确定建设项目应注意以下几点:

①属于一个总体设计中的主体工程和相应的附属配套工程、综合利用工程、环境保护工程、供水供电工程以及水库的干渠配套工程等,都统作为一个建设项目。

②它是经济上实行独立核算,行政上具有独立的组织形式,严格按基本建设程序实施的基本建设工程。

③在一个总体设计或初步设计范围内,由一个或若干个互相有内在联系的单项工程组成。

④在工业建筑中,一般以一个企业单位作为一个建设项目,如一个炼钢厂、一家汽车厂等;在民用建筑中,一般以一个事业单位作为一个建设项目,如一所学校、一家医院等。另外,亦可按照建筑群、小区、片区、分区等因素进行划分。

建设项目的工程造价一般由设计总概算或修正概算来确定。

（2）单项工程

单项工程亦称工程项目。单项工程是建设项目的组成部分(一个建设项目由一个或多个单项工程组成),是指在一个建设项目中,具有独立的设计文件,竣工后能独立发挥生产能力或效益的工程项目。如在工民建工程中,某工厂建设项目中的生产车间、办公楼、住宅、科研楼等;某学校建设项目中的教学楼、办公楼、图书馆、食堂、宿舍等。

单项工程造价一般通过编制单项工程综合概预算来确定。

（3）单位工程

单位工程是单项工程的组成部分，是指具有单独设计和独立施工条件并能形成独立使用功能，竣工后能形成独立使用功能的工程。

一般将具备独立施工条件并能形成独立使用功能的建筑物或构筑物称为一个单位工程。对于规模较大的单位工程，可将其能形成独立使用功能的部分划分为一个子单位工程。如生产车间这个单项工程一般是由建筑工程、设备安装工程这两个单位工程组成的。

单位工程造价一般由编制的施工图预算来确定。

（4）分部工程

分部工程是单位工程的组成部分，可按专业性质、工程部位来确定。当分部工程较大或较复杂时，可按材料种类、施工特点、施工程序、专业系统及类别将分部工程划分为若干子分部工程。如建筑工程为一单位工程，其可划分为地基与基础工程，主体工程，建筑装饰工程，屋面工程，建筑给水排水及供暖工程，通风与空调工程，建筑电气、智能建筑、建筑节能、电梯工程等分部工程。其中主体结构又划分为混凝土结构、砌体结构、钢结构、钢管混凝土结构、型钢混凝土结构、铝合金结构、木结构等子分部工程。

分部工程费用是单位工程造价的组成部分，一般由若干个分项工程造价组合而来。

（5）分项工程

分项工程是分部工程的组成部分。分项工程可按主要工种、材料、施工工艺、设备类别进行划分，通过简单的操作即可完成的工艺或过程。例如建筑装饰分部中的抹灰子分部可划分为一般抹灰、装饰抹灰、清水砌体勾缝、保温层薄抹灰等分项工程。

分项工程是单项工程组成部分中最基本的构成要素，每个分项工程均可依据一定的工程量计算方法、采取一定的计量单位并参考相关定额、标准确定其所消耗的人工、材料、机械台班等的数量及其价格要素（人工费、材料费、施工机械费等）。

某建筑院校工程项目分解图如图1.2所示。

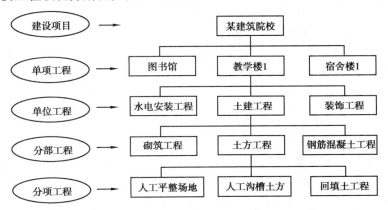

图1.2　某建筑院校工程项目分解图

2）工程项目建设程序及各阶段工程计价

建设程序是一个建设项目从酝酿、规划到建成投产的整个过程中各项工作开展的先后顺序。基本建设是现代化大生产活动，一项工程从计划建设到建成投产，要经过许多阶段和环节,有其客观规律性。工程项目建设程序是工程建设过程客观规律的反映,是建设工程项目科学决策和顺利进行的重要保证。工程项目建设程序是人们在长期工程项目建设实践中得出来的经验总结,不能任意颠倒,但可以合理交叉。

建设工程项目的全寿命周期包括项目的决策阶段、项目的实施阶段、项目的使用(或运行)阶段。下面对政府投资的项目在上述3个阶段的建设程序简要介绍如下。

(1)决策阶段

决策阶段主要包括编报项目建议书和可行性研究报告两项工作内容。

①项目建议书。对于政府投资的工程项目,编报项目建议书是项目建设最初阶段的工作。项目建议书是建设单位根据国民经济和社会发展规划,以自然资源和市场预测为基础确定的项目轮廓设想,供国家选择建设项目时作参考。

②可行性研究。可行性研究是在项目建议书被批准后,对项目在技术上和经济上是否可行所进行的科学分析和论证。经过相关论证后提交可行性研究报告。可行性研究报告一经批准不得随意变更及修改,经批准的"投资估算"作为工程项目投资的控制限额。

(2)实施阶段

实施阶段主要包括设计前准备阶段、设计阶段、建设准备阶段、施工安装阶段、生产准备阶段、竣工验收阶段。

①设计前准备阶段。设计前准备阶段主要包括提交设计任务书、设计前勘察等工作,为设计提供实际依据。

②设计阶段。一般划分为两个阶段,即初步设计阶段和施工图设计阶段。对于大型复杂项目,可根据不同行业的特点和需要,在初步设计之后增加技术设计阶段。初步设计阶段应提交设计概算,技术设计阶段应提交修正设计概算,施工图设计阶段应提交施工图预算。

③建设准备阶段。建设准备阶段主要内容包括:组建项目法人、征地、拆迁、"三通一平"乃至"七通一平";组织材料、设备订货;办理建设工程质量监督手续;委托工程监理;准备必要的施工图纸;组织施工招投标,择优选定施工单位;办理施工许可证等。按规定作好施工准备,具备开工条件后,建设单位申请开工,进入施工安装阶段。

④施工安装阶段。建设工程具备了开工条件并取得施工许可证后方可开工。施工过程中,施工单位必须遵守合同的各项约定,按照施工图纸以及施工验收规范的规定,并按照施工组织设计组织施工。施工单位尚应加强施工中的经济核算,并按照合同要求及时向建设单位结算工程款。

⑤生产准备阶段。对于生产性建设项目,在其竣工投产前,建设单位应适时地组织专门班子或机构,有计划地做好生产准备工作,包括:招收、培训生产人员;组织有关人员参加设备安装、调试、工程验收;落实原材料供应;组建生产管理机构,健全生产规章制度等。生产准备是由建设阶段转入经营阶段的一项重要工作。

⑥竣工验收阶段。工程竣工验收是全面考核建设成果、检验设计和施工质量的重要步骤,也是建设项目转入生产和使用的标志。验收合格后,建设单位编制竣工决算,项目正式投入使用。

（3）使用（运营）阶段

使用（运营）阶段主要是考核评价。建设项目后评价是工程项目竣工投产、生产运营一段时间后，在对项目的立项决策、设计施工、竣工投产、生产运营等全过程进行系统评价的一项技术活动，是固定资产管理的一项重要内容，也是固定资产投资管理的最后一个环节。

建设程序各阶段与工程计价的对应关系如图1.3所示。

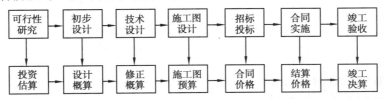

图1.3 建设程序各阶段与工程计价对应关系图

3）工程计价成果文件

（1）投资估算

投资估算是指在项目建议书和可行性研究阶段通过编制估算文件预先测算和确定的工程造价。投资估算是建设项目进行决策、筹集资金和合理控制造价的主要依据。

（2）概算造价

概算造价是指在初步设计阶段，根据设计意图，通过编制工程概算文件预先测算和确定的工程造价。与投资估算相比，概算造价的准确性有所提高，但受投资估算的控制。概算造价一般又分为建设项目概算总造价、各个单项工程概算综合造价、各单位工程概算造价。

（3）修正概算造价

修正概算造价是指在技术设计阶段，根据技术设计的要求，通过编制修正概算文件，预先测算和确定的工程造价。修正概算造价是对初步设计阶段的概算造价进行的修正和调整，比概算造价准确，但受概算造价控制。

（4）预算造价

预算造价是指在施工图设计阶段，根据施工图纸，通过编制预算文件，预先测算和确定的工程造价。预算造价比概算造价或修正概算造价更为详尽和准确，但同样受前一阶段工程造价的控制，并非每一个工程项目都要确定预算造价。目前，有些工程项目需要确定招标控制价来限制最高投标报价。

（5）合同价

合同价是指在工程发承包阶段通过签订总承包合同、建筑安装工程承包合同、设备材料采购合同，以及技术和咨询服务合同所确定的价格。合同价属于市场价格，它是由发承包双方根据市场行情通过招投标等方式达成的一致、共同认可的成交价格。但应注意，合同价并不等同于最终结算的实际工程造价。根据计价方法的不同，建设工程合同有许多类型，不同类型合同的合同价其内涵也会有所不同。

（6）结算价

结算价是指按合同调价范围和调价方法，对实际发生的工程量增减、设备和材料价差等进行调整后计算和确定的价格，反映的是工程项目实际造价。工程结算文件一般由承包人编制，由发包人审查，也可以委托具有相应资质的工程造价咨询机构进行审查。

（7）决算价

决算价是指工程竣工决算阶段，以实物数量和货币指标为计量单位，综合反映竣工项目从筹建开始到项目竣工交付使用为止的全部建设费用。工程决算文件一般由建设单位编制，报相关主管部门审查。

1.2 工程造价概述

· 1.2.1 工程造价的涵义 ·

1）工程造价的含义

工程造价通常是指工程建设预计或实际支出的费用。由于所处的角度不同，工程造价有如下两种含义。

第1种含义：从投资者（业主）的角度分析，工程造价是指建设一项工程预期开支或实际开支的全部固定资产投资费用。从这一意义上讲，工程造价就是建设工程项目固定资产总投资。

第2种含义：从市场交易的角度分析，工程造价是指为建成一项工程，预计或实际在工程发承包交易活动中形成的建筑安装工程费用或建设工程总费用。工程造价的这种含义是以建设工程这种特定的商品形式作为交易对象，通过招标投标或其他交易方式，在进行多次预估的基础上，最终由市场形成的价格。

工程发承包价格是工程造价中一种重要的，也是较为典型的价格交易形式，是在建筑市场通过招标投标，由需求主体（投资者）和供给主体（承包商）共同认可的价格。

2）工程造价的特点

工程造价具有大额性、个别性、差异性、动态性、层次性、兼容性等特点。

3）工程造价的职能

工程造价具有预测职能、控制职能、评价职能、调控职能。

4）工程计价的特征

工程项目的特点决定工程计价具有如下特征：

①计价的单件性。

②计价的多次性。

③计价方法的多样性。工程的多次计价有各不相同的计价依据，每次计价的精确度要求也各不相同，由此决定了计价方法的多样性。例如，投资估算的方法有设备系数法、生产能力指数估算法等；计算概、预算造价的方法有单价法和实物法等。

④计价的组合性。工程造价的计算是分部组合而成的，这一特征和建设项目的组合性有关。

⑤计价依据的复杂性。影响造价的因素的多样性决定了计价依据的复杂性。计价依据

主要分为以下7类：

    a. 设备和工程量计算依据，包括项目建议书、可行性研究报告、设计文件等；

    b. 人工、材料、机械等实物消耗量计算依据，包括投资估算指标、概算定额、预算定额等；

    c. 工程单价计算依据，包括人工单价、材料价格、材料运杂费、机械台班费等；

    d. 设备单价计算依据，包括设备原价、设备运杂费、进口设备关税等；

    e. 措施费、间接费和工程建设其他费用计算依据，主要是相关的费用定额和指标；

    f. 政府规定的税、费；

    g. 物价指数和工程造价指数。

· 1.2.2　工程造价的相关概念 ·

1) 静态投资和动态投资

静态投资是指不考虑物价上涨、建设期贷款利息等影响因素的建设投资。静态投资包括建筑安装工程费、设备和工器具购置费、工程建设其他费、基本预备费，以及因工程量误差而引起的工程造价增减值等。

动态投资是指考虑物价上涨、建设期贷款利息等影响因素的建设投资。动态投资除包括静态投资外，还包括建设期贷款利息、涨价预备费等。相比之下，动态投资更符合市场价格运行机制，使投资估算和投资控制更加符合实际。

静态投资与动态投资密切相关。动态投资包含静态投资；静态投资是动态投资最主要的组成部分，也是动态投资的计算基础。

2) 建设项目总投资和固定资产投资

建设项目总投资是指为完成工程项目建设，在建设期（预计或实际）投入的全部费用总和。建设项目按用途可分为生产性建设项目和非生产性建设项目。生产性建设项目总投资包括固定资产投资和流动资产投资两部分；非生产性建设项目总投资只包括固定资产投资，不包含流动资产投资。建设项目总造价是指项目总投资中的固定资产投资总额。

固定资产投资是投资主体为达到预期收益的资金垫付行为。建设项目固定资产投资也就是建设项目工程造价，二者在量上是等同的。其中，建筑安装工程投资也就是建筑安装工程造价，二者在量上也是等同的。从这里也可以看出工程造价两种含义的同一性。

我国的固定资产投资包括基本建设投资、更新改造投资、房地产开发投资和其他固定资产投资4种。其中，基本建设投资是指利用国家预算内拨款、自筹资金、国内外基本建设贷款以及其他专项资金进行的，以扩大生产能力（或新增工程效益）为主要目的的新建、扩建工程及有关的工作量。更新改造投资是通过先进科学技术改造原有技术，以实现内涵扩大再生产为主的资金投入行为。房地产开发投资是房地产企业开发厂房、宾馆、写字楼、仓库和住宅等房屋设施和开发土地的资金投入行为。其他固定资产投资是指按规定不纳入投资计划和利用专项资金进行基本建设和更新改造的资金投入行为。

3) 建筑安装工程造价

建筑安装工程造价亦称建筑安装产品价格。从投资角度看，它是建设项目投资中的建筑安装工程投资,也是工程造价的组成部分;从市场交易角度看,建筑安装工程实际造价是投资者和承包商双方共同认可的由市场形成的价格。

1.3 工程造价管理概述

· 1.3.1 工程造价管理的基本内涵 ·

1) 工程造价管理

工程造价管理是指综合运用管理学、经济学和工程技术等方面的知识与技能,对工程造价进行预测、计划、控制、核算等的过程。工程造价管理既涵盖了宏观层次的工程建设投资管理,又涵盖了微观层次的工程项目费用管理。

2) 建设工程全面造价管理

按照国际工程造价管理促进会给出的定义,全面造价管理是指有效地利用专业知识与技术,对资源、成本、盈利和风险进行筹划和控制。建设工程全面造价管理包括全寿命期造价管理、全过程造价管理、全要素造价管理和全方位造价管理。

· 1.3.2 工程造价管理的组织系统 ·

工程造价管理的组织系统,是指为了实现工程造价管理目标而进行的有效组织活动,以及与造价管理功能相关的有机群体。它是工程造价动态的组织活动过程和相对静态的造价管理部门的统一。

为了实现工程造价管理目标并开展有效的组织活动,我国设置了多部门、多层次的工程造价管理机构,并规定了各自的管理权限和职责范围。在我国,工程造价管理的组织系统主要由政府行政管理系统、企事业单位管理系统、行业协会管理系统三部分组成。

· 1.3.3 工程造价管理的主要内容及原则 ·

1) 工程造价管理的主要内容

在工程建设全过程的各个不同阶段,工程造价管理有着不同的工作内容,其目的是在优化建设方案、设计方案、施工方案的基础上,有效地控制建设工程项目的实际费用支出。

①工程项目策划阶段:按照有关规定编制和审核投资估算,经有关部门批准,即可作为拟建工程项目策划决策的控制造价;基于不同的投资方案进行经济评价,作为工程项目决策的重要依据。

②工程设计阶段:在限额设计、优化设计方案的基础上编制和审核工程概算、施工图预算。对于政府投资工程而言,经有关部门批准的工程概算将作为拟建工程项目造价的最高限额。

③工程发承包阶段:进行招标策划,编制和审核工程量清单、招标控制价或标底,确定投标报价及其策略,直至确定承包合同价。

④工程施工阶段:进行工程计量及工程款支付管理,实施工程费用动态监控,处理工程变更和索赔,编制和审核工程结算、竣工决算,处理工程保修费用等。

2)工程造价管理的基本原则

实施有效的工程造价管理,应遵循以下原则:

①以设计阶段为重点的全过程造价管理;

②主动控制与被动控制相结合;

③技术与经济相结合。

· 1.3.4　工程造价专业人员管理 ·

根据《住房城乡建设部、交通运输部、水利部、人力资源社会保障部印发〈造价工程师职业资格制度规定〉〈造价工程师职业资格考试实施办法〉的通知》(建人〔2018〕67 号)的规定,工程造价咨询企业应配备造价工程师,工程建设活动中有关工程造价管理岗位按需要配备造价工程师。

造价工程师是指通过职业资格考试取得中华人民共和国造价工程师职业资格证书,并经注册后从事建设工程造价工作的专业技术人员。造价工程师分为一级造价工程师和二级造价工程师。

一级造价工程师职业资格证书由人力资源社会保障部(即中华人民共和国人力资源和社会保障部)统一印制,住房城乡建设部、交通运输部、水利部按专业类别分别与人力资源社会保障部用印,在全国范围内有效。

二级造价工程师职业资格证书由各省、自治区、直辖市住房城乡建设、交通运输、水利行政主管部门按专业类别分别与人力资源社会保障行政主管部门用印,原则上在所在行政区域内有效。各地可根据实际情况制定跨区域认可办法。

取得造价工程师注册证书的人员,应当按照国家专业技术人员继续教育的有关规定接受继续教育,更新专业知识,提高业务水平。

建人〔2018〕67 号文中《造价工程师职业资格制度规定》印发之前取得的全国建设工程造价员资格证书、公路水运工程造价人员资格证书以及水利工程造价工程师资格证书,效用不变。

根据原人事部、原建设部发布的《造价工程师执业资格制度暂行规定》(人发〔1996〕77号)取得的造价工程师执业资格证书,与建人〔2018〕67 号文中一级造价工程师职业资格证书效用等同。

第 2 章　工程造价构成及计算

2.1　概述

1) 建设项目投资

建设项目总投资是指为完成工程项目建设并达到使用要求或生产条件,在建设期内预计或实际投入的全部费用总和。生产性建设项目总投资包括建设投资、建设期利息和流动资金三部分;非生产性建设项目总投资包括建设投资和建设期利息两部分。其中,建设投资和建设期利息之和对应于固定资产投资,固定资产投资与建设项目的工程造价在量上相等。建设项目总投资的具体构成内容见表2.1。

表 2.1　建设工程项目总投资构成表

建设项目总投资	固定资产投资（工程造价）	工程费用	设备及工器具购置费	设备原价
				设备运杂费
			建筑安装工程费	建筑工程费
				安装工程费
		工程建设其他费用	①土地使用费和其他补偿费	
			②建设管理费	
			③可行性研究费	
			④专项评价费	
			⑤研究试验费	
			⑥勘察设计费	
			⑦场地准备费和临时设施费	
			⑧引进技术和进口设备其他费	
			⑨特殊设备安全监督检验费	
			⑩市政公用配套设施费	
			⑪联合试运转费	
			⑫工程保险费	
			⑬专利及专有技术使用费	
			⑭生产准备费	
			⑮其他费用	
		预备费	基本预备费	
			价差预备费（动态）	
		建设期利息（动态）		
	流动资产投资——铺底流动资金（流动资金的30%）			

工程造价中的主要构成部分是建设投资。建设投资是指为完成工程项目建设,在建设期内投入且形成现金流出的全部费用。建设投资包括工程费用、工程建设其他费用和预备费三部分。工程费用是指建设期内直接用于工程建造、设备购置及其安装的建设费用,可以分为建筑安装工程费(包括建筑工程费、安装工程费)和设备及工器具购置费;工程建设其他费用是指建设期发生的与土地使用权取得、整个工程项目建设以及未来生产经营有关的构成建设投资但不包括在工程费用中的费用;预备费是指在建设期内因各种不可预见因素的变化而预留的可能增加的费用,包括基本预备费和价差预备费。

2)工程造价构成及计算

工程造价是指工程项目在建设期预计或实际支出的建设费用,包括工程费用、工程建设其他费用、预备费、建设期利息。即

$$工程造价 = 工程费用 + 工程建设其他费用 + 预备费 + 建设期利息$$

2.2 工程费用计算

$$工程费用 = 设备及工器具购置费 + 建筑工程费 + 安装工程费$$

·2.2.1 设备及工器具购置费·

设备及工器具购置费由设备购置费和工具、器具及生产家具购置费组成,它是固定资产投资中的积极部分。在生产性工程建设中,设备及工器具购置费占工程造价比重的增大,意味着生产技术的进步和资本有机构成的提高。

设备购置费是指购置或自制的达到固定资产标准的设备、工器具及生产家具等所需的费用。单台设备购置费由设备原价和设备运杂费构成,即

$$设备购置费 = 设备原价 + 设备运杂费$$

式中:设备原价指国内采购设备的出厂(场)价格,或国外采购设备的抵岸价格,设备原价通常包含备品备件费在内;设备运杂费指除设备原价之外的关于设备采购、运输、途中包装及仓库保管等方面支出费用的总和。

1)国产设备原价及计算

国产设备原价一般指的是设备制造厂的交货价或订货合同价,即出厂(场)价格。它一般根据生产厂或供应商的询价、报价、合同价确定,或采用一定的方法计算确定。国产设备原价分为国产标准设备原价和国产非标准设备原价。

国产标准设备原价可通过查询相关市场交易价格或向设备生产厂家询价得到。

非标准设备由于单件生产、无定型标准,所以无法获取市场交易价格,只能按其成本构成或相关技术参数估算其价格。国产非标准设备原价有多种计算方法,如成本计算估价法、系列设备插入估价法、分部组合估价法、定额估价法等,成本计算估价法是一种比较常用的方法。

2) 进口设备原价及计算

进口设备的原价是指进口设备的抵岸价,即设备抵达买方边境、港口或车站,缴纳完各种手续费、税费后形成的价格。抵岸价通常由进口设备到岸价(CIF)和进口设备从属费构成。进口设备的到岸价,即设备抵达买方边境、港口或边境车站所形成的价格。进口设备从属费是指进口设备在办理进口手续过程中发生的应计入设备原价的银行财务费、外贸手续费、进口关税、消费税、进口环节增值税及进口车辆的车辆购置税等,即

进口设备原价(单台)= 进口设备抵岸价 = 进口设备到岸价(CIF)+ 进口设备从属费

进口设备购置费(单台)= 进口设备原价(单台)+ 国内设备运杂费

3) 设备运杂费的构成及计算

设备运杂费是指国内采购设备自来源地、国外采购设备自到岸港运至工地仓库或指定堆放地点发生的采购、运输、运输保险、保管、装卸等费用。通常由下列各项构成:

①运费和装卸费。国产设备由设备制造厂交货地点起至工地仓库(或施工组织设计指定的需要安装设备的堆放地点)止所发生的运费和装卸费;进口设备由我国到岸港口或边境车站起至工地仓库(或施工组织设计指定的需安装设备的堆放地点)止所发生的运费和装卸费。

②包装费。在设备原价中没有包含的,为运输而进行的包装所支出的各种费用。

③设备供销部门的手续费。按有关部门规定的统一费率计算。

④采购与仓库保管费。采购与仓库保管费指采购、验收、保管和收发设备所发生的各种费用,包括设备采购人员、保管人员和管理人员的工资、工资附加费、办公费、差旅交通费,设备供应部门办公和仓库所占固定资产使用费、工具用具使用费、劳动保护费、检验试验费等。这些费用可按主管部门规定的采购与保管费费率计算。

· 2.2.2　建筑安装工程费 ·

建筑安装工程费是指为完成工程项目建造、生产性设备及配套工程安装所需的费用。它包括建筑工程费和安装工程费。其中,建筑工程费是指建筑物、构筑物及与其配套的线路、管道等的建造、装饰费用;安装工程费是指设备、工艺设施及其附属物的组合、装配、调试等费用。

根据《住房城乡建设部 财政部关于印发〈建筑安装工程费用项目组成〉的通知》(建标〔2013〕44 号),我国现行建筑安装工程费用项目按两种不同的方式划分,即按费用构成要素划分和按工程造价形成划分,其具体构成见表 2.2。

注意:建标〔2013〕44 号文主要从消耗要素和造价形成两个视角对建筑安装工程费进行了划分。但是在我国目前的工程实践中,施工企业基于成本管理的需要,仍然习惯于按照直接成本和间接成本的方式对建筑安装工程成本进行划分。为兼顾这一实际情况,本教材仍然保留直接费和间接费这两个概念。直接费包括人工费、材料费、施工机具使用费;间接费包括企业管理费和规费。

1)按费用构成要素划分的建筑安装工程费的费用构成及计算

建筑安装工程费按照费用构成要素划分,由人工费、材料费(包含工程设备,下同)、施工机具使用费、企业管理费、利润、规费和税金组成。其中,人工费、材料费、施工机具使用费、企业管理费和利润包含在分部分项工程费、措施项目费、其他项目费中(见表2.2)。

表2.2 建筑安装工程费用构成

	按费用构成要素划分	按工程造价形成划分
建筑安装工程费	人工费	分部分项工程费
	材料费	
	施工机具使用费	措施项目费
	企业管理费	
	利润	其他项目费
	规费	规费
	税金	税金

(1)人工费

人工费是指按工资总额构成规定,支付给从事建筑安装工程施工的生产工人和附属生产单位工人的各项费用。其内容包括:

①计时工资或计件工资:是指按计时工资标准和工作时间或对已做工作按计件单价支付给个人的劳动报酬。

②奖金:是指对超额劳动和增收节支支付给个人的劳动报酬,如节约奖、劳动竞赛奖等。

③津贴补贴:是指为了补偿职工特殊或额外的劳动消耗和因其他特殊原因支付给个人的津贴,以及为了保证职工工资水平不受物价影响支付给个人的物价补贴,如流动施工津贴、特殊地区施工津贴、高温(寒)作业临时津贴、高空津贴等。

④加班加点工资:是指按规定支付的在法定节假日工作的加班工资和在法定日工作时间外延时工作的加点工资。

⑤特殊情况下支付的工资:是指根据国家法律、法规和政策规定,因病、工伤、产假、计划生育假、婚丧假、事假、探亲假、定期休假、停工学习、执行国家或社会义务等原因按计时工资标准或计时工资标准的一定比例支付的工资。

人工费的基本计算公式为:

$$人工费 = \sum(工日消耗量 \times 日工资单价)$$

工日消耗量是指在正常施工生产条件下,完成规定计量单位的建筑安装产品所消耗的生产工人的工日数量。它由分项工程所综合的各个工序劳动定额包括的基本用工、其他用工两部分组成。

日工资单价由工程造价管理机构通过市场调查,根据工程项目的技术要求,参考实物工程量人工单价综合分析确定。

（2）材料费

材料费是指施工过程中耗费的原材料、辅助材料、构配件、零件、半成品或成品、工程设备的费用。其内容包括：

①材料原价：是指材料、工程设备的出厂价格或商家供应价格。

②运杂费：是指材料、工程设备自来源地运至工地仓库或指定堆放地点所发生的全部费用。

③运输损耗费：是指材料在运输装卸过程中不可避免的损耗。

④采购及保管费：是指为组织采购、供应和保管材料、工程设备的过程中所需要的各项费用。它包括采购费、仓储费、工地保管费、仓储损耗。

材料费的基本计算公式为：

$$材料费 = \sum（材料消耗量 \times 材料单价）$$

$$材料单价 = \big[（材料原价 + 运杂费）\times（1 + 运输损耗率）\big] \times（1 + 采购保管费率）$$

工程设备是指构成或计划构成永久工程一部分的机电设备、金属结构设备、仪器装置及其他类似的设备和装置。

（3）施工机具使用费

施工机具使用费是指施工作业所发生的施工机械、仪器仪表使用费或其租赁费。

①施工机械使用费：以施工机械台班耗用量乘以施工机械台班单价表示，即

$$施工机械使用费 = \sum（施工机械台班消耗量 \times 施工机械台班单价）$$

施工机械台班单价由工程造价管理机构根据《建设工程施工机械台班费用编制规则》结合市场调查分析确定。

施工机械台班单价应由下列 7 项费用组成：

a. 折旧费：指施工机械在规定的使用年限内，陆续收回其原值的费用。

b. 大修理费：指施工机械按规定的大修理间隔台班进行必要的大修理，以恢复其正常功能所需的费用。

c. 经常修理费：指施工机械除大修理以外的各级保养和临时故障排除所需的费用，包括为保障机械正常运转所需替换设备与随机配备工具附具的摊销和维护费用，机械运转中日常保养所需润滑与擦拭的材料费用及机械停滞期间的维护和保养费用等。

d. 安拆费及场外运费：安拆费指施工机械（大型机械除外）在现场进行安装与拆卸所需的人工、材料、机械和试运转费用以及机械辅助设施的折旧、搭设、拆除等费用；场外运费指施工机械整体或分体自停放地点运至施工现场或由一施工地点运至另一施工地点的运输、装卸、辅助材料及架线等费用。

e. 人工费：指机上司机（司炉）和其他操作人员的人工费。

f. 燃料动力费：指施工机械在运转作业中所消耗的各种燃料及水、电等费用。

g. 税费：指施工机械按照国家规定应缴纳的车船使用税、保险费及年检费等。

②仪器仪表使用费：指工程施工所需使用的仪器仪表的摊销及维修费用。

（4）企业管理费

企业管理费是指建筑安装企业组织施工生产和经营管理所需的费用。其内容包括：

①管理人员工资：是指按规定支付给管理人员的计时工资、奖金、津贴补贴、加班加点工资及特殊情况下支付的工资等。

②办公费：是指企业管理办公用的文具、纸张、账表、印刷、邮电、书报、办公软件、现场监控、会议、水电、烧水和集体取暖降温（包括现场临时宿舍取暖降温）等费用。

③差旅交通费：是指职工因公出差、调动工作的差旅费、住勤补助费，市内交通费和误餐补助费，职工探亲路费，劳动力招募费，职工退休、退职一次性路费，工伤人员就医路费，工地转移费以及管理部门使用的交通工具的油料、燃料等费用。

④固定资产使用费：是指管理和试验部门及附属生产单位使用的属于固定资产的房屋、设备、仪器等的折旧、大修、维修或租赁费。

⑤工具用具使用费：是指企业施工生产和管理使用的不属于固定资产的工具、器具、家具、交通工具和检验、试验、测绘、消防用具等的购置、维修和摊销费。

⑥劳动保险和职工福利费：是指由企业支付的职工退职金、按规定支付给离休干部的经费、集体福利费、夏季防暑降温、冬季取暖补贴、上下班交通补贴等。

⑦劳动保护费：是企业按规定发放的劳动保护用品的支出，如工作服、手套、防暑降温饮料以及在有碍身体健康的环境中施工的保健费用等。

⑧检验试验费：是指施工企业按照有关标准规定，对建筑以及材料、构件和建筑安装物进行一般鉴定、检查所发生的费用，包括自设试验室进行试验所耗用的材料等费用。不包括新结构、新材料的试验费，对构件做破坏性试验及其他特殊要求检验试验的费用和建设单位委托检测机构进行检测的费用，对此类检测发生的费用，由建设单位在工程建设其他费用中列支。但对施工企业提供的具有合格证明的材料进行检测不合格的，该检测费用由施工企业支付。

⑨工会经费：是指企业按《工会法》规定的全部职工工资总额比例计提的工会经费。

⑩职工教育经费：是指按职工工资总额的规定比例计提，企业为职工进行专业技术和职业技能培训，专业技术人员继续教育、职工职业技能鉴定、职业资格认定以及根据需要对职工进行各类文化教育所发生的费用。

⑪财产保险费：是指施工管理用财产、车辆等的保险费用。

⑫财务费：是指企业为施工生产筹集资金或提供预付款担保、履约担保、职工工资支付担保等所发生的各种费用。

⑬税金：是指企业按规定缴纳的房产税、车船使用税、土地使用税、印花税等。

⑭其他：包括技术转让费、技术开发费、投标费、业务招待费、绿化费、广告费、公证费、法律顾问费、审计费、咨询费、保险费等。

企业管理费一般采用取费基数乘以费率的方法计算，取费基数有3种，分别是：

①以直接费为计算基础；

②以人工费和施工机具使用费合计为计算基础；

③以人工费为计算基础。

工程造价管理机构在确定计价定额中的企业管理费时，应以定额人工费或定额人工费与施工机具使用费之和作为计算基数，其费率根据历年积累的工程造价资料辅以调查数据确定。

（5）利润

利润是指施工企业完成所承包工程获得的盈利,由施工企业根据企业自身需求并结合建筑市场实际自主确定。

工程造价管理机构在确定计价定额中的利润时,应以定额人工费或定额人工费与施工机具使用费之和作为计算基数,其费率根据历年积累的工程造价资料,并结合建筑市场实际确定。以单位（单项）工程测算,利润在税前建筑安装工程费的比重可按不低于5%且不高于7%的费率计算。

（6）规费

规费是指按国家法律、法规规定,由省级政府和省级有关权力部门规定必须缴纳或计取的费用。其主要内容包括:

①社会保险费:

a.养老保险费:是指企业按照规定标准为职工缴纳的基本养老保险费。

b.失业保险费:是指企业按照规定标准为职工缴纳的失业保险费。

c.医疗保险费:是指企业按照规定标准为职工缴纳的基本医疗保险费。

d.生育保险费:是指企业按照规定标准为职工缴纳的生育保险费。根据"十三五"规划纲要,生育保险与基本医疗保险合并的实施方案已在12个试点城市行政区域进行试点。

e.工伤保险费:是指企业按照规定标准为职工缴纳的工伤保险费。

②住房公积金:是指企业按规定标准为职工缴纳的住房公积金。

其他应列而未列入的规费,按实际发生计取。

社会保险费和住房公积金应以定额人工费为计算基础,根据工程所在地省、自治区、直辖市或行业建设主管部门规定的费率计算。

$$社会保险费和住房公积金 = \sum（工程定额人工费 × 社会保险费和住房公积金费率）$$

社会保险费费率和住房公积金费率可以每万元发承包价的生产工人人工费和管理人员工资含量与工程所在地规定的缴纳标准综合分析取定。

（7）税金

建筑安装工程费中的税金是指按照国家税法规定的应计入建筑安装工程造价内的增值税、附加税（城市维护建设税、教育费附加、地方教育附加）和环境保护税。

①增值税计算。增值税按税前造价乘以增值税税率确定。

A.采用一般计税方法时增值税的计算。当采用一般计税方法时,建筑业增值税税率为9%。计算公式为:

$$增值税 = 税前造价 × 9\%$$

税前造价为人工费、材料费、施工机具使用费、企业管理费、利润和规费之和,各费用项目均以不包含增值税可抵扣进项税额的价格计算。

B.采用简易计税方法时增值税的计算。

• 简易计税的适用范围

根据《营业税改征增值税试点实施办法》以及《营业税改征增值税试点有关事项的规定》的规定,简易计税方法主要适用于以下几种情况:

a. 小规模纳税人发生应税行为适用简易计税方法计税。小规模纳税人通常是指纳税人提供建筑服务的年应征增值税销售额未超过 500 万元,并且会计核算不健全,不能按规定报送有关税务资料的增值税纳税人。年应税销售额超过 500 万元,但不经常发生应税行为的单位也可选择按照小规模纳税人计税。

b. 一般纳税人以清包工方式提供的建筑服务,可以选择适用简易计税方法计税。以清包工方式提供建筑服务,是指施工方不采购建筑工程所需的材料或只采购辅助材料,并收取人工费、管理费或者其他费用的建筑服务。

c. 一般纳税人为甲供工程提供的建筑服务,可以选择适用简易计税方法计税。甲供工程是指全部或部分设备、材料、动力由工程发包方自行采购的建筑工程。

d. 一般纳税人为建筑工程老项目提供的建筑服务,可以选择适用简易计税方法计税。

建筑工程老项目:《建筑工程施工许可证》注明的合同开工日期在 2016 年 4 月 30 日前的建筑工程项目;未取得《建筑工程施工许可证》的,建筑工程承包合同注明的开工日期在 2016 年 4 月 30 日前的建筑工程项目。

● 简易计税的计算方法。

当采用简易计税方法时,建筑业增值税征收率为 3%,计算公式为:

$$增值税 = 税前造价 \times 3\%$$

税前造价为人工费、材料费、施工机具使用费、企业管理费、利润和规费之和,各费用项目均以包含增值税进项税额的含税价格计算。

②附加税及环境保护税计算。附加税包括城市维护建设税、教育费附加和地方教育附加。

a. 城市维护建设税。城市维护建设税是以纳税人实际缴纳的增值税、消费税的税额为计税依据,依法计征的一种税。它专门用于城市的公用事业和公共设施的维护建设。一般来说,城镇规模越大,所需要的建设与维护资金越多。与此相适应,城市维护建设税规定,纳税人所在地为城市市区的,税率为 7%;纳税人所在地为县城、建制镇的,税率为 5%;纳税人所在地不在城市市区、县城或建制镇的,税率为 1%。城市维护建设税的计算公式为:

$$城市维护建设税 = (增值税 + 消费税) \times 适用税率$$

b. 教育费附加。教育费附加是由税务机关负责征收,同级教育部门统筹安排,同级财政部门监督管理,专门用于发展地方教育事业的预算外资金。教育费附加以纳税人实际缴纳的增值税、消费税的税额为计费依据,费率为 3%,其计算公式为:

$$应纳教育费附加 = (增值税 + 消费税) \times 3\%$$

c. 地方教育附加。地方教育附加是指根据国家有关规定,为实施"科教兴省"战略,增加地方教育的资金投入,促进各省、自治区、直辖市教育事业发展,开征的一项地方政府性基金。该收入主要用于各地方的教育经费的投入补充。按照地方教育附加征收使用管理规定,在各省、直辖市的行政区域内,凡缴纳增值税、消费税的单位和个人,都应按规定缴纳地方教育附加。其计算公式为:

$$地方教育附加 = (增值税 + 消费税) \times 2\%$$

d. 环境保护税按照国家和地方的相关规定按实计算。

2)按工程造价形成划分的建筑安装工程费的费用构成及计算

建筑安装工程费按照工程造价形成由分部分项工程费、措施项目费、其他项目费、规费、税金组成。分部分项工程费、措施项目费、其他项目费包含人工费、材料费、施工机具使用费、企业管理费和利润(见表 2.2)。

(1)分部分项工程费

分部分项工程费是指各专业工程的分部分项工程应予列支的各项费用。

①专业工程:指按现行国家计量规范划分的房屋建筑与装饰工程、仿古建筑工程、通用安装工程、市政工程、园林绿化工程、矿山工程、构筑物工程、城市轨道交通工程、爆破工程等各类工程。

②分部分项工程:指按现行国家计量规范对各专业工程划分的项目,如房屋建筑与装饰工程划分的土石方工程、地基处理与桩基工程、砌筑工程、钢筋及钢筋混凝土工程等。各类专业工程的分部分项工程划分见现行国家或行业计量规范。

分部分项工程费通常用分部分项工程量乘以综合单价计算,即

$$分部分项工程费 = \sum (分部分项工程量 \times 综合单价)$$

综合单价是完成一个规定清单项目所需的人工费、材料和工程设备费、施工机具使用费、企业管理费、利润以及一定范围内的风险费用。其中,风险费用隐含于已标价工程量清单综合单价中,是用于化解发承包双方在工程合同约定内容和范围内的市场价格波动风险的费用。

(2)措施项目费

措施项目费是指为完成建设工程施工,发生于该工程施工前和施工过程中的技术、生活、安全、环境保护等方面的费用(见表 2.3)。内容包括:

①安全文明施工费。

a. 环境保护费:是指施工现场为达到环保部门要求所需要的各项费用。

b. 文明施工费:是指施工现场文明施工所需要的各项费用。

c. 安全施工费:是指施工现场安全施工所需要的各项费用。

d. 临时设施费:是指施工企业为进行建设工程施工所必须搭设的生活和生产用的临时建筑物、构筑物和其他临时设施费用。其包括临时设施的搭设、维修、拆除、清理或摊销费等。

表 2.3 安全文明施工措施费的主要内容

项目名称	工作内容及包含范围
环境保护	现场施工机械设备降低噪声、防扰民措施费用
	水泥和其他易飞扬细颗粒建筑材料密闭存放或采取覆盖措施等费用
	工程防扬尘洒水费用
	土石方、建筑弃渣外运车辆防护措施费用
	现场污染源的控制、生活垃圾清理外运、场地排水排污措施费用
	其他环境保护措施费用

项目名称	工作内容及包含范围
文明施工	"五牌一图"费用
	现场围挡的墙面美化(包括内外墙粉刷、刷白、标语等)、压顶装饰费用
	现场厕所便槽刷白、贴面砖,水泥砂浆地面或地砖铺砌,建筑物内临时便溺设施费用
	其他施工现场临时设施的装饰装修、美化措施费用
	现场生活卫生设施费用
	符合卫生要求的饮水设备、淋浴、消毒等设施费用
	生活用洁净燃料费用
	防煤气中毒、防蚊虫叮咬等措施费用
	施工现场操作场地的硬化费用
	现场绿化费用、治安综合治理费用
	现场配备医药保健器材、物品费用和急救人员培训费用
	现场工人的防暑降温、电风扇、空调等设备及用电费用
	其他文明施工措施费用
安全施工	安全资料、特殊作业专项方案的编制,安全施工标志的购置及安全宣传费用
	"三宝"(安全帽、安全带、安全网)、"四口"(楼梯口、电梯井口、通道口、预留洞口)、"五临边"(阳台围边、楼板围边、屋面围边、槽坑围边、卸料平台两侧边),水平防护架、垂直防护架、外架封闭等防护费用
	施工安全用电的费用,包括配电箱三级配电、两级保护装置要求,外电防护措施费用
	起重机、塔吊等起重设备(含井架、门架)及外用电梯的安全防护措施(含警示标志)及卸料平台的临边防护、层间安全门、防护棚等设施费用
	建筑工地起重机械的检验检测费用
	施工机具防护棚及其围栏的安全保护设施费用
	施工安全防护通道费用
	工人的安全防护用品、用具购置费用
	消防设施与消防器材的配置费用
	电气保护、安全照明设施费用
	其他安全防护措施费用
临时设施	施工现场采用彩色、定型钢板,砖、混凝土砌块等围挡的安砌、维修、拆除费用
	施工现场临时建筑物、构筑物的搭设、维修、拆除,如临时宿舍、办公室、食堂、厨房、厕所、诊疗所、临时文化福利用房、临时仓库、加工场、搅拌台、临时简易水塔、水池等费用
	施工现场临时设施的搭设、维修、拆除,如临时供水管道、临时供电管线、小型临时设施等费用
	施工现场规定范围内临时简易道路铺设,临时排水沟、排水设施安砌、维修、拆除费用
	其他临时设施搭设、维修、拆除费用

②夜间施工增加费。夜间施工增加费是指因夜间施工所发生的夜班补助费、夜间施工降效、夜间施工照明设备摊销及照明用电等费用。其内容由以下各项组成：

a.夜间固定照明灯具和临时可移动照明灯具的设置、拆除费用；

b.夜间施工时,施工现场交通标志、安全标牌、警示灯的设置、移动、拆除费用；

c.夜间照明设备摊销及照明用电、施工人员夜班补助、夜间施工劳动效率降低等费用。

③非夜间施工照明费。非夜间施工照明费是指为保证工程施工正常进行,在地下室等特殊施工部位施工时所采用的照明设备的安拆、维护及照明用电等费用。

④二次搬运费。二次搬运费是指因施工场地条件限制而发生的材料、构配件、半成品等一次运输不能到达堆放地点,必须进行二次或多次搬运所发生的费用。

⑤冬雨季施工增加费。冬雨季施工增加费是指因冬雨季天气原因导致施工效率降低加大投入而增加的费用,以及为确保冬雨季施工质量和安全而采取的保温、防雨等措施所需的费用。其内容由以下各项组成：

a.冬雨季施工时,增加的临时设施(防寒保温、防雨、防风设施)的搭设、拆除费用；

b.冬雨季施工时,对砌体、混凝土等采取的特殊加温、保温和养护措施费用；

c.冬雨季施工时,施工现场的防滑处理、对影响施工的雨雪的清除费用；

d.冬雨季施工时,增加的临时设施、施工人员的劳动保护用品、冬雨季施工劳动效率降低等费用。

⑥地上、地下设施和建筑物的临时保护设施费。在工程施工过程中,对已建成的地上、地下设施和建筑物进行的遮盖、封闭、隔离等必要保护措施所发生的费用。

⑦已完工程及设备保护费。已完工程及设备保护费是指竣工验收前,对已完工程及设备采取的必要保护措施所发生的费用。

⑧脚手架工程费。脚手架工程费是指施工需要的各种脚手架搭、拆、运输费用以及脚手架购置费的摊销费用或租赁费用。它通常包括以下内容：

a.施工时可能发生的场内、场外材料搬运费用；

b.搭、拆脚手架、斜道、上料平台费用；

c.安全网的铺设费用；

d.拆除脚手架后材料的堆放费用。

⑨混凝土模板及支架(撑)费。混凝土施工过程中需要的各种钢模板、木模板、支架等的支拆、运输费用及模板、支架的摊销(或租赁)费用。其内容由以下各项组成：

a.混凝土施工过程中需要的各种模板制作费用；

b.模板安装、拆除、整理堆放及场内外运输费用；

c.清理模板黏结物及模内杂物、刷隔离剂等费用。

⑩垂直运输费。垂直运输费是指现场所用材料、机具从地面运至相应高度以及工作人员上下工作面等所发生的运输费用。其内容由以下各项组成：

a.垂直运输机械的固定装置、基础的制作、安装费；

b.行走式垂直运输机械轨道的铺设、拆除、摊销费。

⑪超高施工增加费。当单层建筑物檐口高度超过 20 m,多层建筑物超过 6 层时,可计算超高施工增加费。其内容由以下各项组成：

a. 建筑物超高引起的人工工效降低以及由于人工工效降低引起的机械降效费;

b. 高层施工用水加压水泵的安装、拆除及工作台班费;

c. 通信联络设备的使用及摊销费。

⑫大型机械设备进出场及安拆费。大型机械设备进出场及安拆费是指机械整体或分体自停放场地运至施工现场或由一个施工地点运至另一个施工地点,所发生的机械进出场运输及转移费用及机械在施工现场进行安装、拆卸所需的人工费、材料费、机械费、试运转费和安装所需的辅助设施的费用。其内容由安拆费和进出场费组成。

a. 安拆费包括施工机械、设备在现场进行安装拆卸所需人工、材料、机具和试运转费用以及机械辅助设施的折旧、搭设、拆除等费用。

b. 进出场费包括施工机械、设备整体或分体自停放地点运至施工现场或由一施工地点运至另一施工地点所发生的运输、装卸、辅助材料等费用。

⑬施工排水、降水费。施工排水、降水费是指将施工期间有碍施工作业和影响工程质量的水排到施工场地以外,以及防止在地下水位较高的地区开挖深基坑出现基坑浸水,地基承载力下降,在动水压力作用下还可能引起流砂、管涌和边坡失稳等现象而必须采取有效的降水和排水措施的费用。该项费用由成井和排水、降水两个独立的费用项目组成。

a. 成井。成井的费用主要包括:准备钻孔机械、埋设护筒、钻机就位,泥浆制作、固壁,成孔、出渣、清孔等费用;对接上、下井管(滤管),焊接,安防,下滤料,洗井,连接试抽等费用。

b. 排水、降水。排水、降水的费用主要包括:管道安装、拆除,场内搬运等费用;抽水、值班、降水设备维修等费用。

⑭工程定位复测费。工程定位复测费是指在工程施工过程中进行全部施工测量放线和复测工作的费用。

⑮特殊地区施工增加费。特殊地区施工增加费是指工程在沙漠或其边缘地区、高海拔、高寒、原始森林等特殊地区施工增加的费用。

⑯其他。根据项目的专业特点或所在地区不同,可能会出现的其他措施项目。

措施项目及其包含的内容详见各类专业工程的现行国家或行业计量规范。

按照有关专业工程量计算规范规定,措施项目分为应予计量(可以计算工程量)的措施项目和不宜计量(不宜计算工程量)的措施项目两类。

①应予计量的措施项目。与分部分项工程费的计算方法基本相同,其计算公式为:

$$措施项目费 = \sum(措施项目工程量 \times 综合单价)$$

不同的措施项目其工程量的计算单位是不同的,分列如下:

a. 脚手架费通常按建筑面积或垂直投影面积以"m^2"计算。

b. 混凝土模板及支架(撑)费通常是按照模板与现浇混凝土构件的接触面积以"m^2"计算。

c. 垂直运输费可根据不同情况用两种方法进行计算:按照建筑面积以"m^2"计算;按照施工工期日历天数以"天"计算。

d. 超高施工增加费通常按照建筑物超高部分的建筑面积以"m^2"计算。

e. 大型机械设备进出场及安拆费通常按照机械设备的使用数量以"台次"计算。

f. 施工排水、降水费分两个不同的独立部分计算:成井费用通常按照设计图示尺寸以钻孔深度按"m"计算;排水、降水费用通常按照排、降水日历天数按"昼夜"计算。

②不宜计量的措施项目。对于不宜计量的措施项目,通常用计算基数乘以费率的方法予以计算。

a. 安全文明施工费。其计算公式为:

$$安全文明施工费 = 计算基数 × 安全文明施工费费率(\%)$$

计算基数应为定额基价(定额分部分项工程费 + 定额中可以计量的措施项目费)、定额人工费或定额人工费与施工机具使用费之和,其费率由工程造价管理机构根据各专业工程的特点综合确定。

b. 其余不宜计量的措施项目。其包括夜间施工增加费,非夜间施工照明费,二次搬运费,冬雨季施工增加费,地上、地下设施和建筑物的临时保护设施费,已完工程及设备保护费等。其计算公式为:

$$措施项目费 = 计算基数 × 措施项目费费率(\%)$$

计算基数应为定额人工费或定额人工费与定额施工机具使用费之和,其费率由工程造价管理机构根据各专业工程特点和调查资料综合分析后确定。

(3)其他项目费

①暂列金额:是指建设单位在工程量清单中暂定并包括在工程合同价款中的一笔款项,用于施工合同签订时尚未确定或者不可预见的所需材料、工程设备、服务的采购,施工中可能发生的工程变更、合同约定调整因素出现时的工程价款调整以及发生的索赔、现场签证确认等的费用。

暂列金额由建设单位根据工程特点,按有关计价规定估算,施工过程中由建设单位掌握使用,扣除合同价款调整后如有余额,归建设单位。

②计日工:是指在施工过程中,施工企业完成建设单位提出的工程合同范围以外的零星项目或工作,按照合同中约定的单价计价形成的费用。

计日工由建设单位和施工单位按施工过程中形成的有效签证来计价。

③总承包服务费:是指总承包人为配合、协调建设单位进行的专业工程发包,对建设单位自行采购的材料、工程设备等进行保管以及施工现场管理、竣工资料汇总整理等服务所需的费用。

总承包服务费由建设单位在招标控制价中根据总包范围和有关计价规定编制,施工单位投标时自主报价,施工过程中按签约合同价执行。

(4)规费和税金

规费和税金的构成及计算与按费用构成要素划分的建筑安装工程费用项目相同。

2.3 工程建设其他费用构成及计算

工程建设其他费用是指在建设期发生的与土地使用权取得、整个工程项目建设以及未来生产经营有关的构成建设投资但不包括在工程费用中的费用。

· *2.3.1* 与土地使用权取得有关的费用 ·

与土地使用权取得有关的费用主要包括土地使用费和其他补偿费。

1) 土地使用费

土地使用费是指建设项目使用土地应支付的费用,包括建设用地费和临时土地使用费,以及由于使用土地发生的其他有关费用,如水土保持补偿费等。

(1) 建设用地费

建设用地费是指为获得工程项目建设用地的使用权而在建设期内发生的费用。

① 建设用地取得的基本方式。根据《中华人民共和国土地管理法》《中华人民共和国土地管理法实施条例》《中华人民共和国城市房地产管理法》的规定,获取国有土地使用权的基本方式有两种:一是出让方式,二是划拨方式。建设用地取得的基本方式还包括租赁和转让方式。

② 建设用地取得的费用。建设用地如通过行政划拨方式取得,则须承担征地补偿费用或对原用地单位或个人的拆迁补偿费用;若通过市场机制取得,则不但承担以上费用,还须向土地所有者支付有偿使用费,即土地出让金。

征地补偿费用主要包括土地补偿费、青苗补偿费和地上附着物补偿费、安置补助费、新菜地开发建设基金、耕地占用税、土地管理费等。

拆迁补偿费用主要包括拆迁补偿金和拆迁、安置补助费。

(2) 临时土地使用费

临时土地使用费是指临时使用土地发生的相关费用,包括地上附着物和青苗补偿费、土地恢复费以及其他税费等。临时使用土地的期限一般不超过 2 年。临时使用土地的使用者应当按照临时使用土地合同约定的用途使用土地,并不得修建永久性建筑物。

2) 其他补偿费

其他补偿费是指项目涉及的对房屋、市政、铁路、公路、管道、通信、电力、河道、水利、厂区、林区、保护区、矿区等不附属于建设用地的相关建(构)筑物或设施的补偿费用。

· *2.3.2* 与整个工程项目建设有关的费用 ·

1) 建设管理费

建设管理费是指为组织完成工程项目建设,在建设期内发生的各类管理性质的费用,包括建设单位管理费、代建管理费、工程监理费、监造费、招标投标费、设计评审费、特殊项目定额研究及测定费、其他咨询费、印花税等。

2) 可行性研究费

可行性研究费是指在工程项目投资决策阶段,对有关建设方案、技术方案或生产经营方案进行的技术经济论证,以及编制、评审可行性研究报告等所需的费用。此项费用应依据前期研究委托合同计列,按照《国家发展改革委关于进一步放开建设项目专业服务价格的通知》

（发改价格〔2015〕299 号）的规定,此项费用实行市场调节价。

3) 研究试验费

研究试验费是指为建设项目提供和验证设计参数、数据、资料等进行必要的研究和试验,以及设计规定在施工中必须进行试验、验证所需要的费用。其包括自行或委托其他部门的专题研究、试验所需人工费、材料费、试验设备及仪器使用费等。此项费用按照设计单位根据本工程项目的需要提出的研究试验内容和要求计算。

4) 勘察设计费

勘察设计费是指对工程项目进行工程水文地质勘察、工程设计所发生的费用,包括工程勘察费、初步设计费(基础设计费)、施工图设计费(详细设计费)、设计模型制作费。按照《国家发展改革委关于进一步放开建设项目专业服务价格的通知》(发改价格〔2015〕299 号)的规定,此项费用实行市场调节价。

5) 专项评价费

专项评价费是指建设单位按照国家规定委托有资质的单位开展专项评价及有关验收工作发生的费用。其包括环境影响评价及验收费、安全预评价及验收费、职业病危害预评价及控制效果评价费、地震安全性评价费、地质灾害危险性评价费、水土保持评价及验收费、压覆矿产资源评价费、节能评估及评审费、危险与可操作性分析及安全完整性评价费以及其他专项评价及验收费(如重大投资项目社会稳定风险评估、防洪评价等)。按照《国家发展改革委关于进一步放开建设项目专业服务价格的通知》(发改价格〔2015〕299 号)的规定,此项费用实行市场调节价。

6) 场地准备和临时设施费

场地准备费是指为使工程项目的建设场地达到开工条件,由建设单位组织进行的场地平整等准备工作而发生的费用。

临时设施费是指建设单位为满足施工建设需要而提供的未列入工程费用的临时水、电、路、信、气等工程和临时仓库等建(构)筑物的建设、维修、拆除、摊销费用或租赁费用,以及铁路、码头租赁等费用。

场地准备和临时设施费的计算:

①场地准备及临时设施应尽量与永久性工程统一考虑。建设场地的大型土石方工程应进入工程费用的总图运输费用中。

②新建项目的场地准备和临时设施费应根据实际工程量估算,或按工程费用的比例计算。改扩建项目一般只计算拆除清理费。

$$场地准备和临时设施费 = 工程费用 \times 费率 + 拆除清理费$$

③发生拆除清理费时,可按新建同类工程造价或主材费、设备费的比例计算。凡可回收材料的拆除工程,采用以料抵工方式冲抵拆除清理费。

④此项费用不包括已列入建筑安装工程费用中的施工单位临时设施费用。

7) 引进技术和进口设备材料其他费

引进技术和进口设备材料其他费是指引进技术和设备发生的但未计入引进技术费和设

备材料购置费的费用。其包括引进项目图纸资料翻译复制费、备品备件测绘费、出国人员费用、来华人员费用、银行担保及承诺费、进口设备材料国内检验费等。

①引进项目图纸资料翻译复制费、备品备件测绘费，可根据引进项目的具体情况计列或按引进货价（FOB）的比例估列；引进项目发生备品备件测绘费时，按具体情况估列。

②出国人员费用，包括买方人员出国设计联络、出国考察、联合设计、监造、培训等所发生的差旅费、生活费等。此项费用依据引进合同或协议规定的出国人次、期限以及相应的费用标准计算。生活费按照财政部、外交部规定的现行标准计算，差旅费按中国民航公布的票价计算。

③来华人员费用，包括卖方来华工程技术人员的现场办公费用、往返现场交通费用、接待费用等。此项费用依据引进合同或协议有关条款及来华技术人员派遣计划进行计算。来华人员接待费用可按每人次费用指标计算。引进合同价款中已包括的费用内容不得重复计算。

④银行担保及承诺费，指引进项目由国内外金融机构出面承担风险和责任担保所发生的费用，以及支付贷款机构的承诺费用。此项费用应按担保或承诺协议计取，投资估算和概算编制时可以担保金额或承诺金额为基数乘以费率计算。

8）工程保险费

工程保险费是指为转移工程项目建设的意外风险，在建设期内对建筑工程、安装工程、机械设备和人身安全进行投保而发生的费用。其包括建筑安装工程一切险、引进设备财产保险和人身意外伤害险等。根据不同的工程类别，分别以其建筑、安装工程费乘以建筑、安装工程保险费率计算。

9）特殊设备安全监督检验费

特殊设备安全监督检验费是指对在施工现场安装的列入国家特种设备范围内的设备（设施）检验检测和监督检查所发生的应列入项目开支的费用。此项费用按照建设项目所在省（市、自治区）安全监察部门的规定标准计算。无具体规定的，在编制投资估算和概算时可按受检设备现场安装费的比例估算。

10）市政公用配套设施费

市政公用配套设施费是指使用市政公用设施的工程项目，按照项目所在地省级人民政府有关规定建设或缴纳的市政公用设施建设配套费用以及绿化工程补偿费用。此项费用按照项目所在地人民政府的有关规定进行建设或缴纳。

· 2.3.3 与未来生产经营有关的费用 ·

1）联合试运转费

联合试运转费是指新建或新增生产能力的工程项目，在交付生产前按照批准的设计文件规定的工程质量标准和技术要求，对整个生产线或装置进行负荷联合试运转所发生的费用净支出。其包括试运转所需材料、燃料及动力消耗、低值易耗品、其他物料消耗、机械使用费、联合试运转人员工资、施工单位参加试运转人工费、专家指导费，以及必要的工业炉烘炉费。试运转收入包括试运转期间的产品销售收入和其他收入。联合试运转费不包括应由设备安装工程费用开支的调试及试车费用,以及在试运转中暴露出来的因施工原因或设备缺陷等发生的处理费用。

2)专利及专有技术使用费

专利及专有技术使用费是指在建设期内取得专利、专有技术、商标、商誉和特许经营的所有权或使用权发生的费用。其包括工艺包费,设计及技术资料费,有效专利、专有技术使用费,技术保密费和技术服务费等;商标权、商誉和特许经营权费;软件费等。

在计算专利及专有技术使用费时应注意以下问题:

①按专利使用许可协议和专有技术使用合同的规定计列。

②专有技术的界定应以省、部级鉴定批准为依据。

③项目投资中只计算需要在建设期支付的专利及专有技术使用费。协议或合同规定在生产期支付的使用费应在生产成本中核算。

④一次性支付的商标权、商誉及特许经营权费按协议或合同规定计列。协议或合同规定在生产期支付的商标权或特许经营权费应在生产成本中核算。

⑤为项目配套的专用设施投资,包括专用铁路线、专用公路、专用通信设施、送变电站、地下管道、专用码头等,如由项目建设单位负责投资但产权不归属本单位的,应作无形资产处理。

3)生产准备费

生产准备费是指在建设期内,建设单位为保证项目正常生产而发生的人员培训、提前进厂费,以及投产使用必备的办公、生活家具用具及工器具等的购置费用。

生产准备费的计算:

①新建项目按设计定员为基数进行计算,改扩建项目按新增设计定员为基数进行计算,其计算公式为:

$$生产准备费 = 设计定员 \times 生产准备费指标(元/人)$$

②可采用综合的生产准备费指标进行计算,也可以按费用内容的分类指标进行计算。

2.4 预备费、建设期利息及流动资金的计算

• 2.4.1 预备费 •

预备费是指在建设期内因各种不可预见因素的变化而预留的可能增加的费用,包括基本预备费和价差预备费。

1)基本预备费

基本预备费是指投资估算或工程概算阶段预留的,由于工程实施中不可预见的工程变更及洽商、一般自然灾害处理、地下障碍物处理、超规超限设备运输等而可能增加的费用,亦可称为工程建设不可预见费。基本预备费一般由以下 4 个部分构成:

①工程变更及洽商:在批准的初步设计范围内,技术设计、施工图设计及施工过程中所增加的工程费用;设计变更、工程变更、材料代用、局部地基处理等增加的费用。

②一般自然灾害处理:一般自然灾害造成的损失和预防自然灾害所采取的措施费用。实行工程保险的工程项目,该费用应适当降低。

③不可预见的地下障碍物处理的费用。

④超规超限设备运输增加的费用。

基本预备费是按工程费用和工程建设其他费用二者之和为计算基础,乘以基本预备费费率进行计算,即

$$基本预备费 = (工程费用 + 工程建设其他费用) \times 基本预备费费率$$

基本预备费费率由工程造价管理机构根据项目特点综合分析后确定。

2) 价差预备费

价差预备费是指在建设期内因利率、汇率或价格等因素的变化而预留的可能增加的费用,亦称为价格变动不可预见费。价差预备费的内容包括:人工、设备、材料、施工机具的价差费,建筑安装工程费及工程建设其他费用调整,利率、汇率调整等增加的费用。

价差预备费一般根据国家规定的投资综合价格指数,以估算年份价格水平的投资计划额为基数,采用复利方法进行计算。一般按下式计算:

$$P = \sum_{t=1}^{n} I_t \left[(1+f)^m (1+f)^{0.5} (1+f)^{t-1} - 1 \right]$$

式中　P——价差预备费;

　　　n——建设期年份数;

　　　I_t——建设期第 t 年的投资计划额,包括工程费用、工程建设其他费用及基本预备费,即第 t 年的静态投资计划额;

　　　f——年涨价率;

　　　t——建设期第 t 年;

　　　m——建设前期年限(从编制概算到开工建设的年数)。

式中,价差预备费中的年涨价率(f),政府部门有规定的按规定执行,没有规定的由可行性研究人员预测;$(1+f)^{0.5}$表示建设期第 t 年当年投资分期均匀投入考虑涨价的幅度。

【例2.1】　某建设项目的建筑安装工程费为5 000万元,设备购置费为3 000万元,工程建设其他费用为2 000万元。已知基本预备费费率为5%,项目建设前期年限为1年,建设期为3年。年投资计划额为:第1年完成投资的20%,第2年完成投资的60%,第3年完成投资的20%。年均投资价格上涨率为6%,求建设项目建设期间的价差预备费。

【解】　基本预备费 = (5 000 + 3 000 + 2 000) × 5% = 500(万元)

静态投资 = 5 000 + 3 000 + 2 000 + 500 = 10 500(万元)

建设期第1年完成投资:$I_1 = 10\ 500 \times 20\% = 2\ 100$(万元)

建设期第1年价差预备费:$P_1 = I_1 \left[(1+f)(1+f)^{0.5} - 1 \right] \approx 191.8$(万元)

建设期第2年完成投资:$I_2 = 10\ 500 \times 60\% = 6\ 300$(万元)

建设期第2年价差预备费:$P_2 = I_2 \left[(1+f)(1+f)^{0.5}(1+f) - 1 \right] \approx 987.9$(万元)

建设期第3年完成投资:$I_3 = 10\ 500 \times 20\% = 2\ 100$(万元)

建设期第 3 年价差预备费: $P_3 = I_3 \left[(1+f)(1+f)^{0.5}(1+f)^2 - 1 \right] \approx 475.1$(万元)

建设期的价差预备费: $P = 191.8 + 987.9 + 475.1 = 1\,654.8$(万元)

· 2.4.2 建设期利息 ·

建设期利息主要指在建设期内发生的为工程项目筹措资金的融资费用及债务资金利息。

建设期利息应根据不同资金来源及利率分别进行计算。根据建设期资金用款计划,在总贷款分年均衡发放的前提下,可按当年借款在年中支用考虑,即当年借款按半年计息,上年借款按全年计息。计算公式为:

$$q_j = \left(P_{j-1} + \frac{1}{2}A_j \right) \cdot i$$

式中　q_j——建设期第 j 年应计利息;

　　　P_{j-1}——建设期第 $j-1$ 年末累计贷款本金与利息之和;

　　　A_j——建设期第 j 年贷款金额;

　　　i——贷款年利率。

利用国外贷款的利息计算中,年利率应综合考虑贷款协议中向贷款方加收的手续费、管理费、承诺费,以及国内代理机构向贷款方收取的转贷费、担保费和管理费等。

【例 2.2】　某新建项目,建设期为 3 年,分年均衡进行贷款,第 1 年贷款 300 万元,第 2 年贷款 600 万元,第 3 年贷款 400 万元,年利率为 12%,建设期内利息只计息不支付,请计算该项目的建设期利息。

【解】　在建设期内,各年利息计算如下:

$$q_1 = \frac{1}{2} \times 300 \times 12\% = 18(万元)$$

$$q_2 = \left(300 + 18 + \frac{1}{2} \times 600 \right) \times 12\% = 74.16(万元)$$

$$q_3 = \left(300 + 18 + 600 + 74.16 + \frac{1}{2} \times 400 \right) \times 12\% \approx 143.06(万元)$$

建设期利息 $q = q_1 + q_2 + q_3 = 18 + 74.16 + 143.06 = 235.22$(万元)

· 2.4.3 流动资金 ·

流动资金是指运营期内长期占用并周转使用的营运资金,不包括运营中需要的临时性营运资金。

流动资金的估算方法有扩大指标估算法和分项详细估算法两种。

1) 扩大指标估算法

此方法是参照同类企业的流动资金占营业收入、经营成本的比例或者是单位产量占营运资金的数额估算流动资金,计算公式如下:

流动资金额 = 各种费用基数 × 相应的流动资金所占比例(或占营运资金的数额)

式中,各种费用基数是指年营业收入、年经营成本或年产量等。

2) 分项详细估算法

可简化计算,分项详细估算法的计算公式如下:

$$流动资金 = 流动资产 - 流动负债$$

$$流动资产 = 应收账款 + 预付账款 + 存货 + 现金$$

$$流动负债 = 应付账款 + 预收账款$$

第3章　建设工程计价方法及计价依据

3.1　概述

· 3.1.1　工程计价的基本原理和方法 ·

1) 利用函数关系对拟建项目的造价进行类比匡算

当一个建设项目还没有具体的图样和工程量清单时,需要利用产出函数对建设项目投资进行匡算。在微观经济学中,把过程的产出和资源的消耗这两者之间的关系称为产出函数。在建筑工程中,产出函数建立了产出的总量或规模与各种投入(如人力、材料、机械等)之间的关系。因此,对某一特定的产出,可以通过对各投入参数赋予不同的值,从而找到一个最低的生产成本。房屋建筑面积的大小和消耗的人工之间的关系就是产出函数的一个例子。

投资的匡算常常基于某个表明设计能力或者形体尺寸的变量,比如建筑面积、高速公路的长度、工厂的生产能力等。在这种类比估算方法下,尤其要注意规模对造价的影响。项目的造价并不总是和规模大小呈线性关系,典型的规模经济或规模不经济都会出现。因此,要慎重选择合适的产出函数,寻找规模和经济有关的经验数据。例如,生产能力指数法与单位生产能力估算法就是采用不同的生产函数。

2) 分部组合计价原理

如果一个建设项目的设计方案已经确定,常用的就是分部组合计价法。在前面的章节中,我们对工程项目进行了"化整为零",即将建设项目依次分解为单项工程、单位工程、分部工程和分项工程5个层次。按照计价需要,将分项工程进一步分解或适当组合,就可以得到基本构造单元。

工程造价计价的基本思路就是将建设项目细分至最基本的构造单元,找到适当的计量单位及当时、当地的单价,就可以采取一定的计价方法,进行分部组合汇总,计算出相应的工程造价。工程造价计价的基本原理就在于项目的分解与组合。

工程造价计价的基本原理可以用公式的形式表达如下:

$$分部分项工程费 = \sum [基本构造单元工程量(定额项目或清单项目) \times 相应单价]$$

上面的公式同样适用于可计量的措施项目费的计算。同样,从公式中可以看出计价主要包括工程计量和工程计价两个环节。

（1）工程计量

工程计量包括工程项目的划分和工程量的计算。

单位工程基本构造单元的确定，即划分工程项目。编制工程概算、预算时，主要是按工程定额进行项目的划分；编制工程量清单时，主要是按照各专业工程量计算规范规定的清单项目进行划分。

工程量的计算就是按照工程项目的划分和工程量计算规则，就不同的设计文件对工程实物量进行计算。工程实物量是计价的基础，不同的计价依据有不同的计算规则规定。目前，工程量计算规则包括两大类：各类工程定额规定的计算规则，以及各专业工程量计算规范附录中规定的计算规则。

（2）工程计价

工程计价包括工程单价的确定和总价的计算。

①工程单价。工程单价是指完成单位工程基本构造单元的工程量所需要的基本费用。工程单价包括工料单价和综合单价。

a. 工料单价仅包括人工费、材料费、施工机具使用费，是各种人工消耗量、各种材料消耗量、各类施工机具台班消耗量与其相应单价的乘积。用下列公式表示：

$$工料单价 = \sum（人材机消耗量 \times 人材机单价）$$

b. 综合单价除包括人工费、材料费、施工机具使用费外，还包括可能分摊在单位工程基本构造单元的费用。综合单价又分为清单综合单价和全费用综合单价两种。

清单综合单价中除包括人工费、材料费、施工机具使用费用外，还包括企业管理费、利润和一定范围内的风险费用（隐含）；全费用综合单价中除包括人工费、材料费、施工机具使用费外，还包括企业管理费、利润、规费和税金。

综合单价根据国家、地区、行业定额或企业定额消耗量和相应生产要素的市场价格，以及定额或市场的取费费率来确定。

②工程总价。工程总价是指按照规定的程序或办法逐级汇总形成的相应工程造价。根据采用的单价内容和计算程序不同，分为工料单价法和综合单价法。

a. 工料单价法。首先依据相应计价定额的工程量计算规则计算项目的工程量；然后依据定额的人、材、机要素消耗量和单价，计算各个项目的直接费；再计算直接费合价；最后按照相应的取费程序计算其他各项费用，汇总后形成相应工程造价。

b. 综合单价法。若采用全费用综合单价（完全综合单价），首先依据相应工程量计算规范规定的工程量计算规则计算工程量，并依据相应的计价依据确定综合单价；然后用工程量乘以综合单价，并汇总即可得出分部分项工程费以及措施项目费；最后再按相应的办法计算其他项目费，汇总后形成相应工程造价。我国现行《建设工程工程量清单计价规范》（GB 50500—2013）中规定的清单综合单价属于非完全综合单价，在其非完全单价基础上加上规费和税金即形成完全综合单价。

· 3.1.2 工程计价的标准和依据 ·

工程计价的标准和依据包括计价活动的相关规章规程、工程量清单计价和工程量计算规范、工程定额和相关造价信息、合同文件等。

从目前我国现状来看,工程定额主要作为国有资金投资工程编制投资估算、设计概算和最高投标限价(招标控制价)的依据。对于其他工程,在项目建设前期各阶段,工程定额可以用于建设投资的预测和估计;在工程建设交易阶段,工程定额可以作为建设产品价格形成的辅助依据。工程量清单计价依据主要适用于合同价格形成以及后续的合同价款管理阶段。计价活动的相关规章规程则根据其具体内容适用于不同阶段的计价活动。造价信息是计价活动必需的依据。

1)计价活动的相关规章规程

与现行计价活动相关的规章规程主要包括:

①国家标准:《工程造价术语标准》(GB/T 50875—2013)、《建筑工程建筑面积计算规范》(GB/T 50353—2013)和《建设工程造价咨询规范》(GB/T 51095—2015)。

②中国建设工程造价管理协会标准:《建设项目投资估算编审规程》《建设项目设计概算编审规程》《建设项目施工图预算编审规程》《建设工程招标控制价编审规程》《建设项目工程结算编审规程》《建设项目工程竣工决算编制规程》《建设项目全过程造价咨询规程》《建设工程造价咨询成果文件质量标准》《建设工程造价鉴定规程》《建设工程造价咨询工期标准(房屋建筑工程)》等。

2)工程量清单计价和工程量计算规范

工程量清单计价和工程量计算规范包括:《建设工程工程量清单计价规范》(GB 50500—2013)、《房屋建筑与装饰工程工程量计算规范》(GB 50854—2013)、《仿古建筑工程工程量计算规范》(GB 50855—2013)、《通用安装工程工程量计算规范》(GB 50856—2013)、《市政工程工程量计算规范》(GB 50857—2013)、《园林绿化工程工程量计算规范》(GB 50858—2013)、《构筑物工程工程量计算规范》(GB 50859—2013)、《矿山工程工程量计算规范》(GB 50860—2013)、《城市轨道交通工程工程量计算规范》(GB 50861—2013)、《爆破工程工程量计算规范》(GB 50862—2013)等。

3)工程定额

工程定额主要指国家、地方或行业主管部门制定的各种定额,包括工程消耗量定额和工程计价定额等。工程消耗量定额主要是指完成规定计量单位的合格建筑安装产品所消耗的人工、材料、施工机具台班的数量标准。工程计价定额是指直接用于工程计价的定额或指标,包括预算定额、概算定额、概算指标和投资估算指标。此外,部分地区和行业造价管理部门还会颁布工期定额。工期定额是指在正常的施工技术和组织条件下,完成某个单位工程或群体工程所需的日历天数(包括法定节假日)。

4)工程造价信息

工程造价信息是指工程造价管理机构发布的建设工程人工、材料、工程设备、施工机具的价格信息,以及各类工程的造价指数、指标等。

3.2　工程定额

·3.2.1　定额的概念和基本性质·

根据《住房城乡建设部关于印发〈建设工程定额管理办法〉的通知》(建标〔2015〕230号),定额是指在正常施工条件下完成规定计量单位的合格建筑安装工程所消耗的人工、材料、施工机具台班、工期天数及相关费率等的数量基准。定额的基本性质如下:

(1)科学性

工程定额的科学性包括两重含义:一重含义是指工程定额和生产力发展水平相适应,反映出工程建设中生产消费的客观规律;另一重含义是指工程定额管理在理论、方法和手段上适应现代科学技术和信息社会发展的需要。

(2)系统性

工程定额是相对独立的系统。它是由多种定额结合而成的有机整体。

(3)统一性

工程定额的统一性主要是由国家对经济发展的有计划的宏观调控职能决定的。例如,定额按主编单位和管理权限分类,有全国统一定额、地区统一定额和行业统一定额等。

(4)权威性、指导性

工程定额具有一定的权威性,这种权威性在一些情况下具有经济法规的性质,如各地费用定额中有关安全文明施工、税金等标准的制定、实施就具有明显的强制性。另外,随着投资体制改革和企业经营机制转换,以往具有权威性的定额项目越来越多地起到指导或参考作用,以帮助企业进行相关决策。

(5)时效性和相对稳定性

工程定额均在一定时间范围内有效,根据具体情况不同,一般在 5～10 年。任何一种定额,都只能反映一定时期的生产力水平,生产力向前发展了,定额就会变得陈旧,因此定额具有显著的时效性。一定时期的工程定额,反映一定时期的建筑产品(工程)生产机械化程度和施工工艺、材料、质量等建筑技术的发展水平和质量验收标准水平,因此定额水平又是相对稳定的。

(6)群众性

定额的拟定和执行都需要有广泛的群众基础。定额的拟定,通常采取工人、技术人员和专职定额人员三结合的方式,使拟定定额时能够从实际出发,反映建筑安装工人的实际水平,并保持一定的先进性,使定额更容易被广大职工掌握。

·3.2.2　工程定额体系(分类)·

工程定额是一个综合概念,是工程造价计价和管理中各类定额的总称,可以按照不同的原则和方法对它进行分类。

1）按定额反映的生产要素消耗内容分类

（1）劳动消耗定额

劳动消耗定额简称劳动定额（也称为人工定额），是指在正常的施工技术和组织条件下，完成规定计量单位合格的建筑安装产品所消耗的人工工日的数量标准。劳动定额的主要表现形式是时间定额，但同时也表现为产量定额。时间定额与产量定额互为倒数。

（2）材料消耗定额

材料消耗定额简称材料定额，是指在正常的施工技术和组织条件下，完成规定计量单位合格的建筑安装产品所消耗的原材料、成品、半成品、构配件、燃料，以及水、电等动力资源的数量标准。

（3）机械消耗定额

机械消耗定额是以一台机械一个工作班为计量单位，所以又称为机械台班定额。机械消耗定额是指在正常的施工技术和组织条件下，完成规定计量单位合格的建筑安装产品所消耗的施工机械台班的数量标准。机械消耗定额的主要表现形式是机械时间定额，同时也以产量定额表现。

2）按定额的编制程序和用途分类

（1）施工定额

施工定额是完成一定计量单位的某一施工过程或基本工序所需消耗的人工、材料和机械台班数量标准。施工定额是施工企业（建筑安装企业）为组织生产和加强管理在企业内部使用的一种定额，属于企业定额的性质。施工定额是以某一施工过程或基本工序作为研究对象，是用来表示生产产品数量与生产要素消耗综合关系的定额。为了适应组织生产和管理的需要，施工定额的项目划分很细，是工程定额中分项最细、定额子目最多的一种定额，也是工程定额中的基础性定额。

（2）预算定额

预算定额是指在正常的施工条件下，完成一定计量单位合格分项工程和结构构件所需消耗的人工、材料、施工机械台班数量及其费用标准。它是一种计价性定额。从编制程序上看，预算定额是以施工定额为基础综合扩大编制的，同时它也是编制概算定额的基础。

（3）概算定额

概算定额是指完成单位合格扩大分项工程或扩大结构构件所需消耗的人工、材料、施工机械台班的数量及其费用标准。它也是一种计价性定额。概算定额是编制扩大初步设计概算，确定建设项目投资额的依据。概算定额的项目划分粗细与扩大初步设计的深度相适应，一般是在预算定额的基础上综合扩大而成的，每一综合分项概算定额都包含了数项预算定额。

（4）概算指标

概算指标是指以单位工程为对象，反映完成一个规定计量单位建筑安装产品的经济消耗指标。概算指标是概算定额的扩大与合并，是以更为扩大的计量单位来编制的。概算指标的内容包括人工、机械台班、材料定额3个基本部分，同时还列出了各结构分部的工程量及单位建筑工程（以体积计或面积计）的造价，是一种计价定额。

（5）投资估算指标

投资估算指标是指以建设项目、单项工程、单位工程为对象，反映建设总投资及其各项费用构成的经济指标。它是在项目建议书和可行性研究阶段编制投资估算、计算投资需要量时使用的一种定额。它的概略程度与可行性研究阶段相适应。投资估算指标往往根据历史的预、决算资料和价格变动等资料编制，但其编制基础仍然离不开预算定额、概算定额。上述各种定额的相互联系可参见表3.1。

表3.1　各种定额间关系的比较

定额分类	施工定额	预算定额	概算定额	概算指标	投资估算指标
对象	施工过程或基本工序	分项工程和结构构件	扩大的分项工程或扩大的结构构件	单位工程	建设项目、单项工程、单位工程
用途	编制施工预算	编制施工图预算	编制扩大初步设计概算	编制初步设计概算	编制投资估算
项目划分程度	最细	细	较粗	粗	很粗
定额水平	平均先进	平均			
定额性质	生产性定额	计价性定额			

3）按专业性质划分

由于工程建设涉及众多专业，不同的专业所包含的内容也不同，因此就确定人工、材料和机械台班消耗数量标准的工程定额来说，也需要按不同的专业分别进行编制和执行。

建筑工程定额按专业对象分为建筑与装饰工程定额、市政工程定额、房屋修缮工程定额、铁路工程定额、公路工程定额、矿山井巷工程定额、水工工程定额、土地整理定额等。

安装工程定额按专业对象分为电气设备安装工程定额、机械设备安装工程定额、热力设备安装工程定额、通信设备安装工程定额、化学工业设备安装工程定额、工业管道安装工程定额、工艺金属结构安装工程定额等。

4）按主编单位和管理权限分类

①全国统一定额：由国家建设行政主管部门综合全国工程建设中技术和施工组织管理的情况编制，并在全国范围内适用的定额。

②行业统一定额：考虑各行业间专业工程技术的特点，以及施工生产和管理水平而编制，一般只在本行业和相同专业性质的范围内使用。

③地区统一定额：包括省、自治区、直辖市定额。地区统一定额主要是考虑地区性特点，在全国统一定额的基础上作适当调整和补充编制的。

④企业定额：是施工单位根据本企业的施工技术、机械装备和管理水平编制的人工、施工机械台班和材料等的消耗标准。企业定额在企业内部使用。企业定额水平一般应高于国家现行定额，才能满足生产技术发展、企业管理和市场竞争的需要。在工程量清单计价方式下，企业定额作为施工企业进行工程投标报价的计价依据，正发挥着越来越重要的作用。

⑤补充定额：是指随着设计、施工技术的发展，在现行定额不能满足需要的情况下，为了

补充缺陷所编制的定额。补充定额只能在指定的范围内使用,可以作为以后修订定额的基础。

5)按投资的费用性质分类

(1)建筑工程定额

建筑工程定额是指在正常施工条件下,完成单位合格产品所必须消耗的人工、材料、机械台班的数量标准。这种量的规定,反映出完成建设工程中的某项合格产品与各种生产消耗之间特定的数量关系。建筑工程定额是根据国家一定时期的管理体系和管理制度,依据定额的不同用途和适用范围,由国家指定机构按照一定程序编制,并按照规定程序审批和颁发执行。

(2)设备安装工程定额

设备安装工程定额是设备安装工程的施工定额、预算定额、概算定额与概算指标的统称。设备安装工程是对需要安装的设备进行定位、组合、校正、调试等工作的工程。在工业项目中,机械设备安装和电气设备安装占有很重要的地位。在非生产性的建设项目中,由于城市生活和城市设施的日益现代化,设备安装工程也在不断增加,所以设备安装工程定额也是工程建设定额的重要组成部分。

(3)建筑安装工程费用定额

建筑安装工程费用定额是建筑安装工程造价的重要计价依据,一般以某个或某几个变量为计算基础,是用于确定专项费用计算标准的经济文件,包括措施费费用定额、间接费定额。

①措施费费用定额是指为完成工程项目施工,发生于该工程施工前和施工过程中非工程实体项目的费用。措施费包括环境保护费,文明施工费,安全施工费,临时设施费,夜间施工费,二次搬运费,大型机械设备进出场及安拆费,混凝土、钢筋混凝土模板及支架费,脚手架费等。它是编制施工图预算和概算的依据。

②间接费定额是指与建筑安装施工生产的个别产品无关,而为企业生产全部产品所必需,为维持施工企业的经营管理活动所必需发生的各项费用开支标准。由于间接费中许多费用的发生和施工任务的大小没有直接关系,所以通过间接费定额管理,有效控制间接费的发生是十分必要的。

(4)工器具购置费用定额

工器具购置费用定额是指为新建或扩建项目投产运转首次配置的工具、器具数量标准。工具和器具是指按照有关规定不够固定资产标准而起劳动手段作用的工具、器具和生产用家具,如翻砂用模型、工具箱、计量器、容器、仪器等。

(5)工程建设其他费用定额

工程建设其他费用定额是独立于建筑安装工程、设备和工器具购置之外的其他费用开支的标准。工程建设的其他费用的发生与整个项目的建设密切相关,一般占项目总投资的10%左右。

上述定额分类如图3.1所示。

定额分类

按生产要素消耗内容分：劳动定额、材料定额、机械台班定额

按编制程序和用途分：施工定额、预算定额、概算定额、概算指标、投资估算指标

按专业性质分
├ 建筑工程定额：建筑与装饰工程定额、市政定额、房屋修缮定额等
└ 安装工程定额：电气设备安装工程定额、机械设备安装工程定额等

按主编单位和管理权限分：全国统一定额、行业统一定额、地区统一定额、企业定额、补充定额

按投资的费用性质分：建筑工程定额、设备安装工程定额、建筑安装工程费用定额、工器具购置费用定额、工程建设其他费用定额

图3.1 定额分类图

3.3 建筑安装工程人工、材料及机械台班定额消耗量

• 3.3.1 施工过程分解及工时研究 •

1) 施工过程的含义及分类

（1）施工过程的含义

施工过程就是在建设工地范围内所进行的生产过程。其最终目的是建造、恢复、改建、移动或拆除工业、民用建筑物和构筑物的全部或一部分。

（2）施工过程分类

对施工过程进行细致分析，能够使我们更深入地确定施工过程各个工序组成的必要性及其顺序的合理性，从而正确制定各个工序所需要的工时消耗。

①根据施工过程组织上的复杂程度，可以分解为工序、工作过程和综合工作过程。

a. 工序是在组织上不可分割，在操作过程中其技术又属于同类的施工过程。工序的特征是工作者不变，劳动对象、劳动工具和工作地点也不变。

从施工的技术操作和组织观点来看，工序是工艺方面最简单的施工过程。但从劳动过程的观点来看，工序又可以分解为更小的组成部分：操作和动作。操作本身又包括了最小的组成部分——动作。而动作又是由许多动素组成的，动素是人体动作的分解。施工过程、工序、操作、动作和动素的关系如图3.2所示。

图3.2 施工过程的组成

在编制施工定额时，工序是基本的施工过程，是主要的研究对象。

b. 工作过程是由同一工人或同一小组完成的在技术操作上相互有机联系的工序的综合体。其特点是人员编制不变，工作地点不变，而材料和工具则可以变换。例如，砌墙和勾缝、

抹灰和粉刷。

c. 综合工作过程是同时进行的,在组织上有机联系在一起并且最终能获得一种产品的施工过程的总和。例如,砌砖墙这一综合工作过程,由调制砂浆、运砂浆、运砖、砌墙等工作过程构成,最终形成一定数量的砖墙。

②按照工艺特点,施工过程可以分为循环施工过程和非循环施工过程两类。

2)工作时间分类

研究施工中的工作时间的最主要目的是确定施工的时间定额和产量定额,其前提是对工作时间按其消耗性质进行分类,以便研究工时消耗的数量及其特点。

工作时间指的是工作班延续时间。例如,8 小时工作制的工作时间就是 8 小时,午休时间不包括在内。对工作时间消耗的研究可以分为两个系统进行,即工人工作时间消耗和工人所使用的机器工作时间消耗。

(1)工人工作时间消耗的分类

工人在工作班内消耗的工作时间,按其消耗的性质,基本可以分为必需消耗的时间和损失时间两大类,如图 3.3 所示。

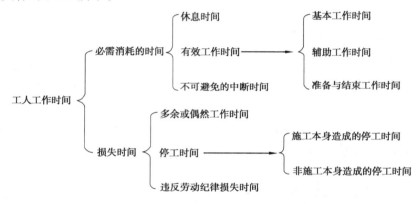

图 3.3　工人工作时间的分类

①必需消耗的时间是指工人在正常施工条件下,为完成一定合格产品(工作任务)所消耗掉的时间。它是制定定额的主要依据,包括休息时间、有效工作时间和不可避免的中断时间。

a. 休息时间是工人在工作过程中为恢复体力所必需的短暂休息和生理需要的时间消耗。休息时间的长短和劳动条件、劳动强度、劳动性质、劳动危险性等有密切关系。

b. 有效工作时间是从生产效果来看与产品生产直接有关的时间消耗,包括基本工作时间、辅助工作时间、准备与结束工作时间。

● 基本工作时间:工人完成能生产一定产品的施工工艺过程所消耗的时间。基本工作时间的长短和工作量大小成正比。

● 辅助工作时间:为保证基本工作能顺利完成所消耗的时间。在辅助工作时间里,不能使产品的形状大小、性质或位置发生变化。辅助工作时间的长短与工作量大小有关。

● 准备与结束工作时间:执行任务前或任务完成后所消耗的工作时间。准备和结束工作时间的长短与所担负的工作量大小无关,但和工作内容有关。

c. 不可避免的中断时间是由施工工艺特点引起的工作中断所必需的时间。与施工工艺特点有关的工作中断时间应包括在定额时间内,但应尽量缩短此项时间消耗。

②损失时间是指与产品生产无关,而与施工组织和技术上的缺点有关,与工人在施工过程中的个人过失或某些偶然因素有关的时间消耗,包括多余或偶然工作时间、停工时间、违反劳动纪律损失时间。

a.多余工作就是工人进行了任务以外而又不能增加产品数量的工作,如重砌质量不合格的墙体。多余工作的工时损失不应计入定额时间中。偶然工作也是工人在任务外进行的工作,但能够获得一定产品,如抹灰工不得不补上偶然遗留的墙洞等。由于偶然工作能获得一定产品,拟定定额时要适当考虑它的影响。

b.停工时间是工作班内停止工作造成的工时损失。停工时间按其性质可分为施工本身造成的停工时间和非施工本身造成的停工时间两种。施工本身造成的停工时间是由于施工组织不善、材料供应不及时、工作面准备工作做得不好、工作地点组织不良等情况引起的停工时间。非施工本身造成的停工时间是由于水源、电源中断引起的停工时间。前一种情况在拟定定额时不应该计算,后一种情况在拟定定额时则应给予合理的考虑。

c.违反劳动纪律损失时间是指工人在工作班开始和午休后的迟到、午饭前和工作班结束前的早退、擅自离开工作岗位、工作时间内聊天或办私事等造成的工时损失。由于个别工人违反劳动纪律而影响其他工人无法工作的时间损失也包括在内。

(2)机器工作时间消耗的分类

在机械化施工过程中,对工作时间消耗的分析和研究,除了要对工人工作时间的消耗进行分类研究之外,还需要分类研究机器工作时间的消耗。机器工作时间的消耗,按其性质分为必需消耗的时间和损失时间两大类,如图3.4所示。

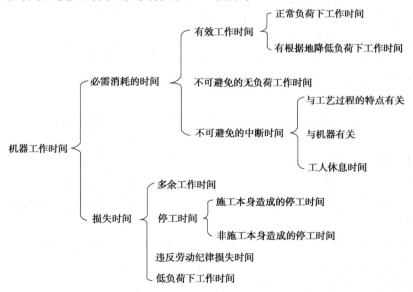

图3.4 机器工作时间分类图

①在必需消耗的时间里,包括有效工作时间、不可避免的无负荷工作时间和不可避免的中断时间三项。而在有效工作时间中又包括正常负荷下的工作时间、有根据地降低负荷下的工作时间。

a.正常负荷下的工作时间是指机器在与机器说明书规定的额定负荷相符的情况下进行工作的时间。

b.有根据地降低负荷下的工作时间是指在个别情况下,由于技术上的原因,机器在低于其计算负荷下工作的时间。例如,汽车运输质量轻而体积大的货物时,不能充分利用汽车的载重吨位,因而不得不降低其计算负荷。

c.不可避免的无负荷工作时间是由施工过程的特点和机械结构的特点造成的机械无负荷工作时间。例如,筑路机在工作区末端调头等就属于此项工作时间的消耗。

d.不可避免的中断时间是与工艺过程的特点、机器的使用和保养、工人休息有关的中断时间。

●与工艺过程的特点有关的不可避免中断时间有循环的和定期的两种。循环的不可避免中断是在机器工作的每一个循环中重复一次,如汽车装货和卸货时的停车;定期的不可避免中断是经过一定时期重复一次,如把灰浆泵由一个工作地点转移到另一工作地点时的工作中断。

●与机器有关的不可避免中断时间是由于工人进行准备与结束工作或辅助工作时,机器停止工作而引起的中断工作时间。它是与机器的使用与保养有关的不可避免中断时间。

●工人休息时间前面已经作了说明。这里要注意的是,应尽量利用与工艺过程有关的和与机器有关的不可避免中断时间进行休息,以充分利用工作时间。

②损失时间包括多余工作时间、停工时间、违反劳动纪律损失时间和低负荷下工作时间。

a.机器的多余工作时间,一是机器进行任务内和工艺过程内未包括的工作而延续的时间,如工人没有及时供料而使机器空运转的时间;二是机器在负荷下所做的多余工作,如混凝土搅拌机搅拌混凝土时超过规定搅拌时间,即属于多余工作时间。

b.机器的停工时间,按其性质可分为施工本身造成和非施工本身造成的停工时间。前者是由于施工组织得不好而引起的停工现象,后者是由于气候条件所引起的停工现象。

c.违反劳动纪律损失时间是指由于工人迟到、早退或擅离岗位等原因引起的机器停工时间。

d.低负荷下工作时间是由于工人或技术人员的过错造成的施工机械在降低负荷情况下工作的时间。

(3)计时观察方法的分类

对施工过程进行观察测时,计算实物和劳务产量,记录施工过程所处的施工条件和确定影响工时消耗的因素,是计时观察法的三项主要内容和要求。计时观察法的种类有很多,最主要的有以下几种:

①测时法:主要适用于测定定时重复的循环工作的工时消耗,是精确度比较高的一种计时观察法,不研究工人休息、准备与结束即其他非循环的工作时间。

②写实记录法:一种研究各种性质的工作时间消耗的方法,包括基本工作时间、辅助工作时间、不可避免中断时间、准备与结束时间以及各种损失时间。写实记录法在实际中得到了广泛应用。

③工作日写实法:一种研究整个工作班内的各种工时消耗的方法,在我国是一种采用较广的编制定额的方法。运用工作日写实法主要有两个目的:一是取得编制定额的基础资料;

二是检查定额的执行情况,找出缺点,改进工作。

· 3.3.2 确定人工定额消耗量的基本方法 ·

劳动定额又称为人工定额,它反映生产工人劳动生产率的平均先进水平。根据其表现形式,可以分为时间定额和产量定额。

时间定额又称为工时定额,是指在合理的劳动组织与合理使用材料的条件下,完成质量合格的单位产品所必需消耗的劳动时间。时间定额以工日或工时为单位。每一个工日按8小时计算,每一个工时即1小时。

产量定额又称为每工产量,是指在合理的劳动组织与合理使用材料的条件下,规定某工种某技术等级的工人(或人工班组)在单位时间里完成质量合格的产品数量。

时间定额与产量定额的关系:互为倒数(或乘积为1)。根据拟定出的时间定额,就可以计算出产量定额。

1)时间定额的确定步骤

①确定工序作业时间。工序作业时间是基本工作时间和辅助工作时间之和,它是产品主要的必需消耗的工作时间,决定着整个产品的定额时间。

②确定规范时间。规范时间的内容包括工序作业时间以外的准备与结束工作时间、不可避免的中断时间以及休息时间三部分。规范时间均可利用工时规范或经验数据确定。

③拟定定额时间。上述确定的基本工作时间、辅助工作时间、准备与结束工作时间、不可避免的中断时间与休息时间之和,就是劳动定额的定额时间。

利用工时规范,可以计算劳动定额的时间定额,计算公式如下:

$$工序作业时间 = 基本工作时间 + 辅助工作时间 = \frac{基本工作时间}{1 - 辅助工作时间(\%)}$$

$$规范时间 = 准备与结束工作时间 + 不可避免的中断时间 + 休息时间$$

$$时间定额 = \frac{工序作业时间}{1 - 规范时间(\%)}$$

【例3.1】 通过计时观察资料得知:人工挖二类土 $1\ m^3$ 的基本工作时间为6 h,辅助工作时间占工序作业时间的2%。准备与结束工作时间、不可避免的中断时间、休息时间分别占工作日的3%,2%,18%,则该人工挖二类土的时间定额是多少?

【解】 基本工作时间 6 h = 0.75(工日/m³)

工序作业时间 = 0.75/(1 - 2%) ≈ 0.765(工日/m³)

时间定额 = 0.765/(1 - 3% - 2% - 18%) ≈ 0.994(工日/m³)

2)人工定额的编制方法

①经验估计法。经验估计法是根据定额员、技术员、生产管理人员和老工人的实际工作经验,对生产某一产品或完成某项工作所需的人工、机械台班、材料数量进行分析、讨论和估算,并最终确定定额耗用量的一种方法。

②统计计算法。统计计算法是一种运用过去的统计资料确定定额的方法。

③技术测定法。技术测定法是通过对施工过程的具体活动进行实地观察,详细记录工人

和机械的工作时间消耗、完成产品数量及有关影响因素,并将记录结果予以研究、分析,去伪存真,整理出可靠的原始数据资料,为制定定额提供科学依据的一种方法。

④比较类推法。比较类推法也称为典型定额法,是在相同类型的项目中,选择有代表性的典型项目,然后根据测定的定额用比较类推的方法编制其他相关定额的一种方法。

· 3.3.3　确定材料定额消耗量的基本方法 ·

1)材料的分类

(1)根据材料消耗的性质划分

根据材料消耗的性质,施工中的材料可分为必需消耗的材料和损失的材料两类。必需消耗的材料是指在合理用料的条件下生产合格产品所需消耗的材料。它包括直接用于建筑和安装工程的材料、不可避免的施工废料、不可避免的材料损耗。必需消耗的材料属于施工正常消耗,是确定材料消耗定额的基本数据,其中直接用于建筑和安装工程的材料编制材料净用量定额,不可避免的施工废料和材料损耗编制材料损耗定额。

$$材料消耗量 = 材料净用量 + 材料损耗量 = 材料净用量 \times (1 + 损耗率)$$

$$材料损耗率 = \frac{材料损耗量}{材料净用量}$$

(2)根据材料消耗与工程实体的关系划分

根据材料消耗与工程实体的关系,施工中的材料可分为工程实体材料和非工程实体材料两类。

①工程实体材料:是指直接构成工程实体的材料,包括工程直接性材料和辅助性材料。

工程直接性材料主要是指一次性消耗,直接用于工程上构成建筑物或结构本体的材料,如钢筋混凝土柱中的钢筋、水泥、砂、碎石等;辅助性材料主要是指虽然也是施工过程中所必需,却并不构成建筑物或结构本体的材料,如土石方爆破工程中所需的炸药等。直接性材料用量大,辅助性材料用量少。

②非工程实体材料:是指在施工中必须使用但又不能构成工程实体的施工措施性材料,主要是指周转性材料,如模板、脚手架等。

2)确定材料消耗量的基本方法

确定实体材料的净用量定额和材料损耗定额的计算数据,是通过现场技术测定、实验室试验、现场统计和理论计算等方法获得的。

(1)现场技术测定法

现场技术测定法又称为观测法,是根据对材料消耗过程的测定与观察,通过完成产品数量和材料消耗量的计算,来确定各种材料消耗定额的一种方法。现场技术测定法主要适用于确定材料损耗量,因为该部分数值用统计法或其他方法较难得到,通过现场观察,还可以区别出哪些是可以避免的损耗,哪些属于难以避免的损耗,明确定额中不应列入可以避免的损耗。

(2)实验室试验法

实验室试验法主要用于编制材料净用量定额。通过试验,能够对材料的结构、化学成分和物理性能以及按强度等级控制的混凝土、砂浆、沥青、油漆等配比给出科学的结论,为编制材料消耗定额提供有技术根据的比较精确的计算数据。但其缺点是无法估计施工现场某些因素对材料消耗量的影响。

（3）现场统计法

现场统计法是以施工现场积累的分部分项工程使用材料数量、完成产品数量、完成工作原材料的剩余数量等统计资料为基础，经过整理分析，获得材料消耗量的数据。这种方法由于不能分清材料消耗的性质，因而不能作为确定材料净用量定额和材料损耗定额的依据，只能作为编制定额的辅助方法使用。

（4）理论计算法

理论计算法是根据施工图和建筑构造要求，用理论计算公式计算出产品的材料净用量的方法。这种方法比较适合于不易产生损耗且容易确定废料消耗量的计算。

①标准砖用量的计算。每立方米砖墙的用砖数和砌筑砂浆的用量，可用下列理论计算公式计算出各自的净用量。

$$标准砖块数净用量(A) = \frac{1}{墙厚 \times (砖长 + 灰缝) \times (砖厚 + 灰缝)} \times k$$

式中，k 为墙厚的砖数 $\times 2$。

$$砂浆净用量(B) = 1 - (砖长 \times 砖宽 \times 砖厚) \times 标准砖块数净用量(A)$$

【例3.2】　标准砖尺寸为 240 mm × 115 mm × 53 mm，计算标准砖一砖外墙每立方米砌体标准砖和砂浆的消耗量，标准砖损耗率为 1%，砂浆损耗率为 2%（计算结果砖块数保留 1 位小数，砂浆保留 3 位小数）。

【解】　标准砖块数净用量 $= \dfrac{1}{0.24 \times (0.24 + 0.01) \times (0.053 + 0.01)} \times 2 \approx 529.1(块)$

标准砖块数消耗量 $= 529.1 \times (1 + 1\%) \approx 534.4(块)$

砂浆消耗量 $= (1 - 0.24 \times 0.115 \times 0.053 \times 529.1) \times (1 + 2\%) \approx 0.231(m^3)$

【例3.3】　某玻化砖尺寸为 600 mm × 600 mm × 8 mm，灰缝宽度为 3 mm，结合层砂浆厚度为 10 mm，灰缝砂浆同结合层砂浆，玻化砖损耗率为 1%，砂浆损耗率为 2%，试求 100 m² 玻化砖地面的玻化砖和砂浆消耗量（计算结果砖块数保留 1 位小数，砂浆保留 3 位小数）。

【解】　玻化砖块数净用量 $= \dfrac{100}{(0.6 + 0.003) \times (0.6 + 0.003)} \approx 275.0(块)$

玻化砖块数消耗量 $= 275.0 \times (1 + 1\%) = 277.8(块)$

砂浆消耗量 $= [(100 - 0.6 \times 0.6 \times 275.0) \times 0.008 + 100 \times 0.01] \times (1 + 2\%) \approx$ 1.028(m³)

②周转性材料。周转性材料是指在施工过程中能多次使用、反复周转但并不构成工程实体的工具性材料，如模板、活动支架、脚手架、支撑、挡土板等。

周转性材料在材料消耗定额中以摊销量表示。摊销量是指周转性材料在单位产品上使用一次的消耗量，即应分摊到每一单位分项工程或结构构件上的周转材料消耗量。下面以现浇构件木模板摊销量为例介绍周转性材料摊销量的计算。

与计算摊销量相关的概念：

a. 周转次数：周转性材料从第一次使用起，可以重复使用的次数。

b. 一次使用量：一次投入使用的材料基本数量。

$$含模量 = \frac{混凝土接触面积}{混凝土构件工程量}$$

$$一次使用量 = \begin{matrix}每立方米混凝土构件\\的模板接触面积\end{matrix} \times \begin{matrix}每平方米接触\\面积需模量\end{matrix} \times (1+制作损耗率)$$

【例 3.4】 现浇钢筋混凝土圈梁设计断面为 240 mm × 180 mm,求其含模量。

【解】 圈梁的模板接触面积 $S = 2(侧) \times 0.18(高) \times L(长)$

圈梁的工程量 $V = 0.24 (宽) \times 0.18(高) \times L(长)$

含模量 $= S/V = 2 /0.24 \approx 8.33(m^2/m^3)$

c. 损耗率(补损率):在第二次和以后各次周转中,每周转一次因损坏不能复用,必须另作补充的数量占一次使用量的百分比。

$$补损量 = 一次使用量 \times 损耗率 \times (周转次数 - 1)$$

d. 回收量:平均每周转一次可以回收材料的数量,这部分数量应从摊销量中扣除。

$$回收量 = 一次使用量 \times (1 - 损耗率)$$

e. 周转使用量:

$$周转使用量 = \frac{一次使用量 \times [1 + (周转次数 - 1) \times 损耗率]}{周转次数}$$

f. 周转回收量:

$$周转回收量 = \frac{一次使用量 \times (1 - 损耗率)}{周转次数}$$

g. 摊销量:

$$摊销量 = 周转使用量 - 周转回收量 \times 回收折价率(常为 50\%)$$

【例 3.5】 根据选定的某工程捣制混凝土独立基础的施工图计算,每立方米独立基础模板接触面积为 2.1 m^2,根据计算每平方米模板接触面积需用板材 0.083 m^3(含制作损耗),模板周转次数 6 次,每次周转损耗率为 16.6%,回收折价率为 50%。试计算混凝土独立基础的模板周转使用量、周转回收量和摊销量。

【解】 一次使用量 $= 2.1 \times 0.083 = 0.174\ 3\ (m^3)$

一次补损量 $= 0.174\ 3 \times 16.6\% \approx 0.028\ 9\ (m^3)$

周转使用量 $= [0.174\ 3 + (6-1) \times 0.028\ 9]/6 \approx 0.053(m^3)$

周转回收量 $= (0.174\ 3 - 0.028\ 9)/6 \approx 0.024\ (m^3)$

摊销量 $= 0.053 - 0.024 \times 50\% = 0.041\ (m^3)$

· 3.3.4 确定机械台班定额消耗量的基本方法 ·

1)确定机械 1 h 纯工作正常生产率

机械纯工作时间是指机械必需消耗的时间。机械 1 h 纯工作正常生产率,就是在正常施工组织条件下,具有必需的知识和技能的技术工人操纵机械 1 h 的生产率。

工作时间内的产品数量和工作时间的消耗,要通过多次现场观察和机械说明书来取得数据。

2)确定施工机械的正常利用系数

确定施工机械的正常利用系数,是指机械在一个台班内的纯工作时间与工作延续时间的比值。机械的利用系数和机械在工作班内的工作状况有着密切关系,因此要确定机械的正常利用系数。首先要拟定机械工作班的正常工作状况,保证合理利用工时。机械正常利用系数的计算公式如下:

$$机械正常利用系数 = \frac{机械在一个工作班内的纯工作时间}{一个工作班的延续时间(8\ h)}$$

3)计算施工机械台班定额

计算施工机械台班定额是编制机械定额工作的最后一步,在确定了施工机械工作的正常条件、机械1 h纯工作正常生产率和机械正常利用系数之后,采用下列公式计算施工机械台班的产量定额。

$$施工机械台班产量定额 = 机械1\ h纯工作正常生产率 \times 工作班纯工作时间$$

$$\begin{matrix}施工机械台班\\产量定额\end{matrix} = \begin{matrix}机械1\ h纯工作\\正常生产率\end{matrix} \times \begin{matrix}工作班\\延续时间\end{matrix} \times \begin{matrix}机械正常\\利用系数\end{matrix}$$

【例3.6】 某工程现场采用出料容量500 L的混凝土搅拌机,每一次循环中,装料、搅拌、卸料、中断需要的时间分别为1,3,1,1 min,机械正常利用系数为0.9,求该机械的台班产量定额。

【解】 该搅拌机一次循环的正常延续时间 = 1 + 3 + 1 + 1 = 6(min) = 0.1(h)

该搅拌机纯工作1 h循环次数 = 10(次)

该搅拌机纯工作1 h正常生产率 = 10 × 500 = 5 000(L) = 5(m³)

该搅拌机台班产量定额 = 5 × 8 × 0.9 = 36(m³/台班)

3.4 建筑安装工程人工、材料及机械台班单价

· 3.4.1 人工日工资单价的组成和确定方法

人工日工资单价是指施工企业平均技术熟练程度的生产工人在每工作日(国家法定工作时间内)按规定从事施工作业应得的日工资总额。

人工日工资单价由计时工资或计件工资、奖金、津贴补贴以及特殊情况下支付的工资组成。

1)人工日工资单价的确定方法

首先应确定年平均每月法定工作日,然后将平均月工资总额按年平均每月法定工作日进行分摊,即形成了人工日工资单价。

由于人工日工资单价在我国具有一定的政策性,工程造价管理机构发布的最低日工资单价不得低于工程所在地人力资源和社会保障部门发布的最低工资标准的:普工1.3倍、一般

技工 2 倍、高级技工 3 倍。

2)影响人工日工资单价的因素

影响人工日工资单价的因素有很多,主要包括社会平均工资水平、生活消费指数、人工日工资单价的组成内容、劳动力市场供需变化、社会保障和福利政策等。

· 3.4.2 材料单价的组成和确定方法 ·

材料单价是指建筑材料从其来源地运到施工工地仓库,直至出库形成的综合单价。

1)材料单价的确定方法

(1)材料原价(或供应价格)

材料原价是指国内采购材料的出厂价格,国外采购材料抵达买方边境、港口或车站并缴纳完各种手续费、税费(不含增值税)后形成的价格。

在确定原价时,凡同一种材料因来源地、交货地、供货单位、生产厂家不同,而有几种价格(原价)时,根据不同来源地供货数量的比例,采取加权平均的方法确定其综合原价。计算公式如下:

$$加权平均原价 = \frac{K_1 C_1 + K_2 C_2 + \cdots + K_n C_n}{K_1 + K_2 + \cdots + K_n}$$

式中　$K_1, K_2, \cdots, K_n$——各不同供应地点的供应量或各不同使用地点的需要量;

　　　$C_1, C_2, \cdots, C_n$——各不同供应地点的原价。

若材料供货价格为含税价格,则材料原价应以购进货物适用的税率(13%)或征收率(3%)扣减增值税进项税额。

(2)材料运杂费

材料运杂费是指国内采购材料自来源地、国外采购材料自到岸港运至工地仓库或指定堆放地点发生的费用(不含增值税),含外埠中转运输过程中发生的一切费用和过境过桥费用,包括调车和驳船费、装卸费、运输费及附加工作费等。

同一品种的材料有若干个来源地,应采用加权平均的方法计算材料运杂费。计算公式如下:

$$加权平均运杂费 = \frac{K_1 T_1 + K_2 T_2 + \cdots + K_n T_n}{K_1 + K_2 + \cdots + K_n}$$

式中　$K_1, K_2, \cdots, K_n$——各不同供应地点的供应量或各不同使用地点的需要量;

　　　$T_1, T_2, \cdots, T_n$——各不同运距的运费。

若运输费用为含税价格,则需要按"两票制"和"一票制"两种支付方式分别进行调整。

①"两票制"支付方式。所谓"两票制"材料,是指材料供应商就收取的货物销售价款和运杂费向建筑业企业分别提供货物销售和交通运输两张发票的材料。在这种方式下,材料运杂费以接受交通运输与服务适用税率9%扣减增值税进项税额。

②"一票制"支付方式。所谓"一票制"材料,是指材料供应商就收取的货物销售价款和运杂费合计金额向建筑业企业仅提供一张货物销售发票的材料。在这种方式下,材料运杂费采用与材料原价相同的方式扣减增值税进项税额。

（3）运输损耗费

在材料运输中应考虑一定的场外运输损耗费用。这是指材料在运输装卸过程中不可避免的损耗。运输损耗费的计算公式为：

运输损耗费 =（材料原价 + 材料运杂费）× 运输损耗率(%)

（4）采购及保管费

采购及保管费是指为组织采购、供应和保管材料过程中所需要的各项费用，包含采购费、仓储费、工地保管费和仓储损耗。采购及保管费一般按照材料到库价格以费率取定。材料采购及保管费计算公式为：

采购及保管费 = 材料运到工地仓库价格 × 采购及保管费率(%)

或 采购及保管费 =（材料原价 + 材料运杂费 + 运输损耗费）× 采购及保管费率(%)

综上所述，材料单价的一般计算公式为：

材料单价 = [（供应价格 + 材料运杂费）×（1 + 运输损耗率(%)）]×（1 + 采购保管费率(%)）

由于我国幅员广阔，建筑材料产地与使用地点的距离各地差异很大，采购、保管和运输方式也不尽相同，所以材料单价原则上按地区范围编制。

【例3.7】 某建设项目的水泥从两个地方采购，其采购量及有关费用见表3.2，求该工地水泥的单价（表中原价、运杂费均为含税价格，水泥原价适用13%增值税率，运杂费适用9%增值税率，且材料采用"两票制"支付方式）。

表3.2 某建设项目水泥采购情况表

采购处	采购量(t)	原价(元/t)	运杂费(元/t)	运输损耗率(%)	采购及保管费率(%)
来源1	300	240	20	0.5	3.5
来源2	200	250	15	0.4	

【解】 （1）不含税水泥原价

来源1：240÷1.13≈212.39（元/t）；来源2：250÷1.13≈221.24（元/t）

加权平均原价 = $\frac{300×212.39+200×221.24}{300+200}$ = 215.93（元/t）

（2）不含税的水泥运杂费

来源1：20÷1.09≈18.35（元/t）；来源2：15÷1.09≈13.76（元/t）

加权平均运杂费 = $\frac{300×18.35+200×13.76}{300+200}$ ≈ 16.51（元/t）

（3）运输损耗费

来源1：（212.39+18.35）×0.5%≈1.15（元/t）

来源2：（221.24+13.76）×0.4%≈0.94（元/t）

加权平均运输损耗费 = $\frac{300×1.15+200×0.94}{300+200}$ ≈ 1.07（元/t）

（4）水泥单价

材料单价 =（215.93+16.51+1.07）×（1+3.5%）≈241.68（元/t）

2)影响材料单价变动的因素

影响材料单价变动的因素主要包括市场供需变化、材料生产成本的变动、流通环节的多少和材料供应体制、运输距离和运输方法的改变、国际市场行情等。

· 3.4.3 施工机械台班单价的组成和确定方法 ·

施工机械台班单价是指一台施工机械,在正常运转条件下一个工作班中所发生的全部费用,每台班按 8 小时工作制计算。

施工机械台班单价由 7 项费用组成,包括折旧费、检修费、维护费、安拆费及场外运费、人工费、燃料动力费和其他费用。

1)折旧费的组成及确定

折旧费是指施工机械在规定的耐用总台班内,陆续收回其原值的费用。其计算公式如下:

$$台班折旧费 = \frac{机械预算价格 \times (1 - 残值率)}{耐用总台班}$$

(1)机械预算价格

①国产施工机械的预算价格。国产施工机械的预算价格按照机械原值、相关手续费和一次运杂费以及车辆购置税之和计算。

②进口施工机械的预算价格。进口施工机械的预算价格按照到岸价格、关税、消费税、相关手续费和国内一次运杂费、银行财务费、车辆购置税之和计算。

(2)残值率

残值率是指机械报废时回收其残余价值占施工机械预算价格的百分数。残值率应按编制期国家有关规定确定,目前各类施工机械均按5%计算。

(3)耐用总台班

耐用总台班是指施工机械从开始投入使用至报废前使用的总台班数。耐用总台班应按相关技术指标取定。

年工作台班是指施工机械在一个年度内使用的台班数量。年工作台班应在编制期制度工作日基础上扣除检修、维护天数及考虑机械利用率等因素综合取定。耐用总台班的计算公式为:

$$耐用总台班 = 折旧年限 \times 年工作台班 = 检修间隔台班 \times 检修周期$$
$$年工作台班 = 年制度工作日 \times 年使用率$$

年制度工作日应按国家规定制度工作日执行,年使用率应按实际使用情况综合取定。

检修间隔台班是指机械自投入使用起至第一次检修止或自上一次检修后投入使用起至下一次检修止,应达到的使用台班数。

检修周期是指在机械正常的施工作业条件下,将其寿命期(即耐用总台班)按规定的检修次数划分为若干个周期。其计算公式为:

$$检修周期 = 检修次数 + 1$$

2）检修费的组成及确定

检修费是指施工机械在规定的耐用总台班内，按规定的检修间隔进行必要的检修，以恢复其正常功能所需的费用。检修费是机械使用期限内全部检修费之和在台班费用中的分摊额，它取决于一次检修费、检修次数和耐用总台班的数量。其计算公式为：

$$台班检修费 = \frac{一次检修费 \times 检修次数}{耐用总台班} \times 除税系数$$

①一次检修费是指施工机械一次检修发生的工时费、配件费、辅料费、油燃料费等。

②检修次数是指施工机械在其耐用总台班内的检修次数。

③除税系数 = 自行检修比例 + 委外检修比例/（1 + 税率）

自行检修比例、委外检修比例是指施工机械自行检修、委托专业修理修配部门检修占检修费的比例。其税率按增值税修理修配劳务适用税率计取。

3）维护费的组成及确定

维护费是指施工机械在规定的耐用总台班内，按规定的维护间隔进行各级维护和临时故障排除所需的费用。它包括保障机械正常运转所需替换与随机配备工具附具的摊销和维护费用、机械运转及日常保养维护所需润滑与擦拭的材料费用及机械停滞期间的维护费用等。各项费用分摊到台班中，即为维护费。其计算公式为：

$$台班维护费 = \frac{\sum（各级维护一次费用 \times 除税系数 \times 各级维护次数）+ 临时故障排除费}{耐用总台班}$$

①当维护费计算公式中各项数值难以确定时，也可按下列公式计算：

$$台班维护费 = 台班检修费 \times K$$

式中　K——维护费系数，指维护费占检修费的百分数。

②除税系数。除税系数是指考虑一部分维护可以购买服务，从而需扣除维护费中包括的增值税进项税额。其计算公式如下：

$$除税系数 = 自行维护比例 + \frac{委外维护比例}{1 + 税率}$$

自行维护比例、委外维护比例是指施工机械自行维护、委托专业修理修配部门维护占维护费的比例。其税率按增值税修理修配劳务适用税率计取。

4）安拆费及场外运费的组成和确定

安拆费是指施工机械在现场进行安装与拆卸所需的人工、材料、机械和试运转费用以及机械辅助设施的折旧、搭设、拆除等费用。场外运费是指施工机械整体或分体自停放地点运至施工现场或由一施工地点运至另一施工地点的运输、装卸、辅助材料及架线等费用。

安拆费及场外运费根据施工机械不同，分为计入台班单价、单独计算和不需计算3种类型。

①安拆简单、移动需要起重及运输机械的轻型施工机械，其安拆费及场外运费计入台班单价。安拆费及场外运费应按下列公式计算：

$$台班安拆费及场外运费 = \frac{一次安拆费及场外运费 \times 年平均安拆次数}{年工作台班}$$

a. 一次安拆费应包括施工现场机械安装和拆卸一次所需的人工费、材料费、机械费、安全监测部门的检测费及试运转费；

b. 一次场外运费应包括运输、装卸、辅助材料和回程等费用；

c. 年平均安拆次数按施工机械的相关技术指标，结合具体情况综合确定；

d. 运输距离均按平均 30 km 计算。

②单独计算的情况包括：

a. 安拆复杂、移动需要起重及运输机械的重型施工机械，其安拆费及场外运费单独计算；

b. 利用辅助设施移动的施工机械，其辅助设施（包括轨道和枕木）等的折旧、搭设和拆除等费用可单独计算。

③不需计算的情况包括：

a. 不需安拆的施工机械，不计算一次安拆费；

b. 不需相关机械辅助运输的自行移动机械，不计算场外运费；

c. 固定在车间的施工机械，不计算安拆费及场外运费。

④自升式塔式起重机、施工电梯安拆费的超高起点及其增加费，各地区、部门可根据具体情况确定。

5）人工费的组成及确定

人工费指机上司机（司炉）和其他操作人员的人工费。其计算公式为：

$$台班人工费 = 人工消耗量 \times \left(1 + \frac{年制度工作日 - 年工作台班}{年工作台班}\right) \times 人工单价$$

【例 3.8】 某载重汽车配司机 1 人，当年制度工作日为 250 天，年工作台班为 230 台班，人工单价为 50 元。求该载重汽车的人工费为多少？

【解】 $人工费 = 50 \times \left(1 + \frac{250 - 230}{230}\right) \approx 54.35（元/台班）$

6）燃料动力费的组成及确定

燃料动力费是指施工机械在运转作业中所耗用的燃料及水、电等费用。其计算公式为：

$$台班燃料动力费 = \sum（燃料动力消耗量 \times 燃料动力单价）$$

①燃料动力消耗量应根据施工机械技术指标等参数及实测资料综合确定，可采用如下公式计算：

$$台班燃料动力消耗量 = \frac{实测数 \times 4 + 定额平均值 + 调查平均值}{6}$$

②燃料动力单价应执行编制期工程造价管理机构发布的不含税信息价格。

7）其他费用的组成及确定

其他费用是指施工机械按照国家规定应缴纳的车船税、保险费及检测费等。其计算公式为：

$$台班其他费用 = \frac{年车船费 + 年保险费 + 年检测费}{年工作台班}$$

· 3.4.4 施工仪器仪表台班单价的组成和确定方法 ·

施工仪器仪表台班单价由4项费用组成,包括折旧费、维护费、校验费、动力费。施工仪器仪表台班单价中的费用组成不包括检测软件的相关费用。

1)折旧费

施工仪器仪表台班折旧费是指施工仪器仪表在耐用总台班内,陆续收回其原值的费用。其计算公式为:

$$台班折旧费 = \frac{施工仪器仪表原值 \times (1 - 残值率)}{耐用总台班}$$

2)维护费

施工仪器仪表台班维护费是指施工仪器仪表各级维护、临时故障排除所需的费用及为保证仪器仪表正常使用所需备件(备品)的维护费用。其计算公式为:

$$台班维护费 = \frac{年维护费}{年工作台班}$$

年维护费指施工仪器仪表在一个年度内发生的维护费用。年维护费应按相关技术指标,结合市场价格综合取定。

3)校验费

施工仪器仪表台班校验费是指按国家与地方政府规定的标定与检验的费用。其计算公式为:

$$台班校验费 = \frac{年校验费}{年工作台班}$$

年校验费指施工仪器仪表在一个年度内发生的校验费用。年校验费应按相关技术指标取定。

4)动力费

施工仪器仪表台班动力费是指施工仪器仪表在施工过程中所耗用的电费。其计算公式为:

$$台班动力费 = 台班耗电量 \times 电价$$

①台班耗电量应根据施工仪器仪表不同类别,按相关技术指标综合取定。

②电价应执行编制期工程造价管理机构发布的信息价格。

3.5 工程计价定额

工程计价定额是指工程定额中直接用于工程计价的定额或指标,包括预算定额、概算定额、概算指标和估算指标等。工程计价定额主要用于在建设项目的不同阶段作为确定和计算工程造价的依据。

· 3.5.1　预算定额 ·

预算定额是指在正常的施工条件下,完成一定计量单位合格分项工程和结构构件所需消耗的人工、材料、施工机械台班数量及其相应的费用标准。

1)预算定额的作用

①预算定额是编制施工图预算,确定建筑安装工程造价的基础;

②预算定额是编制施工组织设计的依据;

③预算定额是工程结算的依据;

④预算定额是施工单位进行经济活动分析的依据;

⑤预算定额是编制概算定额的基础;

⑥预算定额是合理编制招标控制价、投标报价的基础。

2)预算定额的编制原则

①按社会平均水平确定预算定额的原则;

②简明适用的原则。

3)预算定额消耗量

确定预算定额人工、材料、施工机械台班消耗量指标时,必须先按施工定额的分项逐项计算出消耗量指标,然后再按预算定额的项目加以综合,并在综合过程中增加两种定额之间的适当的水平差。

人工、材料和施工机械台班消耗量指标,应根据定额编制原则和要求,采用理论与实际相结合、图纸计算与施工现场测算相结合、编制人员与现场工作人员相结合等方法进行计算和确定,使定额既符合政策要求,又与客观情况一致,便于贯彻执行。

(1)预算定额中人工工日消耗量

预算定额中人工工日消耗量是指在正常施工条件下,生产单位合格产品所必需消耗的人工工日数量,由基本用工、其他用工两部分组成。

①基本用工是指完成一定计量单位的分项工程或结构构件的各项工作过程的施工任务所必需消耗的技术工种用工。基本用工包括主要用工和增(减)用工。

②其他用工是辅助基本用工消耗的工日,包括超运距用工、辅助用工和人工幅度差用工。

超运距是指劳动定额中已包括的材料、半成品场内水平搬运距离与预算定额考虑的现场材料、半成品堆放地点到操作地点的水平运输距离之差。

辅助用工指技术工种在劳动定额内不包括而在预算定额内又必须考虑的用工。

人工幅度差,即预算定额与劳动定额的差额,主要是指在劳动定额中未包括而在正常施工情况下不可避免但又很难准确计量的用工和各种工时损失。内容包括:

a.各工种间的工序搭接及交叉作业相互配合或影响所发生的停歇用工;

b.施工过程中,移动临时水电线路而影响工人操作的时间;

c.工程质量检查和隐蔽工程验收工作而影响工人操作的时间;

d.同一现场内单位工程之间因操作地点转移而影响工人操作的时间;

e. 工序交接时对前一工序不可避免的修整用工；

f. 施工中不可避免的其他零星用工。

人工幅度差的计算公式为：

人工幅度差 ＝（基本用工 ＋ 辅助用工 ＋ 超运距用工）× 人工幅度差系数

人工幅度差系数一般为 10% ～ 15% 。

（2）预算定额中机械台班消耗量

预算定额中的机械台班消耗量是指在正常施工条件下，生产单位合格产品（分部分项工程或结构构件）必需消耗的某种型号施工机械的台班数量。

预算定额中的机械台班消耗量由施工定额中机械台班消耗量加机械幅度差组成。

机械幅度差是指在施工定额规定的范围内没有包括，而在实际施工中又不可避免产生的影响机械或使机械停歇的时间。其内容包括：

①施工机械转移工作面及配套机械相互影响损失的时间；

②在正常施工条件下，机械在施工中不可避免的工序间歇；

③工程开工或收尾时工作量不饱满所损失的时间；

④检查工程质量影响机械操作的时间；

⑤临时停机、停电影响机械操作的时间；

⑥机械维修引起的停歇时间。

预算定额中的机械台班消耗量按下式计算：

预算定额机械台班消耗量 ＝ 施工定额机械台班消耗量 ×（1 ＋ 机械幅度差系数）

【例3.9】 已知某挖土机挖土，一次正常循环工作时间是 40 s，每次循环平均挖土量为 0.3 m³，机械时间利用系数为 0.8，机械幅度差系数为 25% 。求该机械挖土方 1 000 m³ 的预算定额机械台班消耗量。

【解】 机械纯工作 1 h 循环次数 ＝ 3 600/40 ＝ 90 （次/台时）

机械纯工作 1 h 正常生产率 ＝ 90 × 0.3 ＝ 27（m³/台时）

施工机械台班产量定额 ＝ 27 × 8 × 0.8 ＝ 172.8（m³/台班）

施工机械台班时间定额 ＝ 1/172.8 ≈ 0.005 79（台班/m³）

预算定额机械台班消耗量 ＝ 0.005 79 ×（1 ＋ 25%）≈ 0.007 24（台班/m³）

挖土方 1 000 m³ 的预算定额机械台班消耗量 ＝ 1 000 × 0.007 24 ＝ 7.24（台班）

· 3.5.2 概算定额 ·

概算定额是在预算定额的基础上，确定完成合格的单位扩大分项工程或单位扩大结构构件所需消耗的人工、材料和施工机械台班的数量标准及其费用标准。概算定额又称为扩大结构定额。

概算定额是预算定额的综合与扩大，它将预算定额中有联系的若干个分项工程项目综合为一个概算定额项目。

概算定额与预算定额的相同之处在于，它们都是以建（构）筑物各个结构部分和分部分项工程为单位表示的，内容也包括人工、材料和施工机械台班定额 3 个基本部分，并列有基准价。

概算定额与预算定额的不同之处在于项目划分和综合扩大程度上的差异,同时概算定额主要用于设计概算的编制。

概算定额应该贯彻社会平均水平和简明适用的原则。

概算定额水平与预算定额水平之间应有一定的幅度差,幅度差一般在5%以内。

1)概算定额的主要作用

①概算定额是初步设计阶段编制概算、扩大初步设计阶段编制修正概算的主要依据;

②概算定额是对设计项目进行技术经济分析和比较的基础资料之一;

③概算定额是建设工程主要材料计划编制的依据;

④概算定额是控制施工图预算的依据;

⑤概算定额是施工企业在准备施工期间,编制施工组织总设计时,对生产要素提出需要量计划的依据;

⑥概算定额是工程结束后进行竣工决算和评价的依据;

⑦概算定额是编制概算指标的依据。

2)概算定额手册的内容

按专业特点和地区特点编制的概算定额手册,其内容基本由文字说明、定额项目表和附录3个部分组成。

3)概算定额应用规则

①符合概算定额规定的应用范围;

②工程内容、计量单位及综合程度应与概算定额一致;

③必要的调整和换算应严格按概算定额的文字说明和附录进行;

④避免重复计算和漏项;

⑤参考预算定额的应用规则。

· 3.5.3 概算指标 ·

建筑安装工程概算指标通常是以单位工程为对象,以建筑面积、体积或成套设备装置的台或组为计量单位而规定的人工、材料、施工机械台班的消耗量标准和造价指标。

1)概算指标的作用

概算指标主要用于初步设计阶段,其作用主要有:

①概算指标可以作为编制投资估算的参考;

②概算指标是初步设计阶段编制概算书,确定工程概算造价的依据;

③概算指标中的主要材料指标可以作为匡算主要材料用量的依据;

④概算指标是设计单位进行设计方案比较、设计技术经济分析的依据;

⑤概算指标是编制固定资产投资计划,确定投资额和主要材料计划的主要依据;

⑥概算指标是建筑企业编制劳动力、材料计划、实行经济核算的依据。

2）概算指标的分类

概算指标可分为两大类，即建筑工程概算指标、设备及安装工程概算指标。

3）概算指标的组成内容

概算指标的组成内容一般分为文字说明和列表形式两部分，以及必要的附录。

概算指标在具体内容的表示方法上，分为综合概算指标和单项概算指标两种形式。

①综合概算指标。综合概算指标是按照工业或民用建筑及其结构类型而制定的概算指标。综合概算指标的概括性较大，其准确性、针对性不如单项概算指标。

②单项概算指标。单项概算指标是指为某种建筑物或构筑物而编制的概算指标。单项概算指标的针对性较强，故在指标中要对工程结构形式作介绍。只要工程项目的结构形式及工程内容与单项概算指标中的工程概况相吻合，编制出的设计概算就比较准确。

· 3.5.4 投资估算指标 ·

投资估算指标是编制项目建议书、可行性研究报告等前期工作阶段投资估算的依据，也可以作为编制固定资产计划投资额的参考。估算指标以独立的建设项目、单项工程或单位工程为对象，综合了项目全过程投资和建设中的各类成本及费用。

1）投资估算指标的作用

①在编制项目建议书阶段，它是项目主管部门审批项目建议书的依据之一，并对项目的规划及规模起参考作用。

②在可行性研究报告阶段，它是项目决策的重要依据，也是多方案比选、优化设计方案、正确编制投资估算、合理确定项目投资额的重要基础。

③在建设项目评价及决策过程中，它是评价建设项目投资可行性、分析投资效益的主要经济指标。

④在项目实施阶段，它是限额设计和工程造价确定与控制的依据。

⑤它是核算建设项目建设投资需要额和编制建设投资计划的重要依据。

⑥它是进行工程造价管理改革，实现工程造价事前管理和主动控制的前提条件。

2）投资估算指标的内容

投资估算指标是确定和控制建设项目全过程各项投资支出的技术经济指标，其内容因行业不同而异，一般可分为建设项目综合指标、单项工程指标和单位工程指标3个层次。

（1）建设项目综合指标

建设项目综合指标是指按规定应列入建设项目总投资的从立项筹建开始至竣工验收交付使用的全部投资额，包括单项工程投资、工程建设其他费用和预备费等。

建设项目综合指标一般以项目的综合生产能力单位投资表示，如"元/t""元/kW"；或以使用功能表示，如医院床位"元/床"。

（2）单项工程指标

单项工程指标是指按规定应列入能独立发挥生产能力或使用效益的单项工程内的全部投资额，包括建筑工程费，安装工程费，设备、工器具及生产家具购置费和可能包含的其他费用。

单项工程指标一般以单项工程生产能力单位投资(如"元/t""元/m²")或其他单位表示。

(3)单位工程指标

单位工程指标是指按规定应列入能独立设计、施工的工程项目的费用,即建筑安装工程费用。

单位工程指标一般以如下方式表示:房屋区别不同结构形式以"元/m²"表示;道路区别不同结构层、面层以"元/m²"表示;水塔区别不同结构层、容积以"元/座"表示;管道区别不同材质、管径以"元/m"表示。

3.6 工程造价信息

工程造价信息是一切有关工程造价的特征、状态及其变动的信息的组合。

人们对工程发承包市场和工程建设过程中工程造价运动的变化,是通过工程造价信息来认识和掌握的。

· 3.6.1 工程造价信息的特点及分类 ·

1)工程造价信息的特点

①区域性。在建筑产品生产过程中,一些建筑材料往往客观上要求尽可能就近使用建筑材料,因此这类建筑信息的交换和流通往往限制在一定的区域内。

②多样性。建设工程具有多样性的特点,要使工程造价管理的信息资料满足不同特点项目的需求,在信息的内容和形式上应具有多样性的特点。

③专业性。工程造价信息的专业性集中反映在建设工程的专业化上,不同的专业所需的信息有其专业特殊性。

④系统性。从工程造价信息源发出来的信息都不是孤立、紊乱的,而是大量的、有系统的。

⑤动态性。工程造价信息需要经常不断地收集和补充新的内容,进行信息更新,以真实反映工程造价的动态变化。

⑥季节性。由于建筑生产受自然条件影响大,施工内容的安排必须充分考虑季节因素,因此工程造价信息也不能避免季节性的影响。

2)工程造价信息的具体分类

①按管理组织的角度来分,可以分为系统化工程造价信息和非系统化工程造价信息;

②按形式划分,可以分为文件式工程造价信息和非文件式工程造价信息;

③按信息来源划分,可以分为横向的工程造价信息和纵向的工程造价信息;

④按反映经济层面划分,可以分为宏观工程造价信息和微观工程造价信息;

⑤按动态性划分,可以分为过去的工程造价信息、现在的工程造价信息和未来的工程造价信息;

⑥按稳定程度来划分,可以分为固定工程造价信息和流动工程造价信息。

· 3.6.2　工程造价信息包括的主要内容 ·

从广义上讲,所有对工程造价的计价起作用的资料都可以称为工程造价信息,例如各种定额资料、标准规范、政策文件等。但是最能体现信息动态性变化特征,并且在工程价格的市场机制中起重要作用的工程造价信息,主要包括价格信息、工程造价指数和已完(或在建)工程信息3类。

(1)价格信息

价格信息包括各种建筑材料、装修材料、安装材料、人工工资、施工机具等的最新市场价格。

①人工价格信息。

a. 建筑工程实物工程量人工价格信息。这种价格信息是按照建筑工程的不同划分标准为对象,反映了单位实物工程量人工价格信息。

b. 建筑工种人工成本信息。这种价格信息是按照建筑工人的工种分类,反映不同工种的单位人工日工资单价。

②材料价格信息。在材料价格信息的发布中,应包括材料类别、规格、单价、供货地区、供货单位以及发布日期等信息。

③施工机具价格信息。其主要内容为施工机械价格信息,又分为设备市场价格信息和设备租赁市场价格信息两部分。相对而言,后者对工程计价更为重要,发布的机械价格信息应包括机械种类、规格型号、供货厂商名称、租赁单价、发布日期等内容。

(2)工程造价指数

工程造价指数(造价指数信息)是反映一定时期价格变化对工程造价影响程度的指数,包括各种单项价格指数、设备工器具价格指数、建筑安装工程造价指数、建设项目或单项工程造价指数。

(3)已完(或在建)工程信息

已完(或在建)工程的各种造价信息,可以为拟建工程或在建工程造价提供依据。这种信息也可称为工程造价资料。

工程造价资料是指已竣工和在建的有关工程可行性研究投资估算、设计概算、施工图预算、招标投标价格、工程竣工结算、竣工决算、单位工程施工成本以及新材料、新结构、新设备、新施工工艺等建筑安装工程分部分项的单价分析等资料。

· 3.6.3　工程造价资料的内容 ·

工程造价资料应包括"量"(如主要工程量、人工工日量、材料量、机具台班量等)和"价",还要包括对工程造价有重要影响的技术经济条件,如工程概况、建设条件等。

(1)建设项目和单项工程造价资料

①对造价有主要影响的技术经济条件,如项目建设标准、建设工期、建设地点等;

②主要的工程量、主要的材料量和主要设备的名称、型号、规格、数量等;

③投资估算、概算、预算、竣工决算及造价指数等。

(2)单位工程造价资料

单位工程造价资料包括工程内容、建筑结构特征、主要工程量、主要材料的用量和单价、人工工日用量和人工费、施工机械台班用量和施工机具使用费,以及相应的造价等。

(3)其他资料

其他资料主要包括有关新材料、新工艺、新设备、新技术分部分项工程的人工工日、主要材料用量和施工机械台班用量。

· 3.6.4　工程造价指数 ·

1)指数的概念

指数是用来统计研究社会经济现象数量变化幅度和趋势的一种特有的分析方法和手段。

指数有广义和狭义之分。广义的指数指反映社会经济现象变动与差异程度的相对数。从狭义上讲,指数是用来综合反映社会经济现象复杂总体数量变动状况的相对数。所谓复杂总体,是指数量上不能直接加总的总体。例如,不同的产品和商品有不同的使用价值和计量单位,不同商品的价格也以不同的使用价值和计量单位为基础,都是不同度量的事物,是不能直接相加的。但通过狭义的统计指数就可以反映出不同度量的事物所构成的特殊总体的变动或差异程度,例如物价总指数、成本总指数等。

2)指数的分类

①指数按其反映的现象范围的不同,分为个体指数和总指数。

个体指数是反映个别现象变动情况的指数,如个别产品的产量指数、个别商品的价格指数等。

总指数是综合反映不能同度量的现象动态变化的指数,如工业总产量指数、社会商品零售价格总指数等。

②指数按其反映的现象的性质不同,分为数量指标指数和质量指标指数。

数量指标指数是综合反映现象总的规模和水平变动情况的指数,如商品销售量指数、工业产品产量指数、职工人数指数等。

质量指标指数是综合反映现象相对水平或平均水平变动情况的指数,如产品成本指数、价格指数、平均工资水平指数等。

③指数按照采用的基期不同,分为定基指数和环比指数。

对一个时间数列进行分析时,计算动态分析指标通常用不同时间的指标值作对比。在动态对比时,作为对比基础时期的水平,称为基期水平;所要分析时期(与基期相比较的时期)的水平,称为报告期水平或计算期水平。

定基指数是指各个时期指数都是采用同一固定时期为基期计算的,表明社会经济现象对某一固定基期的综合变动程度的指数。

环比指数是以前一时期为基期计算的指数,表明社会经济现象对上一期或前一期的综合变动的指数。

定基指数或环比指数可以连续将许多时间的指数按时间顺序加以排列,形成指数数列。

④指数按其所编制的方法不同,分为综合指数和平均数指数。

综合指数是通过确定同度量因素,把不能同度量的现象过渡为可以同度量的现象,采用科学方法计算出两个时期的总量指标并进行对比而形成的指数。

平均数指数是以个体指数为基础,通过对个体指数加权平均计算而形成的指数。

a.综合指数是总指数的基本形式。计算总指数的目的在于综合测定由不同度量单位的许多商品或产品组成的复杂现象总体数量方面的总动态。综合指数的编制方法是先综合后对比。因此,综合指数主要解决不同度量单位的问题,使不能直接加总的不同使用价值的各种商品或产品的总体,改变成为能够进行对比的两个时期的现象的总体。综合指数可以把各种不能直接相加的现象还原为价值形态,先综合(相加),然后再进行对比(相除),从而反映观测对象的变化趋势。

b.平均数指数是综合指数的变形。综合指数的编制需要全面的资料,但在实践中要取得全面的资料往往是困难的,因此实践中可用平均数指数的形式来编制总指数。

3)工程造价指数的内容

(1)各种单项价格指数

各种单项价格指数包括反映各类工程的人工费、材料费、施工机具使用费报告期价格对基期价格的变化程度的指标。其计算过程可以简单表示为报告期价格与基期价格之比。另外,各种费率指数也归于其中,例如企业管理费指数,甚至工程建设其他费用指数等。这些费率指数的编制可以直接用报告期费率与基期费率之比求得。这些单项价格指数都属于个体指数,其编制过程相对比较简单。

(2)设备、工器具价格指数

设备、工器具费用的变动通常是由两个因素引起的,即设备、工器具单件采购价格的变化和采购数量的变化,并且工程所采购的设备、工器具是由不同规格、不同品种组成的,因此设备、工器具价格指数属于总指数。采购价格与采购数量的数据无论是基期还是报告期都比较容易获得,因此设备、工器具价格指数可以用综合指数的形式来表示。

(3)建筑安装工程造价指数

建筑安装工程造价指数也是一种总指数,包括了人工费指数、材料费指数、施工机具使用费指数以及企业管理费等各项个体指数的综合影响。建筑安装工程造价指数可以通过对各项个体指数的加权平均,用平均数指数的形式来表示。

(4)建设项目或单项工程造价指数

该指数是由设备、工器具价格指数,建筑安装工程造价指数,工程建设其他费用指数综合得到的。它也属于总指数,并且与建筑安装工程造价指数类似,一般也用平均数指数的形式来表示。

根据造价资料的期限长短来分类,也可以把工程造价指数分为时点造价指数、月指数、季指数和年指数等。

· 3.6.5　工程造价信息管理 ·

工程造价信息管理是对信息的收集、加工整理、储存、传递与应用等一系列工作的总称。其目的就是通过有组织的信息流通,使决策者能够及时、准确地获得相应的信息。

为了达到工程造价信息动态管理的目的,在工程造价信息管理中应遵循以下基本原则:

①标准化原则。要求在项目的实施过程中对有关信息的分类进行统一,对信息流程进行规范,力求做到格式化和标准化,从组织上保证信息生产过程的效率。

②有效性原则。工程造价信息应针对不同层次管理者的要求进行适当加工,针对不同管理层提供不同要求和浓缩程度的信息。这一原则是为了保证信息产品对于决策支持的有效性。

③定量化原则。工程造价信息不应是项目实施过程中产生的数据的简单记录,而应经过信息处理人员的比较与分析。采用定量工具对有关数据进行分析和比较是十分必要的。

④时效性原则。考虑到工程造价计价过程的时效性,工程造价信息也应具有相应的时效性,以保证信息产品能够及时服务于决策。

⑤高效处理原则。通过采用高性能的信息处理工具(如工程造价信息管理系统),尽量缩短信息在处理过程中的延迟。

3.7　工程量清单计价及工程量计算规范

工程量清单是载明建设工程分部分项工程项目、措施项目和其他项目的名称和相应数量以及规费和税金项目等内容的明细清单。其中,由招标人根据国家标准、招标文件、设计文件以及施工现场实际情况编制的,随招标文件发布供投标报价的工程量清单,包括其说明和表格,称为招标工程量清单;构成合同文件组成部分的投标文件中已标明价格,经算术性错误修整(如有)且承包人已确认的工程量清单,包括其说明和表格,称为已标价工程量清单。

招标工程量清单应由具有编制能力的招标人或受其委托,具有相应资质的工程造价咨询人或招标代理人编制。采用工程量清单方式招标,招标工程量清单必须作为招标文件的组成部分,其准确性和完整性由招标人负责。

招标工程量清单应以单位(项)工程为单位编制,由分部分项工程项目清单、措施项目清单、其他项目清单、规费和税金项目清单组成。

· 3.7.1　工程量清单计价与工程量计算规范概述 ·

目前,工程量清单计价主要遵循的依据是工程量清单计价与工程量计算规范。《建设工程工程量清单计价规范》(GB 50500—2013)包括总则、术语、一般规定、工程量清单编制、招标控制价、投标报价、合同价款约定、工程计量、合同价款调整、合同价款期中支付、竣工结算与支付、合同解除的价款结算与支付、合同价款争议的解决、工程造价鉴定、工程计价资料与档案、工程计价表格及 11 个附录。各专业工程量计算规范包括总则、术语、工程计量、工程量清单编制和附录。

1）工程量清单计价的适用范围

《建设工程工程量清单计价规范》(GB 50500—2013)适用于建设工程发承包及其实施阶段的计价活动。使用国有资金投资的建设工程发承包，必须采用工程量清单计价；非国有资金投资的建设工程，宜采用工程量清单计价；不采用工程量清单计价的建设工程，应执行清单计价规范中除工程量清单等专门性规定外的其他规定。

2）工程量清单计价的作用

①提供一个平等的竞争条件；
②满足市场经济条件下竞争的需要；
③有利于提高工程计价效率，能真正实现快速报价；
④有利于工程款的拨付和工程造价的最终结算；
⑤有利于业主对投资的控制。

• 3.7.2　分部分项工程项目清单 •

分部分项工程是分部工程和分项工程的总称。分部工程是单位工程的组成部分，是按结构部位、路段长度及施工特点或施工任务将单位工程划分为若干分部的工程。分项工程是分部工程的组成部分，是按不同施工方法、材料、工序及路段长度等分部工程划分为若干个分项或项目的工程。

分部分项工程项目清单必须载明项目编码、项目名称、项目特征、计量单位和工程量。分部分项工程项目清单必须根据各专业工程工程量计算规范规定的项目编码、项目名称、项目特征、计量单位和工程量计算规则进行编制。

1）项目编码

项目编码是分部分项工程和措施项目清单名称的阿拉伯数字标识。清单项目编码以五级编码设置，用 12 位阿拉伯数字表示。一、二、三、四级编码为全国统一，即 1 至 9 位应按工程量计算规范附录的规定设置；第五级即 10 至 12 位为清单项目名称顺序编码，应根据拟建工程的工程量清单项目名称设置，不得有重号，这三位清单项目编码由招标人针对招标工程项目具体编制，并应自 001 起顺序编制。各级编码代表的含义如下：

①第一级表示专业工程代码(分两位)。具体为：房屋建筑与装饰工程为 01，仿古建筑工程为 02，通用安装工程为 03，市政工程为 04，园林绿化工程为 05，矿山工程为 06，构筑物工程为 07，城市轨道交通工程为 08，爆破工程为 09。

②第二级表示附录分类顺序码(分两位)。
③第三级表示分部工程顺序码(分两位)。
④第四级表示分项工程项目名称顺序码(分三位)。
⑤第五级表示清单项目名称顺序码(分三位)。

2)项目名称

分部分项工程项目清单的项目名称应按各专业工程工程量计算规范附录的项目名称结合拟建工程的实际确定。附录表中的"项目名称"为分项工程项目名称,是形成分部分项工程项目清单项目名称的基础,即在编制分部分项工程项目清单时,以附录中的分项工程项目名称为基础,考虑该项目的规格、型号、材质等特征要求,结合拟建工程的实际情况,使其工程量清单项目名称具体化、细化,以反映影响工程造价的主要因素。

3)项目特征

项目特征是构成分部分项工程项目、措施项目自身价值的本质特征。项目特征是对项目的准确描述,是确定一个清单项目综合单价不可缺少的重要依据,也是区分清单项目的依据,还是履行合同义务的基础。分部分项工程项目清单的项目特征应按各专业工程工程量计算规范附录中规定的项目特征,结合技术规范、标准图集、施工图纸,按照工程结构、使用材质及规格或安装位置等,予以详细而准确的表述和说明。凡项目特征中未描述到的其他独有特征,由清单编制人视项目具体情况确定,以准确描述清单项目为准。在各专业工程工程量计算规范附录中还有关于各清单项目"工程内容"的描述。工程内容是指完成清单项目可能发生的具体工作和操作程序,但应注意的是,在编制分部分项工程项目清单时,工程内容通常无须描述,因为在工程量计算规范中,工程量清单项目与工程量计算规则、工程内容有一一对应关系,当采用工程量计算规范这一标准时,工程内容均有规定。

4)计量单位

计量单位应采用基本单位,除各专业另有特殊规定外均按以下单位计量:
①以质量计算的项目——吨或千克(t 或 kg);
②以体积计算的项目——立方米(m^3);
③以面积计算的项目——平方米(m^2);
④以长度计算的项目——米(m);
⑤以自然计量单位计算的项目——个、套、块、樘、组、台等;
⑥没有具体数量的项目——宗、项等。

各专业有特殊计量单位的,再另外加以说明。当计量单位有两个或两个以上时,应根据所编工程量清单项目的特征要求,选择最适宜表现该项目特征并方便计量的单位。

计量单位的有效位数应遵守下列规定:
①以"t"为单位,应保留三位小数,第四位小数四舍五入;
②以"m^3""m^2""m""kg"为单位,应保留两位小数,第三位小数四舍五入;
③以"个""项"等为单位,应取整数。

5)工程数量的计算

工程数量主要是通过工程量计算规则计算得到。工程量计算规则是指对清单项目工程量计算的规定。除另有说明外,所有清单项目的工程量应以实体工程量为准,并以完成后的净值计算;投标人投标报价时,应在单价中考虑施工中的各种损耗和需要增加的工程量。

6)补充项目

随着工程建设中新材料、新技术、新工艺等的不断涌现,工程量计算规范附录所列的工程量清单项目不可能包含所有项目。在编制工程量清单时,当出现工程量计算规范附录中未包括的清单项目时,编制人应作补充。在编制补充项目时,应注意以下几个方面:

①补充项目的编码应按工程量计算规范的规定确定。具体做法如下:补充项目的编码由工程量计算规范的代码与 B 和三位阿拉伯数字组成,并应从 001 起顺序编制,例如房屋建筑与装饰工程如需补充项目,则其编码应从 01B001 开始顺序编制,同一招标工程的项目不得重码。

②在工程量清单中应附补充项目的项目名称、项目特征、计量单位、工程量计算规则和工作内容。

③将编制的补充项目报省级或行业工程造价管理机构备案。

· 3.7.3　措施项目清单

措施项目是指为完成工程项目施工,发生于该工程施工准备和施工过程中的技术、生活、安全、环境保护等方面的项目。措施项目清单应根据相关工程现行工程量计算规范的规定编制,并应根据拟建工程的实际情况列项。

1)措施项目清单的类别

措施项目可以分为两类:一类是可以计算工程量的项目(单价措施项目),如脚手架工程、混凝土模板及支架等,这类措施项目按照分部分项工程项目清单的方式采用综合单价计价,更有利于措施费的确定和调整;另一类是不能计算工程量的项目(总价措施项目),该类措施费的发生与使用时间、施工方法或者两个以上的工序有关,如安全文明施工费、夜间施工等,该类措施项目清单以"项"为计量单位进行编制。

2)措施项目清单的编制依据

措施项目清单的编制需要考虑多种因素,除工程本身的因素外,还涉及水文、气象、环境、安全等因素。措施项目清单应根据拟建工程的实际情况列项。若出现工程量计算规范中未列的项目,可根据工程实际情况进行补充。措施项目清单的编制依据主要有:

①施工现场情况、地勘水文资料、工程特点;

②常规施工方案;

③与建设工程有关的标准、规范、技术资料;

④拟定的招标文件;

⑤建设工程设计文件及相关资料。

· 3.7.4　其他项目清单 ·

其他项目清单是指分部分项工程项目清单、措施项目清单所包含的内容以外,因招标人的特殊要求而发生的与拟建工程有关的其他费用项目和相应数量的清单。

工程建设标准的高低、工程的复杂程度、工程的工期长短、工程的组成内容、发包人对工程管理的要求等都直接影响其他项目清单的具体内容。

其他项目清单包括暂列金额、暂估价（包括材料暂估单价、工程设备暂估单价、专业工程暂估价）、计日工、总承包服务费。出现上述4项内容以外的项目，可根据工程实际情况进行补充。

1）暂列金额

暂列金额是招标人在工程量清单中暂定并包括在合同价款中的一笔款项。其用于工程合同签订时尚未确定或者不可预见的所需材料、工程设备、服务的采购，施工中可能发生的工程变更、合同约定调整因素出现时的合同价款调整，以及发生的索赔、现场签证确认等的费用。

2）暂估价

暂估价是指招标人在工程量清单中提供的用于支付必然发生但暂时不能确定价格的材料、工程设备的单价以及专业工程的金额，包括材料暂估单价、工程设备暂估单价和专业工程暂估价。

暂估价的数量和拟用项目应结合工程量清单中的"暂估价表"予以补充说明。

为方便合同管理，需要纳入分部分项工程项目清单综合单价中的暂估价应只是材料、工程设备暂估单价，以方便投标人组价。

专业工程的暂估价一般应是综合暂估价，包括人工费、材料费、施工机具使用费、企业管理费和利润，不包括规费和税金。

暂估价中的材料、工程设备暂估单价应根据工程造价信息或参照市场价格估算，列出明细表。专业工程暂估价应分不同专业，按有关计价规定估算，列出明细表。

3）计日工

计日工是为了解决现场发生的零星工作的计价而设立的。计日工对完成零星工作所消耗的人工工日、材料数量、施工机具台班进行计量，并按照计日工表中填报的适用项目的单价进行计价支付。计日工适用的零星项目或工作一般是指合同约定之外的或者因变更而产生的、工程量清单中没有相应项目的额外工作，尤其是那些难以事先商定价格的额外工作。

计日工应列出项目名称、计量单位和暂估数量。

4）总承包服务费

总承包服务费是指总承包人为配合协调发包人进行的专业工程发包，对发包人自行采购的材料、工程设备等进行保管以及施工现场管理、竣工资料汇总整理等服务所需的费用。招标人应预计该项费用并按投标人的投标报价向投标人支付该项费用。

· 3.7.5　规费、税金项目清单 ·

规费项目清单应按照下列内容列项：社会保险费，包括养老保险费、失业保险费、医疗保险费、工伤保险费、生育保险费；住房公积金；工程排污费。出现计价规范中未列的项目，应根据省级政府或省级有关权力部门的规定列项。

税金项目清单包括增值税、城市建设维护税、教育费附加税和地方教育附加税。出现计价规范未列的项目，应根据税务部门的规定列项。

第4章 工程量计算概述

工程量是指以物理计量单位或自然计量单位表示的各个具体分部分项工程项目的数量。自然计量单位是以物体的自然属性作为计量单位,如灯箱、镜箱、柜台以"个"为计量单位。物理计量单位是以物体的某种物理属性作为计量单位,如墙面抹灰以"m^2"为计量单位,窗帘盒、窗帘轨、楼梯扶手、栏杆以"m"为计量单位,土石方以"m^3"为计量单位,钢筋、钢管、工字钢以"kg"为计量单位等。

4.1 工程量的作用、计算依据和原则

1) 工程量的作用

①工程量是确定建筑工程造价的重要依据。

②工程量是施工企业进行生产经营管理的重要依据。工程量是施工企业编制施工作业计划,合理安排施工进度,组织现场劳动力、材料以及机械的重要依据;还是施工企业编制工程形象进度统计报表,向工程建设投资方结算工程价款的重要依据。

③工程量是发包方管理工程建设的重要依据。

2) 工程量计算依据

①设计施工图及其图说;

②招标文件(或编制要求);

③审图报告书;

④定额规定;

⑤其他要求。

3) 工程量计算的一般原则

①计算口径要一致,避免重复列项。计算工程量时,根据设计施工图和定额列出的分项工程的口径(指分项工程所包括的工作内容和范围),必须与预算定额中相应分项工程的口径一致;否则,就应该另列项目计算。

②工程量计算规则要一致,避免错算。按设计施工图计算工程量采用的计算规则,必须与本地区现行预算定额计算规则相一致。

③计算尺寸的取定要准确。

④计量单位要一致。

⑤要遵循一定的顺序进行计算。计算工程量时要遵循一定的计算顺序,依次进行计算,避免漏算或重复计算。

⑥工程量计算精确度要统一。

4.2 统筹法与统筹图

1)统筹法概述

1962年,我国科学家钱学森首先将网络计划技术引进国内。随后,经过我国数学家华罗庚对网络计划技术的大力推广,使得这一科学的管理技术在我国得以应用和发展。鉴于这类方法具有"统筹兼顾、合理安排"的特点,又称为统筹法。

工程量计算的"统筹法"是沈阳市建筑工程局1973年总结的一套工程量计算方法。通过反复利用"三线一面"(外墙外边线、外墙中心线、内墙净长线、底层面积)的基础数据,先计算不增不扣的工程量,再计算有增有扣的工程量,以达到简化计算过程的目的。

2)统筹法应用

统筹法的精神可以用4句口诀来表示,即利用基数,连续计算;统筹程序,合理安排;一次算出,多次应用,充分利用图表册;联系实际,灵活应用。

(1)利用基数,连续计算

所谓基数就是计算分项工程量时重复利用的数据。通常的基数主要包括"三线一面",即外墙外边线长度(用$L_外$表示)、外墙中心线长度(用$L_中$表示)、内墙净长线长度(用$L_内$表示)、底层面积(用$S_面$表示)。

与"线"相关的计算项目主要有:

$L_外$:外墙基挖地槽、外墙基础垫层、外墙基础砌筑、外墙墙基防潮层、外墙圈梁、外墙墙身砌筑等分项工程。

$L_中$:平整场地、勒脚、腰线、外墙勾缝、外墙抹灰、散水等分项工程。

$L_内$:内墙基挖地槽、内墙基础垫层、内墙基础砌筑、内墙基础防潮层、内墙圈梁、内墙墙身砌筑、内墙抹灰等分项工程。

与"面"相关的计算项目主要有平整场地、天棚抹灰、楼地面、屋面等分项工程。

(2)统筹程序,合理安排(计算顺序)

根据相关工程量计算规则(规范),可以按照以下顺序计算工程量:

建筑面积计算→脚手架工程(综合脚手架面积的计算)→其他工程(建筑物垂直运输、超高降效面积的计算)。

门窗工程(门窗面积计算)→混凝土及钢筋混凝土工程(钢筋工程量计算→金属结构计算)→砌筑工程→基础工程→土石方工程。

另外,还可以按照以下顺序分别计算相应工程量:

①按顺时针顺序计算。以图纸左上角为起点,按顺时针方向依次进行计算,当按计算顺序绕图一周后又重新回到起点。这种方法一般用于各种带形基础、墙体、现浇及预制构件计

算,其特点是能有效防止漏算和重复计算。

②按编号顺序计算。按照建(构)筑物编号、楼层编号、轴线编号、构件编号、定额章节编号、定额子目编号等顺序统计数量,然后计算。

(3)一次算出,多次应用,充分利用图表册

(4)联系实际,灵活应用

①分段计算。在通长构件中,当其中截面有变化时,可采取分段计算。如多跨连续梁,当某跨的截面高度或宽度与其他跨不同时,可按柱间尺寸分段计算;楼层圈梁在门窗洞口处截面加厚时,其混凝土及钢筋工程量都应分段计算。

②分层计算。该方法在工程量计算中较为常见,如墙体、构件布置、墙柱面装饰、楼地面做法等各层不同时,都应分层计算,然后再将各层相同工程做法的项目分别汇总。

③分区域计算。大型工程项目平面设计比较复杂时,可在伸缩缝或沉降缝处将平面图划分成几个区域分别计算工程量,然后再将各区域相同特征的项目合并计算。

④补加(补减)。如图4.1中阴影部分的面积可分别采用补加方式和补减方式进行计算。

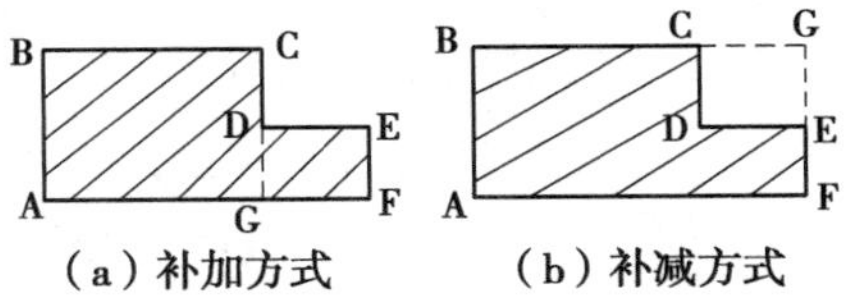

图 4.1 补加(补减)方式示意图

3)统筹图

统筹图以"三线一面"作为基数,连续计算与之有共性关系的分部分项工程量,而与基数无共性关系的分部分项工程量则用"册"或图示尺寸进行计算。

(1)统筹图的主要内容

统筹图主要由计算工程量的主次程序线、基数、分部分项工程量计算式及计算单位组成。主要程序线是指在"线""面"基数上连续计算项目的线;次要程序线是指在分部分项项目上连续计算的线。

(2)计算程序的统筹安排

统筹图的计算程序安排是根据下述原则考虑的:

①共性合在一起,个性分别处理。即把与墙的长度(包括外墙外边线、外墙中心线、内墙净长线)有关的计算项目,分别纳入各自系统中;把与建筑面积有关的计算项目,分别归于建筑物底层面积和分层面积系统中;把与墙长或建筑面积这些基数联系不起来的计算项目,如楼梯、阳台、门窗、台阶等,则按其个性分别处理,或利用"工程量计算手册",或另行单独计算。

②先主后次,统筹安排。用统筹法计算各分项工程量是从"线""面"基数的计算开始的。计算顺序必须本着先主后次的原则统筹安排,才能达到连续计算的目的。先算的项目要为后算的项目创造条件,后算的项目就能在先算的基础上简化计算。有些项目只和基数有关系,与其他项目之间没有关系,先算后算均可,前后之间要参照定额程序安排,以方便计算。

③独立项目单独处理。预制混凝土构件、钢窗或木门窗、金属或木构件、钢筋用量、台阶等独立项目的工程量计算,与墙的长度、建筑面积没有关系,不能合在一起,也不能用"线""面"基数计算时,需要单独处理。可采用预先编制"工程量计算手册"的方法解决,只要查阅"工程量计算手册"即可得出所需要的各项工程量。或者利用前面所说的按表格形式填写计算的方法。与"线""面"基数没有关系又不能预先编入"工程量计算手册"的项目,按图示尺

寸分别进行计算。

4)统筹法计算工程量的步骤

用统筹法计算工程量大体可分为以下 5 个步骤：

①熟悉图纸；

②基数计算；

③计算分项工程量；

④计算不能用基数计算的其他项目；

⑤整理与汇总。

第5章　建筑面积的计算

5.1　建筑面积的组成及作用

根据《建筑工程建筑面积计算规范》(GB/T 50353—2013),建筑面积指的是建筑物(包括墙体)所形成的楼地面面积,包括附属于建筑物的室外阳台、雨篷、檐廊、室外走廊、室外楼梯等应计算建筑面积的部分。

1) 建筑面积的组成

建筑面积 = 使用面积 + 辅助面积 + 结构面积 = 有效面积 + 结构面积

使用面积:指建筑物各层平面中直接为生产或生活使用的净面积的总和。

辅助面积:指建筑物各层平面中为辅助生产或生活活动所占的净面积的总和,例如居住建筑中的楼梯、走道等。

结构面积:指建筑物各层平面中的墙、柱等结构所占面积的总和。

使用面积和辅助面积的总和称为有效面积。

知识拓展

> **成套房屋的建筑面积**
>
> (1)成套房屋的建筑面积及其组成
>
> 成套房屋的建筑面积是指房屋权利人所有的总建筑面积,也是房屋在权属登记时的一大要素。其组成为:
>
> 成套房屋的建筑面积 = 套内建筑面积 + 分摊的共有公用建筑面积
>
> (2)套内建筑面积及其组成
>
> 房屋的套内建筑面积是指房屋权利人单独占有使用的建筑面积。其组成为:
>
> 套内建筑面积 = 套内房屋有效面积 + 套内墙体面积 + 套内阳台建筑面积
>
> ①套内房屋有效面积:是指套内直接或辅助为生活服务的净面积之和,包括使用面积和辅助面积两部分。
>
> ②套内墙体面积:是指应该计算到套内建筑面积中的墙体所占的面积,包括非共用墙和共用墙两部分。
>
> 非共用墙是指套内各房间之间的隔墙,如客厅与卧室之间、卧室与书房之间、卧室与

卫生间之间的隔墙。非共用墙均按其投影面积计算。

共用墙是指各套之间的分隔墙、套与公用建筑空间的分隔墙和外墙。共用墙均按其投影面积的一半计算。

③套内阳台建筑面积：按照阳台建筑面积计算规则计算即可。

（3）分摊的共有公用建筑面积

分摊的共有公用建筑面积是指房屋权利人应该分摊的各产权业主共同占有或共同使用的那部分建筑面积。它包括两部分：第一部分为电梯井、管道井、楼梯间、变电室、设备间、公共门厅、过道、地下室、值班警卫室等，以及为整栋服务的公共用房和管理用房的建筑面积；第二部分为套与公共建筑之间的分隔墙，以及外墙（包括山墙）公共墙，其建筑面积为水平投影面积的一半。

提示：独立使用的地下室、车棚、车库，为多幢服务的警卫室，管理用房，作为人防工程的地下室通常都不计入共有公用建筑面积。

①共有公用建筑面积的处理原则：

a. 产权各方有合法权属分割文件或协议的，按文件或协议规定执行；

b. 无产权分割文件或协议的，按相关房屋的建筑面积比例进行分摊。

②每套应该分摊的共有公用建筑面积。计算每套应该分摊的共有公用建筑面积时，应按以下步骤进行：

a. 计算共有公用建筑面积：

共有公用建筑面积 =整栋建筑物的建筑面积 -各套套内建筑面积之和 -作为独立
　　　　　　　　　使用空间出售或出租的地下室、车棚及人防工程等建筑面积

b. 计算共有公用建筑面积分摊系数：

共有公用建筑面积分摊系数 =公用建筑面积/套内建筑面积之和

c. 计算每套应该分摊的共有公用建筑面积：

每套应该分摊的共有公用建筑面积 =共有公用建筑面积分摊系数×套内建筑面积

2）建筑面积的作用

①建筑面积是确定建设规模的重要指标。根据项目立项批准文件所核准的建筑面积，是初步设计的重要指标。对于国家投资项目，施工图的建筑面积不得超过初步设计的5%，否则必须重新报批。

②建筑面积是确定各项技术经济指标的基础。建筑面积是确定单位面积造价、单位建筑面积材料消耗量、单位建筑面积人工用量等各种技术经济指标的基础。

③建筑面积是评价设计方案的依据。

④建筑面积是计算有关分项工程量的依据。应用统筹法计算工程量，根据底层建筑面积，可以方便算出室内回填土面积（乘以回填厚度后得到回填土体积）、楼（地）面面积、天棚面积等。另外，建筑面积亦是计算综合脚手架面积、建筑物垂直运输及超高降效面积的重要依据。

⑤建筑面积是选择概算指标和编制概算的基础数据。概算指标通常以建筑面积作为其

计量单位。用概算指标编制工程概算时,要以建筑面积作为计算基础。

5.2　建筑面积计算

《建筑工程建筑面积计算规范》(GB/T 50353—2013)主要包括计算建筑面积时涉及的相关术语、计算建筑面积的规定及说明、不应计算建筑面积的相关规定3个部分。

1)计算建筑面积时涉及的相关术语

①建筑面积:建筑物(包括墙体)所形成的楼地面面积。

②自然层:按楼地面结构分层的楼层。

③结构层:整体结构体系中承重的楼板层。

④结构层高:楼面或地面结构层上表面至上部结构层上表面之间的垂直距离,如图5.1所示。

⑤结构净高:楼面或地面结构层上表面至上部结构层下表面之间的垂直距离,如图5.1所示。

⑥围护结构:围合建筑空间的墙体、门、窗。

⑦围护设施:为保障安全而设置的栏杆、栏板等围挡。

⑧建筑空间:以建筑界面限定的供人们生活和活动的场所。

⑨地下室:室内地平面低于室外地平面的高度超过室内净高的 $1/2$ 的房间,如图5.2所示。

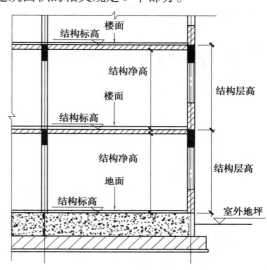

图5.1　结构层高、结构净高示意图

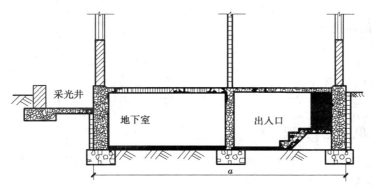

图5.2　地下室

⑩半地下室:室内地平面低于室外地平面的高度超过室内净高的 $1/3$ 且不超过 $1/2$ 的房间。

⑪架空层:仅有结构支撑而无外围护结构的开敞空间层,如图5.3、图5.4所示。

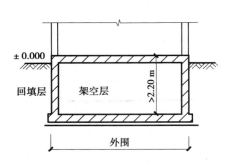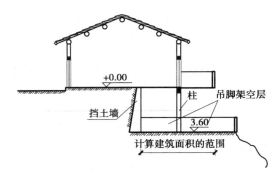

图 5.3　深基础架空层　　　　　图 5.4　坡地建筑吊脚架空层

⑫走廊:建筑物中的水平交通空间,如图 5.5 所示。

图 5.5　有顶盖的挑廊、走廊、檐廊

⑬架空走廊:专门设置在建筑物的二层或二层以上,作为不同建筑物之间水平交通的空间,如图 5.6、图 5.7 所示。

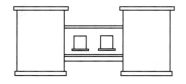

图 5.6　有顶盖的架空走廊　　　　图 5.7　无顶盖的架空走廊

⑭檐廊:建筑物挑檐下的水平交通空间,如图 5.5 所示。

⑮挑廊:挑出建筑物外墙的水平交通空间,如图 5.5 所示。

⑯门廊:建筑物入口前有顶棚的半围合空间。

⑰落地橱窗:突出外墙面且根基落地的橱窗。

⑱凸窗(飘窗):凸出建筑物外墙面的窗户。

⑲门斗:建筑物入口处两道门之间的空间。

⑳雨篷:建筑物出入口上方为遮挡雨水而设置的部件。

㉑楼梯:由连续行走的梯级、休息平台和维护安全的栏杆(或栏板)、扶手以及相应的支托结构组成的作为楼层之间垂直交通使用的建筑部件。

㉒阳台:附设于建筑物外墙,设有栏杆或栏板,可供人活动的室外空间,如图 5.8 所示。

（a）凸阳台　　　　　　　　　　　（b）凹阳台

图5.8　阳台示意图

㉓主体结构:接受、承担和传递建设工程所有上部荷载,维持上部结构整体性、稳定性和安全性的有机联系的构造。

㉔变形缝:防止建筑物在某些因素作用下引起开裂甚至破坏而预留的构造缝。

㉕骑楼:建筑底层沿街面后退且留出公共人行空间的建筑物,如图5.9所示。

㉖过街楼:跨越道路上空并与两边建筑相连接的建筑物,如图5.10所示。

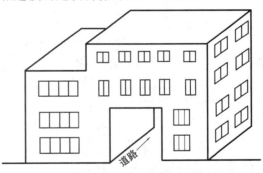

图5.9　骑楼　　　　　　　　　　　图5.10　过街楼

㉗建筑物通道:为穿过建筑物而设置的空间。

㉘露台:设置在屋面、首层地面或雨篷上的供人室外活动的有围护设施的平台。

㉙勒脚:在房屋外墙接近地面部位设置的饰面保护构造。

㉚台阶:联系室内外地坪或同楼层不同标高而设置的阶梯形踏步。

2)不应计算建筑面积的项目

①与建筑物内不相连通的建筑部件。

②骑楼、过街楼底层的开放公共空间和建筑物通道。

③舞台及后台悬挂幕布和布景的天桥、挑台等,如图5.11所示。

④露台、露天游泳池、花架、屋顶的水箱及装饰性结构构件。

⑤建筑物内的操作平台、上料平台、安装箱和罐体的平台,如图5.12所示。

⑥勒脚,附墙柱、垛,台阶,墙面抹灰,装饰面,镶贴块料面层,装饰性幕墙,主体结构外的空调室外机搁板(箱)、构件、配件,挑出宽度在2.10 m以下的无柱雨篷和顶盖高度达到或超过两个楼层的无柱雨篷,如图5.13所示。

⑦窗台与室内地面高差在0.45 m以下且结构净高在2.10 m以下的凸(飘)窗,窗台与室

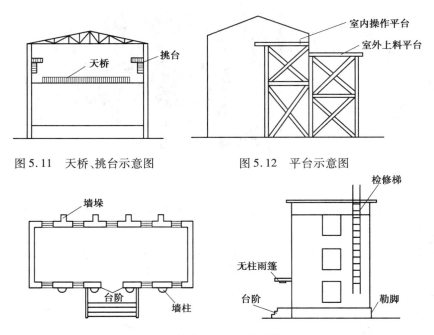

图 5.11　天桥、挑台示意图　　　图 5.12　平台示意图

图 5.13　不计算建筑面积的部分构造示意图

内地面高差在 0.45 m 及以上的凸(飘)窗。

⑧室外爬梯、室外专用消防钢楼梯。

⑨无围护结构的观光电梯。

⑩建筑物以外的地下人防通道,独立的烟囱、烟道、地沟、油(水)罐、气柜、水塔、贮油(水)池、贮仓、栈桥等构筑物。

3)计算建筑面积的规定及说明

①建筑物的建筑面积应按自然层外墙结构外围水平面积之和计算(图 5.14、图 5.15)。结构层高在 2.20 m 及以上的,应计算全面积;结构层高在 2.20 m 以下的,应计算 1/2 面积。

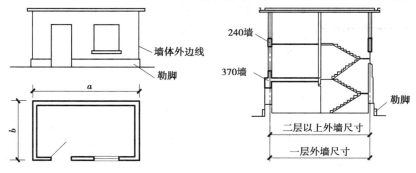

图 5.14　单层建筑物　　　　图 5.15　多层建筑物剖面图

在主体结构内形成的建筑空间满足计算面积结构层高要求的均应按本条规定计算建筑面积。主体结构外的室外阳台、雨篷、檐廊、室外走廊、室外楼梯等按相应条款计算建筑面积。当外墙结构本身在一个层高范围内不等厚时,以楼地面结构标高处的外围水平面积计算。

②建筑物内设有局部楼层时(图 5.16),对于局部楼层的二层及以上楼层,有围护结构的

应按其围护结构外围水平面积计算,无围护结构的应按其结构底板水平面积计算。结构层高在 2.20 m 及以上的,应计算全面积;结构层高在 2.20 m 以下的,应计算 1/2 面积。

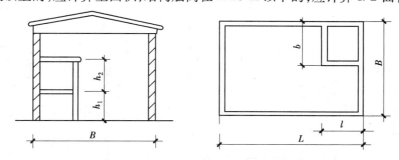

图5.16 单层内设有局部楼层的建筑物示意图

【例5.1】 某单层建筑物内设有局部二层,其平、立、剖面图如图 5.17 所示,平面图中定位线均位于墙体中心线上,图中所有墙体的厚度均为 200 mm,试计算此建筑物的建筑面积。

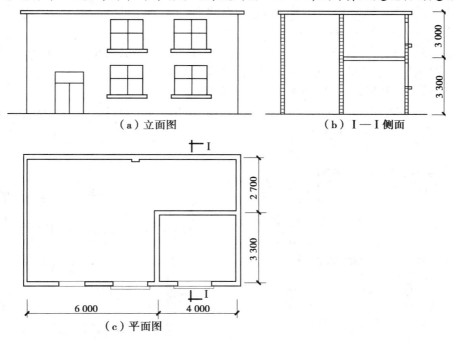

（a）立面图　（b）Ⅰ—Ⅰ侧面

（c）平面图

图5.17 单层建筑物内局部分层房间

【解】 $S = (6 + 4 + 0.2) \times (3.3 + 2.7 + 0.2) + (4 + 0.2) \times (3.3 + 0.2) = 77.94 (\text{m}^2)$

③对于形成建筑空间的坡屋顶,结构净高在 2.10 m 及以上的部位应计算全面积;结构净高在 1.20 m 及以上至 2.10 m 以下的部位应计算 1/2 面积;结构净高在 1.20 m 以下的部位不应计算建筑面积。

④场馆看台下的建筑空间,结构净高在 2.10 m 及以上的部位应计算全面积;结构净高在 1.20 m 及以上至 2.10 m 以下的部位应计算 1/2 面积;结构净高在 1.20 m 以下的部位不应计算建筑面积。室内单独设置的有围护设施的悬挑看台,应按看台结构底板水平投影面积计算建筑面积。有顶盖无围护结构的场馆看台,应按其顶盖水平投影面积的 1/2 计算面积。

图 5.18 中,A,B 之间的部分不计算建筑面积;B,C 之间的部分计算 1/2 建筑面积;C,D 之间的部分计算全建筑面积。

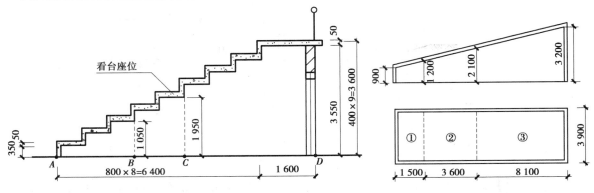

图 5.18　场馆看台下示意图　　　　图 5.19　坡屋面建筑面积图示

【例 5.2】　计算图 5.19 所示坡屋面的建筑面积。

【解】　$S = 3.6 \times 3.9 \times 1/2 + 8.1 \times 3.9 = 38.61(\mathrm{m}^2)$

⑤地下室、半地下室应按其结构外围水平面积计算。结构层高在 2.20 m 及以上的,应计算全面积;结构层高在 2.20 m 以下的,应计算 1/2 面积。

【例 5.3】　计算图 5.20 所示地下室的建筑面积。

【解】　$S = 1/2 \times [(2.1 + 0.24) \times (3 + 0.24) + (0.9 + 0.24) \times (2.4 + 0.24) + (0.9 + 0.24) \times (1.2 - 0.24] \approx 5.84(\mathrm{m}^2)$

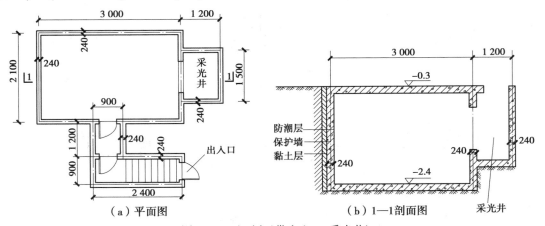

（a）平面图　　　　　　（b）1—1 剖面图

图 5.20　地下室(带出入口、采光井)

⑥出入口外墙外侧坡道有顶盖的部位,应按其外墙结构外围水平面积的 1/2 计算面积。

出入口坡道分有顶盖出入口坡道和无顶盖出入口坡道。出入口坡道顶盖的挑出长度,为顶盖结构外边线至外墙结构外边线的长度。顶盖以设计图纸为准,对后增加及建设单位自行增加的顶盖等,不计算建筑面积。顶盖不分材料种类(如钢筋混凝土顶盖、彩钢板顶盖、阳光板顶盖等)。有顶盖的地下室出入口如图 5.21 所示。

⑦建筑物架空层及坡地建筑物吊脚架空层,应按其顶板水平投影面积计算建筑面积。结构层高在 2.20 m 及以上的,应计算全面积;结构层高在 2.20 m 以下的,应计算 1/2 面积。

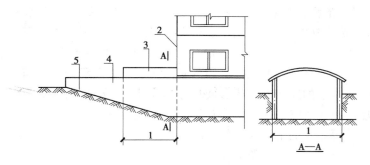

图 5.21　有顶盖的地下室出入口

1—计算 1/2 投影面积;2—主体建筑;3—出入口顶盖;4—封闭出入口侧墙;5—出入口坡道

本条既适用于建筑物吊脚架空层、深基础架空层建筑面积的计算,也适用于目前部分住宅、学校教学楼等工程在底层架空或在二层或以上某个甚至多个楼层架空,作为公共活动、停车、绿化等空间的建筑面积的计算。架空层中有围护结构的建筑空间按相关规定计算。

【例 5.4】　计算图 5.22 所示某办公楼底层架空层的建筑面积。

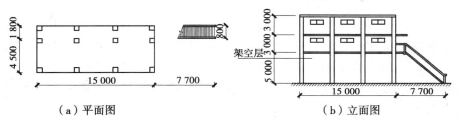

（a）平面图　　　　　　　　（b）立面图

图 5.22　办公楼底层架空层

【解】　$S = 15 \times (4.5 + 1.8) = 94.5(\text{m}^2)$

⑧建筑物的门厅、大厅应按一层计算建筑面积,门厅、大厅内设置的走廊应按走廊结构底板水平投影面积计算建筑面积。结构层高在 2.20 m 及以上的,应计算全面积;结构层高在 2.20 m 以下的,应计算 1/2 面积。门厅、大厅、回廊如图 5.23 所示。

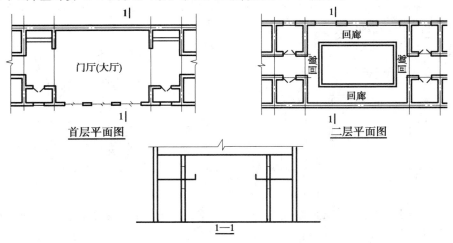

图 5.23　门厅、大厅、回廊示意图

⑨建筑物间的架空走廊,有顶盖和围护结构的,应按其围护结构外围水平面积计算全面积;无围护结构、有围护设施的,应按其结构底板水平投影面积计算1/2面积。

⑩立体书库、立体仓库、立体车库,有围护结构的,应按其围护结构外围水平面积计算建筑面积;无围护结构、有围护设施的,应按其结构底板水平投影面积计算建筑面积。无结构层的应按一层计算,有结构层的应按其结构层面积分别计算。结构层高在2.20 m及以上的,应计算全面积;结构层高在2.20 m以下的,应计算1/2面积。

起局部分隔、存储等作用的书架层(图5.24)、货架层或可升降的立体钢结构停车层均不属于结构层,故该部分分层不计算建筑面积。

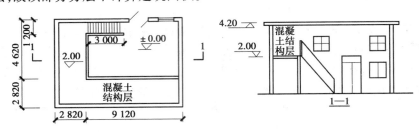

图5.24　立体书库

⑪有围护结构的舞台灯光控制室,应按其围护结构外围水平面积计算。结构层高在2.20 m及以上的,应计算全面积;结构层高在2.20 m以下的,应计算1/2面积。

⑫附属在建筑物外墙的落地橱窗,应按其围护结构外围水平面积计算。结构层高在2.20 m及以上的,应计算全面积;结构层高在2.20 m以下的,应计算1/2面积。

⑬窗台与室内楼地面高差在0.45 m以下且结构净高在2.10 m及以上的凸(飘)窗,应按其围护结构外围水平面积计算1/2面积。

⑭有围护设施的室外走廊(挑廊),应按其结构底板水平投影面积计算1/2面积;有围护设施(或柱)的檐廊,应按其围护设施(或柱)外围水平面积计算1/2面积。

⑮门斗应按其围护结构外围水平面积计算建筑面积。结构层高在2.20 m及以上的,应计算全面积;结构层高在2.20 m以下的,应计算1/2面积。有围护结构的门斗、眺望间如图5.25所示。

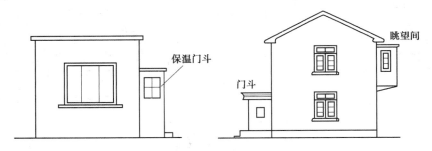

图5.25　有围护结构的门斗、眺望间

⑯门廊应按其顶板水平投影面积的1/2计算建筑面积;有柱雨篷应按其结构板水平投影面积的1/2计算建筑面积;无柱雨篷的结构外边线至外墙结构外边线的宽度在2.10 m及以上的,应按雨篷结构板的水平投影面积的1/2计算建筑面积。

雨篷分为有柱雨篷和无柱雨篷。有柱雨篷没有出挑宽度的限制,也不受跨越层数的限制,均计算建筑面积。无柱雨篷,其结构板不能跨层,并受出挑宽度的限制,设计出挑宽度大于或等于 2.10 m 时才计算建筑面积。如凸出建筑物,且不单独设立顶盖,利用上层结构板(如楼板、阳台底板)进行遮挡,则不视为雨篷,不计算建筑面积。

出挑宽度是指雨篷结构外边线至外墙结构外边线的宽度,弧形或异形时,取最大宽度。

【例 5.5】　计算图 5.26 所示有柱雨篷的建筑面积。

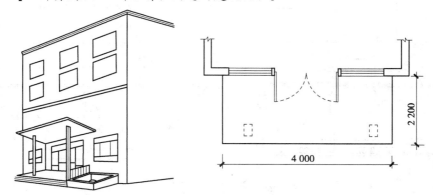

图 5.26　有柱雨篷示意图

【解】　$S = 4 \times 2.2 \times 1/2 = 4.4 (\text{m}^2)$

【例 5.6】　计算图 5.27 所示无柱雨篷的建筑面积。

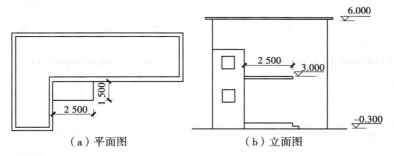

（a）平面图　　　　　　　（b）立面图

图 5.27　无柱雨篷示意图

【解】　$S = 2.5 \times 1.5 \times 1/2 \approx 1.88 (\text{m}^2)$

⑰设在建筑物顶部的、有围护结构的楼梯间、水箱间、电梯机房等,结构层高在 2.20 m 及以上的应计算全面积;结构层高在 2.20 m 以下的,应计算 1/2 面积。

图 5.28 中出屋面楼梯间面积 $S = ab$(结构层高 ≥ 2.2 m)或 $S = \dfrac{1}{2}ab$(结构层高 < 2.2 m)。

⑱围护结构不垂直于水平面的楼层,应按其底板面的外墙外围水平面积计算。结构净高在 2.10 m 及以上的部位,应计算全面积;结构净高在 1.20 m 及以上至 2.10 m 以下的部位,应计算 1/2 面积;结构净高在 1.20 m 以下的部位,不应计算建筑面积。

目前很多建筑设计追求新、奇、特,造型越来越复杂,很多时候根本无法明确区分什么是围护结构、什么是屋顶,因此对于斜围护结构(图 5.29)与斜屋顶采用相同的计算规则,即只要外壳倾斜,就按结构净高划段,分别计算建筑面积。

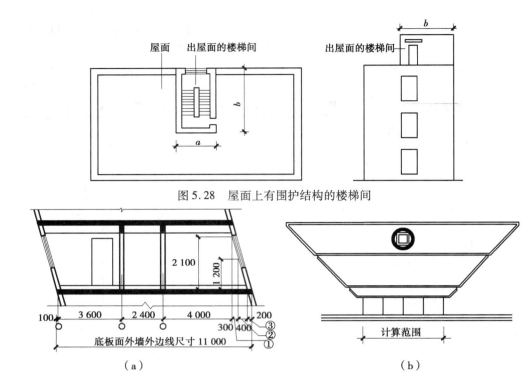

图 5.28　屋面上有围护结构的楼梯间

图 5.29　围护结构不垂直于底板面示意图

⑲建筑物的室内楼梯(图 5.30)、电梯井(图 5.31)、提物井、管道井、通风排气竖井、烟道,应并入建筑物的自然层计算建筑面积。有顶盖的采光井应按一层计算面积,且结构净高在2.10 m 及以上的,应计算全面积;结构净高在 2.10 m 以下的,应计算 1/2 面积。

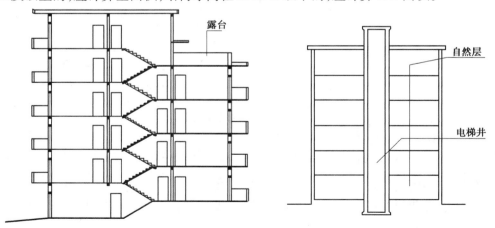

图 5.30　上、下两错层户室共用的室内楼梯　　　图 5.31　电梯井

⑳室外楼梯应并入所依附建筑物自然层,并应按其水平投影面积的 1/2 计算建筑面积。

层数为室外楼梯所依附的楼层数,即梯段部分投影到建筑物范围的层数。利用室外楼梯下部的建筑空间,不得重复计算建筑面积;利用地势砌筑的为室外踏步,不计算建筑面积。

㉑在主体结构内的阳台,应按其结构外围水平面积计算全面积;在主体结构外的阳台,应按其结构底板水平投影面积计算 1/2 面积。

建筑物的阳台,不论其形式如何,均以建筑物主体结构为界分别计算建筑面积,如图 5.32 所示。

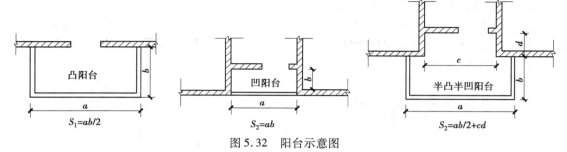

图 5.32　阳台示意图

㉒有顶盖无围护结构的车棚、货棚、站台、加油站、收费站等,应按其顶盖水平投影面积的 1/2 计算建筑面积。

【例 5.7】　计算图 5.33 所示车棚的建筑面积,其中图中定位线均位于结构构件中心线上,长度方向车棚从最外侧柱边挑出长度同 1—1 剖面图(即 500 mm)。

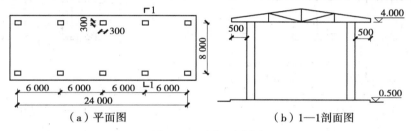

（a）平面图　　　　　（b）1—1剖面图

图 5.33　车棚示意图

【解】　$S = (24 + 0.3 + 0.5 \times 2) \times (8 + 0.3 + 0.5 \times 2) \times 1/2 \approx 117.65 (\mathrm{m}^2)$

㉓以幕墙作为围护结构的建筑物,应按幕墙外边线计算建筑面积。

㉔建筑物的外墙外保温层,应按其保温材料的水平截面积计算,并计入自然层建筑面积。

建筑物外墙外侧有保温隔热层的,保温隔热层以保温材料的净厚度乘以外墙结构外边线长度按建筑物的自然层计算建筑面积,其外墙外边线长度不扣除门窗和建筑物外已计算建筑面积构件(如阳台、室外走廊、门斗、落地橱窗等部件)所占长度。

当建筑物外已计算建筑面积的构件(如阳台、室外走廊、门斗、落地橱窗等部件)有保温隔热层时,其保温隔热层也不再计算建筑面积。

外墙是斜面者,按楼面楼板处的外墙外边线长度乘以保温材料的净厚度计算。

外墙外保温以沿高度方向满铺为准,某层外墙外保温铺设高度未达到全部高度时(不包括阳台、室外走廊、门斗、落地橱窗、雨篷、飘窗等),不计算建筑面积。

保温隔热层的建筑面积是以保温隔热材料的厚度来计算的,不包含抹灰层、防潮层、保护层(墙)的厚度。墙体保温构造如图 5.34 所示。

㉕与室内相通的变形缝,应按其自然层合并在建筑物建筑面积内计算。对于高低联跨的建筑物,当高低跨内部

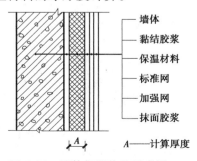

图 5.34　墙体保温构造示意图

连通时,其变形缝应计算在低跨面积内。

㉖对于建筑物内的设备层、管道层、避难层等有结构层的楼层,结构层高在2.20 m及以上的,应计算全面积;结构层高在2.20 m以下的,应计算1/2面积。

【例5.8】 某小区1号楼1—6层平面图如图5.35所示,图中1层结构层高为4.8 m,2—6层结构层高为3 m,露台和阳台只在2—6层设置,试计算该建筑物的建筑面积。

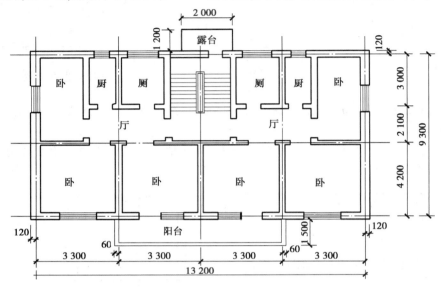

图5.35 某小区1号楼平面图

【解】 首层建筑面积:$S_1 = (9.30 + 0.24) \times (13.2 + 0.24) \approx 128.22(\text{m}^2)$

2—6层建筑面积:$S_{2-6} = S_{主体} + S_{阳台}$

$S_{主体} = S_1 \times 5 = 128.22 \times 5 = 641.1(\text{m}^2)$

$S_{阳台} = 1.5 \times (3.3 \times 2 + 0.06 \times 2) \times 5 \div 2 = 25.2(\text{m}^2)$

$S_{2-6} = 641.1 + 25.2 = 666.3(\text{m}^2)$

总建筑面积 $S = S_1 + S_{2-6} = 128.22 + 666.3 = 794.52(\text{m}^2)$

第6章 房屋建筑工程工程计量

2018 年 8 月 1 日,重庆市开始施行 2018 年版定额,本章主要结合《重庆市房屋建筑与装饰工程计价定额》(CQJZZDDE—2018)进行介绍。本章主要内容包括土石方工程、地基处理及边坡支护工程、桩基工程、砌筑工程、混凝土及钢筋混凝土工程、金属结构工程、木结构工程、门窗工程、屋面及防水工程、防腐工程、楼地面工程、墙及柱面一般抹灰工程、天棚面一般抹灰工程、措施项目等。

6.1 土石方工程

土石方工程清单项目主要包括土方工程、石方工程、回填 3 个部分,各部分包含的主要清单项目见表 6.1。

表 6.1 土石方工程包含的主要清单项目

项目名称		项目编码	项目名称		项目编码
土方工程	平整场地	010101001	石方工程	挖一般石方	010102001
	挖一般土方	010101002		挖沟槽石方	010102002
	挖沟槽土方	010101003		挖基坑石方	010102003
	挖基坑土方	010101004		挖管沟石方	010102004
	冻土开挖	010101005	回填	回填方	010103001
	挖淤泥、流砂	010101006		余方弃置	010103002
	管沟土方	010101007			

· 6.1.1 基本知识准备 ·

1)一般说明

①土壤及岩石定额子目,均按天然密实体积编制。

②人工及机械土方定额子目是按不同土壤类别综合考虑的,实际土壤类别不同时不作调整;岩石按照不同分类按相应定额子目执行,岩石分类详见表 6.2。

③干、湿土以地下常水位进行划分,常水位以上为干土、以下为湿土;地表水排出后,土壤

含水率<25%的为干土,含水率≥25%的为湿土。

④淤泥指池塘、沼泽、水田及沟坑等呈膏质(流动或稀软)状态的土壤,分黏性淤泥与不粘附工具的砂性淤泥。流砂指含水饱和,因受地下水影响而呈流动状态的粉砂土、亚砂土。

表6.2　岩石分类表　　　　　　　　　　　　　　单位:MPa

名称	代表性岩石	岩石单轴饱和抗压强度	开挖方法
软质岩	1.全风化的各种岩石; 2.各种半成岩; 3.强风化的坚硬岩; 4.弱风化~强风化的较坚硬岩; 5.未风化的泥岩等; 6.未风化~微风化的:凝灰岩、千枚岩、砂质泥岩、泥灰岩、粉砂岩、页岩等	<30	用手凿工具、风镐、机械凿打及爆破法开挖
较硬岩	1.弱风化的坚硬岩; 2.未风化~微风化的:熔结凝灰岩、大理岩、板岩、白云岩、石灰岩、钙质胶结的砂岩等	30~60	用机械切割、水磨钻机、机械凿打及爆破法开挖
坚硬岩	未风化~微风化的:花岗岩、正长岩、闪长岩、辉绿岩、玄武岩、安山岩、片麻岩、石英片岩、硅质板岩、石英岩、硅质胶结的砾岩、石英砂岩、硅质石灰岩等	>60	用机械切割、水磨钻机及爆破法开挖

注:①软质岩综合了极软岩、软岩、较软岩;

　　②岩石分类按代表性岩石的开挖方法或者岩石单轴饱和抗压强度确定,满足其中之一即可。

知识拓展

根据《房屋建筑与装饰工程消耗量定额》(TY01-31—2015)确定的土壤分类表,见表6.3。

表6.3　土壤分类表

土壤分类	土壤名称	开挖方法
一、二类土	粉土、砂土(粉砂、细砂、中砂、粗砂、砾砂)、粉质黏土、弱中盐渍土、软土(淤泥质土、泥炭、泥炭质土)、软塑红黏土、冲填土	用锹,少许用镐、条锄开挖。机械能全部直接铲挖满载者
三类土	黏土、碎石土(圆砾、角砾)、混合土、可塑红黏土、硬塑红黏土、强盐渍土、素填土、压实填土	主要用镐、条锄,少许用锹开挖。机械需部分刨松方能铲挖满载者或可直接铲挖但不能满载者
四类土	碎石土(卵石、碎石、漂石、块石)、坚硬红黏土、超盐渍土、杂填土	全部用镐、条锄挖掘,少许用撬棍挖掘。机械须普遍刨松方能铲挖满载者

⑤凡设计图示槽底宽(不含加宽工作面)在7 m以内,且槽底长大于底宽3倍以上者,执行沟槽项目。沟槽示意图如图6.1所示。

图 6.1 沟槽示意图

凡长边小于短边 3 倍者,且底面积(不含加宽工作面)在 150 m² 以内,执行基坑定额子目。除上述规定外执行一般土石方定额子目。基坑示意图如图 6.2 所示。

图 6.2 基坑示意图

⑥松土是未经碾压,堆积时间不超过 1 年的土壤。

⑦土方天然密实体积、夯实后体积、松填体积和虚方体积,按表 6.4 所列值换算。

表 6.4 土方体积折算表

天然密实体积	夯实后体积	松填体积	虚方体积
1.00	0.87	1.08	1.30

注:本表适用于计算挖填平衡工程量。

⑧石方体积折算时,按表 6.5 所列值换算。

表 6.5 石方体积折算表

石方类别	天然密实体积	夯实后体积	松填体积	虚方体积
石方	1	1.18	1.31	1.54
块石	1		1.43	1.75
砂夹石	1		1.05	1.07

注:本表适用于计算挖填平衡工程量。

⑨定额土石方工程章节未包括有地下水时施工的排水费用,发生时按实计算。

⑩平整场地是指平整至设计标高后,在 ±300 mm 以内的局部就地挖、填、找平;挖填土石方厚度 > ±300 mm 时,全部厚度按照一般土石方相应规定计算。场地厚度在 ±300 mm 以内的全挖、全填土石方,按挖、填一般土石方相应定额子目乘以系数 1.3。

平整场地与挖(填)方间的关系如图 6.3 所示。

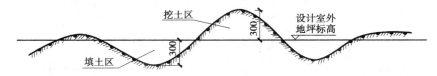

图 6.3　平整场地与挖(填)方关系示意图

2)人工土石方

①人工土方定额子目是按干土编制的,如挖湿土时,人工乘以系数 1.18。

②人工平基挖土石方定额子目是按深度 1.5 m 以内编制的,深度超过 1.5 m 时,按表 6.6 增加工日。

表 6.6　人工平基挖土石方深度超过 1.5 m 时增加工日表　　　　单位 100 m³

类别	深 2 m 以内	深 4 m 以内	深 6 m 以内
土方	2.1	11.78	21.38
石方	2.5	13.90	25.21

注:深度在 6 m 以上时,在原有深 6 m 以内增加工日基础上,土方深度每增加 1 m,增加 4.5 工日/100 m³;石方深度每增加 1 m,增加 5.6 工日/100 m³。其增加用工的深度以主要出土方向的深度为准。

③人工挖沟槽、基坑土方,深度超过 8 m 时,按 8 m 相应定额子目乘以系数 1.20;超过 10 m 时,按 8 m 相应定额子目乘以系数 1.5。

④人工凿沟槽、基坑石方,深度超过 8 m 时,按 8 m 相应定额子目乘以系数 1.20;超过 10 m 时,按 8 m 相应定额子目乘以系数 1.5。

⑤人工挖基坑,深度超过 8 m 时,断面小于 2.5 m² 时执行挖孔桩定额子目,断面大于 2.5 m² 并小于 5 m² 时执行挖孔桩定额子目乘以系数 0.9。

⑥人工挖沟槽、基坑淤泥、流砂按土方相应定额子目乘以系数 1.4。

⑦在挡土板支撑下挖土方,按相应定额子目人工乘以系数 1.43。

⑧人工平基、沟槽、基坑石方的定额子目已综合各种施工工艺(包括人工凿打、风镐、水钻、切割),实际施工不同时不作调整。

⑨人工凿打混凝土构件时,按相应人工凿较硬岩定额子目执行;凿打钢筋混凝土构件时,按相应人工凿较硬岩定额子目乘以系数 1.8。

⑩人工垂直运输土石方时,垂直高度每 1 m 折合 10 m 水平运距计算。

⑪人工级配碎石土按外购材料考虑,利用现场开挖土石方作为碎石土回填时,若设计明确要求粒径,需另行增加岩石解小的费用,按人工或机械凿打岩石相应定额乘以系数 0.25。

⑫挖沟槽、基坑上层土方深度超过 3 m 时,其下层石方按表 6.7 增加工日。

表 6.7　下层石方增加工日表(挖沟槽、基坑上层土方深度超过 3 m 时)　　　单位 100 m³

土方深度	4 m 以内	6 m 以内	8 m 以内
增加工日	0.67	0.99	1.32

3)机械土石方

①机械土石方项目是按各类机型综合编制的,实际施工不同时不作调整。

②土石方工程的全程运距,按以下规定计算确定:

a. 土石方场外全程运距按挖方区重心至弃方区重心之间的可以行驶的最短距离计算。

b. 土石方场内调配运输距离按挖方区重心至填方区重心之间循环路线的1/2计算。

③人装(机装)机械运土、石渣定额项目中不包括开挖土石方的工作内容。

④机械挖运土方定额子目是按干土编制的,如挖、运湿土时,相应定额子目人工、机械乘以系数1.15。采用降水措施后,机械挖、运土不再乘以系数。

⑤机械开挖、运输淤泥、流砂时,按相应机械挖、运土方定额子目乘以系数1.4。

⑥机械作业的坡度因素已综合在定额内,坡度不同时不作调整。

⑦机械不能施工的死角等部分需采用人工开挖时,应按设计或施工组织设计规定计算,如无规定时,按表6.8计算。

表6.8　人工挖方工程量计算参考表(人工配合机械开挖时)　　　　单位:%

挖土石方工程量	1万m³以内	5万m³以内	10万m³以内	50万m³以内	100万m³以内	100万m³以上
占挖土石方工程量	8	5	3	2	1	0.6

注:表中所列工程量是指一个独立的施工组织设计所规定范围的挖方总量。

⑧机械不能施工的死角等土石方部分,按相应的人工挖土定额子目乘以系数1.5,人工凿石定额子目乘以系数1.2。

⑨机械碾压回填土石方是以密实度达到85%~90%编制的。如90%<设计密实度≤95%时,按相应机械回填碾压土石方相应定额子目乘以系数1.4;如设计密实度大于95%时,按相应机械回填碾压土石方相应定额子目乘以系数1.6。回填土石方压实定额子目中,已综合了所需的水和洒水车台班及人工。

⑩机械在垫板上作业时,按相应定额子目人工和机械乘以系数1.25,搭拆垫板的人工、材料和辅助机械费用按实计算。

⑪开挖回填区及堆积区的土石方按照土夹石考虑。机械运输土夹石按照机械运输土方相应定额子目乘以系数1.2。

⑫机械挖沟槽、基坑土石方,深度超过8m时,其超过部分按8m相应定额子目乘以系数1.20;超过10m时,其超过部分按8m相应定额子目乘以系数1.5。

⑬机械进入施工作业面,上下坡道增加的土石方工程量并入相应定额子目工程量内。

⑭机械凿打平基、槽(坑)石方,施工组织设计(方案)采用人工摊座或者上面有结构物的,应计算人工摊座费用,执行人工摊座相应定额子目乘以系数0.6。

⑮机械挖混凝土、钢筋混凝土执行机械挖石渣相应定额子目。

· 6.1.2　土石方工程量计算 ·

1)土石方工程

①平整场地工程量按设计图示尺寸以建筑物首层建筑面积计算。建筑物地下室结构外

边线突出首层结构外边线时,其突出部分的建筑面积合并计算。

建筑物外墙外边线是指从建筑物地上部分、地下室部分整体考虑,以垂直投影最外边的外墙边线为准,即当地上首层外墙在外时,以地上首层外墙外边线为准;当地下室外墙在外时,以地下室外墙外边线为准;当局部地上首层外墙在外、局部地下室外墙在外时(外墙外边线有交叉),则以最外边的外墙外边线为准。

另外,从施工角度考虑,平整场地面积是与建筑物占地面积和方便施工等因素相关的,即实际平整的面积可能要比建筑物首层面积大。

【例6.1】 某建筑物首层平面图如图6.4所示,无地下室,首层层高3.0 m,轴网轴距为3 000 mm,混凝土外墙厚300 mm,外墙按轴线居中布置,请计算平整场地工程量。

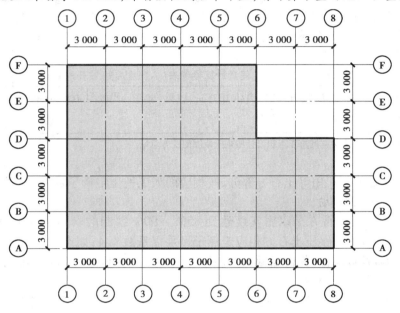

图6.4 某建筑物首层平面图

【解】 此题可采用两种计算方法。

方法1:

平整场地工程量:$(21 +0.15 \times 2) \times (15 +0.15 \times 2) - (6 -0.15 +0.15) \times (6 -0.15 +0.15)$
$= 289.89(m^2)$

方法2:

平整场地工程量:$(15 +0.15 \times 2) \times (15 +0.15 \times 2) - (6 -0.15 +0.15) \times (9 +0.15 \times 2)$
$= 289.89(m^2)$

【例6.2】 某住宅工程首层的外墙外边线尺寸如图6.5所示,该场地在±300 mm内挖填找平,经计算弃土27.5 m^3,运输距离50 m。试计算该住宅人工平整场地工程量。

【解】 人工平整场地工程量:

$(5.64 \times 2 +15) \times 9.24 +5.64 \times 2.12 \times 1/2 \times 2 \approx 254.78(m^2)$

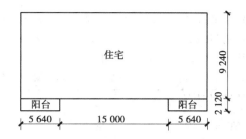

图 6.5　某住宅首层平面（外边线轮廓）图

注：①此题中弃土方量和运输距离为计算干扰条件，后续描述清单项目特征时使用。
　②首层面积计算中，阳台按建筑面积计算规范只计算 1/2 面积，而实际施工中阳台部分需平整面积为全面积。
　③请思考：在②中产生的面积差在确定平整场地单价时，应如何考虑？

②土石方的开挖、运输，均按开挖前的天然密实体积以"m³"计算。

③挖土石方。

a. 挖一般土石方工程量按设计图示尺寸体积加放坡工程量计算。

知识拓展

土方边坡

在土方施工过程中，如若挖土（或堆土）超过一定高度时，土体本身不能保持直立状态，容易形成塌方，此时需要对土体进行放坡或支设挡土板以保持土体稳定。

边坡坡度（i）为边坡高度（h）与边坡宽度（b）的比值，习惯上用 1:K（或 1:m）来表示，K（或 m）为放坡系数，如图 6.6 所示。

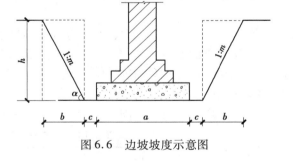

图 6.6　边坡坡度示意图

b. 挖沟槽、基坑土石方工程量，按设计图示尺寸以基础或垫层底面积乘以挖土深度加工作面及放坡工程量以"m³"计算。

c. 开挖深度按图示槽、坑底面至自然地面（场地平整的按平整后的标高）高度计算。

　●竖向土方、山坡切土开挖深度应按基础垫层底表面标高至交付施工场地标高确定，无交付施工场地标高时，应按自然地面标高确定；

　●一般计算基础土石方开挖深度，自设计室外地坪计算至基础底面，有垫层时计算至垫层底面。

d. 人工挖沟槽、基坑如在同一沟槽、基坑内，有土有石时，按其土层与岩石不同深度分别计算工程量，按土层与岩石对应深度执行相应定额子目。

④挖淤泥、流砂工程量按设计图示位置、界限以"m³"计算。

⑤挖一般土方、沟槽、基坑土方放坡应根据设计或批准的施工组织设计要求的放坡系数计算。如设计或批准的施工组织设计无规定时,放坡系数按表6.9的规定计算;石方放坡应根据设计或批准的施工组织设计要求的放坡系数计算。

表6.9 土方施工放坡系数和放坡起点深度表

人工挖土	机械开挖土方		放坡起点深度
土方	在沟槽、坑底	在沟槽、坑边	土方
1:0.3	1:0.25	1:0.67	1.5 m

a. 计算土方放坡时,在交接处所产生的重复工程量不予扣除。

b. 挖沟槽、基坑土方垫层为原槽浇筑时,加宽工作面从基础外缘边起算,如图6.7(a)所示;垫层浇筑需支模时,加宽工作面从垫层外缘边起算,如图6.7(b)所示。

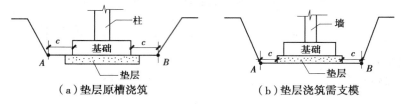

（a）垫层原槽浇筑　　　　　　　　（b）垫层浇筑需支模

图6.7 放坡起点示意图(c为工作面宽度)

c. 如放坡处重复量过大,其计算总量等于或大于大开挖方量时,应按大开挖规定计算土方工程量。

d. 槽、坑土方开挖支挡土板时,土方放坡不另行计算。

e. 混合土质的基础土方,其放坡的起点深度和放坡坡度按不同土质厚度加权平均计算(如土质类别按一～四类进行分类时考虑,重庆市2018年版定额因土质按不同类别综合考虑,此项不涉及)。

⑥沟槽、基坑工作面(单面)宽度按设计规定计算,如无设计规定时,按表6.10计算。

表6.10 土方开挖时工作面选取表　　　　　　　　　　单位:mm

建筑工程		构筑物	
基础材料	每侧工作面宽	无防潮层	有防潮层
砖基础	200	400	600
浆砌条石、块(片)石	250		
混凝土基础支模板者	400		
混凝土垫层支模板者	150		
基础垂面做砂浆防潮层	400(自防潮层面)		
基础垂面做防水防腐层	1 000(自防水防腐层)		
支挡土板	100(另加)		

知识拓展

其他情况下工作面的选择

①基础施工需要搭设脚手架时,基础施工的工作面宽度,条形基础按1.5 m计算(只计算一面),独立基础按0.45 m计算(四面均计算)。

②基坑土方大开挖需做边坡支护时,基础施工的工作面宽度按2.00 m计算。

③基坑内施工各种桩时,基础施工的工作面按2.00 m计算。

④管道施工的单面工作面宽度按表6.11计算。

表6.11　管道施工单面工作面宽度计算表　　　单位:mm

管道材质	管道基础外沿宽度(无基础时为管道外径)			
	≤500	≤1 000	≤2 500	>2 500
混凝土管、水泥管	400	500	600	700
其他管道	300	400	500	600

⑦外墙基槽长度按图示中心线长度计算,内墙基槽长度按槽底净长计算,其突出部分的体积并入基槽工程量计算。内墙基槽长度如图6.8所示。

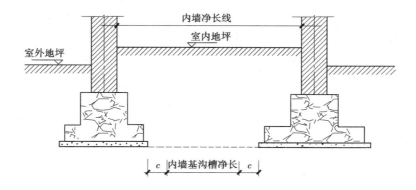

图6.8　内墙基沟槽净长示意图(c为工作面宽度)

管道沟槽长度,按设计规定计算;设计无规定时,以设计图示管道中心线长度(不扣除下口直径或边长≤1.5 m的井池)计算。下口直径或边长>1.5 m的井池土石方,另按基坑的相应规定计算。

⑧人工摊座和修整边坡工程量,按设计规定需摊座和修整边坡的面积以"m²"计算。

知识拓展

沟槽土方量计算

①不加工作面、不放坡、不支挡土板时［图6.9(a)］,其工程量计算公式为:
$$V = a \cdot H \cdot L$$

②设工作面、不放坡和不支挡土板时［图6.9(b)］,其工程量计算公式为:
$$V = (a + 2c) \cdot H \cdot L$$

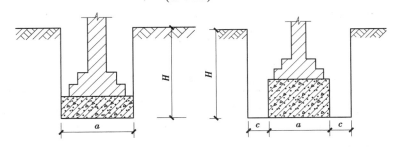

图6.9　沟槽计算示意图1

③设工作面和放坡,由垫层下表面放坡时［图6.10(a)］,其工程量计算公式为:
$$V = (a + 2c + mH) \cdot H \cdot L$$

④设工作面和放坡,由垫层上表面放坡时［图6.10(b)］,其工程量计算公式为:
$$V = [aH_2 + (b + 2c + mH_1) \cdot H_1] \cdot L$$

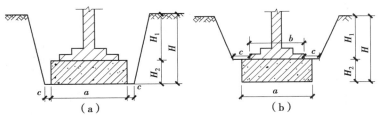

图6.10　沟槽计算示意图2

⑤设工作面和支挡土板,且双面支挡土板时［图6.11(a)］,其工程量计算公式为:
$$V = (a + 2c + 0.2) \cdot H \cdot L$$

⑥一面放坡一面支挡土板时［图6.11(b)］,其工程量计算公式为:
$$V = \left[(a + 2c + 0.1) \cdot H + \frac{1}{2}mH^2 \right] \cdot L$$

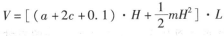

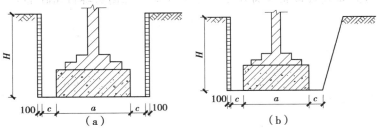

图6.11　沟槽计算示意图3

上述公式中各符号含义如下：

H_1——槽上口面至垫层上表面的深度；

H_2——垫层厚度；

B——基础宽度；

V——土方体积；

a——垫层宽度；

c——工作面宽度；

m——放坡系数；

H——沟槽挖土深度；

L——沟槽计算长度。

【例6.3】 某基础平面布置图及剖面图如图6.12所示,施工方案确定混凝土垫层采用原槽浇筑(不支模板,不需要工作面),现场土质类别为三类土,采取人工挖土方式进行施工。试根据《重庆市房屋建筑与装饰工程计价定额》(CQJZZSDE—2018)的相关规定:①计算"三线一面";②计算平整场地工程量;③计算图中挖沟槽土方工程量。以上计算结果均保留小数点以后两位。

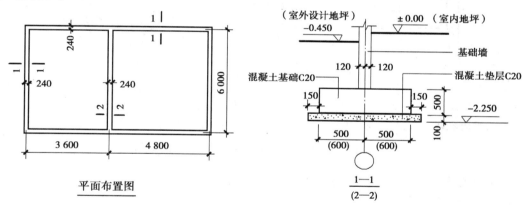

平面布置图

图6.12 某基础平面布置图及剖面图

(注:平面图中只画出上部基础墙投影)

【解】 挖土深度 $H = 2.25 - 0.45 = 1.8$ m,根据《重庆市房屋建筑与装饰工程计价定额》(CQJZZSDE—2018)确定放坡系数为0.3,混凝土基础工作面为每边400 mm。

①计算"三线一面"。

$S_底 = (3.6 + 4.8 + 0.24) \times (6 + 0.24) \approx 53.91 (m^2)$

$L_外 = (3.6 + 4.8 + 0.24 + 6 + 0.24) \times 2 = 29.76 (m)$

$L_中 = (3.6 + 4.8 + 6) \times 2 = 28.80 (m)$

$L_内 = 6 - 0.24 = 5.76 (m)$

②计算平整场地工程量。

$S_平 = S_底 = 53.91 (m^2)$

③计算挖沟槽土方工程量。

$$V_{1-1} = \left[(1 + 0.15 \times 2) \times 0.1 + (1 + 0.4 \times 2 + 0.3 \times 1.7) \times 1.7 \right] \times 28.8 \approx 116.84 (\text{m}^3)$$

$$V_{2-2} = \left[(1.2 + 0.15 \times 2) \times 0.1 \times (6 - 0.65 \times 2) \right] +$$
$$(1.2 + 0.4 \times 2 + 0.3 \times 1.7) \times 1.7 \times \left[6 - (0.5 + 0.4) \times 2 \right]$$
$$\approx 18.63 (\text{m}^3)$$

$$V_{\text{槽}} = V_{1-1} + V_{2-2} = 116.84 + 18.63 = 135.47 (\text{m}^3)$$

知识拓展

地坑土方量计算

①不放坡、不加工作面时的矩形坑,即长方体,其工程量计算公式为:

$$V = a \cdot b \cdot H$$

②不放坡、加工作面时的矩形坑,其工程量计算公式为:

$$V = (a + 2c) \cdot (b + 2c) \cdot H$$

③四边放坡时的地坑(坑底为矩形)如图6.13所示。

地坑体积 = 长方体体积 + 棱柱体体积 + 棱锥体体积

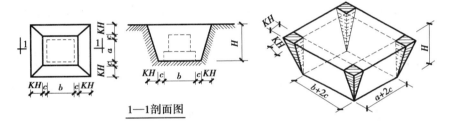

1—1剖面图

图6.13 地坑

当四边放坡系数相同时,上述公式可简化为下式进行计算:

$$V = (a + 2c + KH) \cdot (b + 2c + KH) \cdot H + \frac{1}{3} K^2 H^3$$

④周圈放坡(坑底为圆形)的地坑,其工程量计算公式为:

$$V = \frac{1}{3} \pi \cdot H \cdot (R_1^2 + R_2^2 + R_1 R_2)$$

式中　H——地坑深度;

　　　R_1, R_2——坑底、坑顶半径。

⑤坑底、坑顶为不规则图形时的地坑,可按下列公式进行计算:

$$V = \frac{1}{3} \cdot (S_{\text{底}} + S_{\text{顶}} + \sqrt{S_{\text{底}} S_{\text{顶}}}) \cdot H$$

式中　$S_{\text{底}}, S_{\text{顶}}$——坑底面积和坑顶面积。

【例6.4】 某独立基础如图6.14所示,数量12个,施工场地土壤类别为三类土,采取人工开挖方式进行施工,工作面选取按照从垫层边缘开始计算(取300 mm),如需放坡,放坡系数可取0.3,试根据《重庆市房屋建筑与装饰工程计价定额》(CQJZZSDE—2018)的相关规定,计算该独立基础的土方工程量。计算结果保留小数点后两位。

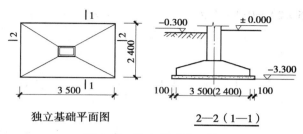

独立基础平面图　　　　2—2（1—1）

图 6.14　独立基础施工图

【解】　独立基础的土方工程量:$V = \big[(3.7 + 2 \times 0.3 + 0.3 \times 3) \times (2.6 + 2 \times 0.3 + 0.3 \times 3) \times$
$$3 + \frac{1}{3} \times 0.3^2 \times 3^3\big] \times 12 = 777.24 \, (\mathrm{m}^3)$$

2) 回填

①场地(含地下室顶板以上)回填:回填面积乘以平均回填厚度以"m^3"计算。

②室内地坪回填:主墙间面积(不扣除间隔墙,扣除连续底面积 2 m^2 以上的设备基础等面积)乘以回填厚度以"m^3"计算。

③沟槽、基坑回填:挖方体积减自然地坪以下埋设的基础体积(包括基础、垫层及其他构筑物)。

坑(槽)回填和室内(房心)回填如图 6.15 所示。

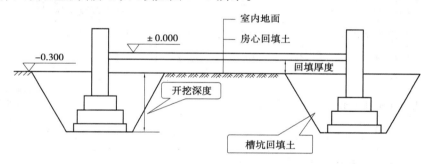

图 6.15　坑(槽)回填和室内(房心)回填示意图

管道沟槽回填,按挖方体积减去管道基础和表 6.12 管道折合回填体积计算。

表 6.12　管道折合回填体积表　　　　　　　　　　　　单位:m^3/m

管　道	公称直径(mm)					
	500	600	800	1 000	1 200	1 500
混凝土管及钢筋混凝土管道	—	0.33	0.60	0.92	1.15	1.45
其他材质管道	—	0.22	0.46	0.74	—	—

④场地原土碾压,按图示尺寸以"m^2"计算。

3) 土方运输

土方运输以天然密实体积计算。

余方工程量按下式计算:

余方运输体积 = 挖方体积 - 回填方体积(折合天然密实体积)

总体积为正,则为余土外运;总体积为负,则为取土内运。

6.2 地基处理及边坡支护工程

本节主要包括地基处理和边坡支护两大部分。地基处理和边坡支护工程包含的主要清单项目见表6.13。

表 6.13 地基处理和边坡支护工程包含的主要清单项目

项目名称		项目编码	项目名称		项目编码
地基处理	换填垫层	010201001	地基处理	柱锤冲扩桩	010201015
	铺设土工合成材料	010201002		注浆地基	010201016
	预压地基	010201003		褥垫层	010201017
	强夯地基	010201004	边坡支护	地下连续墙	010202001
	振冲密实(不填料)	010201005		咬合灌注桩	010202002
	振冲桩(填料)	010201006		圆木桩	010202003
	砂石桩	010201007		预制钢筋混凝土板桩	010202004
	水泥粉煤灰碎石桩	010201008		型钢桩	010202005
	深层搅拌桩	010201009		钢板桩	010202006
	粉喷桩	010201010		锚杆(锚索)	010202007
	夯实水泥土桩	010201011		土钉	010202008
	高压喷射注浆桩	010201012		喷射混凝土及水泥砂浆	010202009
	石灰桩	010201013		钢筋混凝土支撑	010202010
	灰土(土)挤密桩	010201014		钢支撑	010202011

· 6.2.1 基础知识准备 ·

1)地基处理

(1)换填垫层

当建筑物基础下的持力层比较软弱,不能满足上部结构荷载对地基的要求时,常采用换填垫层来处理软弱地基。即将基础下一定范围内的土层挖去,然后回填以强度较大的砂、砾石或灰土等,并分层夯实至设计要求的密实程度,作为地基的持力层。

（2）铺设土工合成材料

土工合成材料是土木工程应用的合成材料的总称。作为一种土木工程材料,它是以人工合成的聚合物(如塑料、化纤、合成橡胶等)为原料,制成各种类型的产品,置于土体内部、表面或各种土体之间,发挥加强或保护土体的作用。

（3）预压地基

在原状土上加载,使土中水排出,以实现土的预先固结,减少建筑物地基后期沉降和提高地基承载力。按加载方法的不同,分为堆载预压、真空预压、降水预压3种不同方法的预压地基。

（4）强夯地基

强夯地基是指用起重机械(起重机或起重机配三脚架、龙门架)将大吨位(一般为8~30 t)夯锤起吊到6~30 m高度后自由落下,给地基土以强大冲击能量的夯击,使土中出现冲击波和很大的冲击应力,迫使土层空隙压缩,土体局部液化,在夯击点周围产生裂隙,形成良好的排水通道,孔隙水和气体逸出,使土料重新排列,经时效压密达到固结,从而提高地基承载力,降低其压缩性的一种有效的地基加固方法。地基强夯施工如图6.16所示。

强夯地基是《重庆市房屋建筑与装饰工程计价定额》(CQJZZSDE—2018)中提到的地基处理的主要方法。

（a）地基强夯　　　　　　　　（b）强夯用夯锤

图6.16　地基强夯施工

（5）振冲密实（不填料）

振冲密实(不填料)一般仅适用于处理黏粒含量小于10%的粗砂和中砂地基,是利用振冲器强烈振动和压力水灌入到土层深处,使松砂地基加密,提高地基强度的一种加固技术。

（6）振冲桩（填料）

振冲桩是指在天然软弱地基中,通过振冲器借助其自重、水平振动力和高压水,将黏性土变成泥浆水排出孔外,形成略大于振冲器直径的孔,再向孔中灌入碎石料,并在振冲器的侧向力作用下,将碎石挤入周围土中,形成密实度高和直径大的桩体。

振冲桩与黏性土(作为桩间土)构成复合地基共同工作,其作用是改变地基排水条件,加速地震时超孔隙水压力的消散,有利于地基抗震和防止液化。

（7）振动沉管砂石桩

振动沉管砂石桩是振动沉管砂桩和振动沉管碎石桩的简称。振动沉管砂石桩是在振动机的振动作用下,把套管打入规定的设计深度,夯管入土后,挤密套管周围的土体,然后投入砂石,再排砂石于土中,振动密实成桩,多次循环后就成为砂石桩,也可采用锤击沉管的方法。

桩与桩间土形成复合地基,从而提高地基的承载力和防止砂土振动液化,也可用于增强软弱黏性土的整体稳定性。其处理深度可达 10 m 左右。

(8)水泥粉煤灰碎石桩

水泥粉煤灰碎石桩(CFG 桩)是由碎石、石屑、砂、粉煤灰掺水泥加水拌和,用各种成桩机械制成的可变强度桩。通过调整水泥掺量及配比,其强度等级在 C15 ~ C25 变化,是介于刚性桩与柔性桩之间的一种桩型。

水泥粉煤灰碎石桩和桩间土一起通过褥垫层形成水泥粉煤灰碎石桩复合地基共同工作,故可根据复合地基性状和计算进行工程设计。水泥粉煤灰碎石桩一般不用计算配筋,还可利用工业废料粉煤灰和石屑作掺合料,进一步降低了工程造价。

(9)深层搅拌桩

深层搅拌桩是利用水泥作为固化剂,通过特制的深层搅拌机械,在地基深处就地将软土或砂等和固化剂(浆液或粉体)强制拌和,利用固化剂和软土之间产生的一系列物理化学反应,使软土硬结成具有整体性的并具有一定承载力的复合地基。

深层搅拌桩适于加固各种成因的淤泥质土、黏土和粉质黏土等,用于增加软土地基的承载能力,减少沉降量,提高边坡的稳定性,起挡水帷幕的作用。

(10)粉喷桩

将水泥粉体与软土搅拌形成的柱状固结体称为粉喷桩。它是利用水泥、石灰等材料作为固化剂的主剂,通过特制的搅拌机械,将软状地基土和固化剂强制搅拌,利用固化剂和软土之间产生的一系列物理和化学反应,使土硬结成具有整体性、水文性和一定强度的优质地基,是一种通用的地基加固方法。

粉喷桩最适于加固各种成因的饱和软黏土,目前国内常用于加固淤泥、淤泥质土、粉土和含水量较高的黏性土。

(11)夯实水泥土桩

夯实水泥土桩是用人工或机械成孔,选用相对单一的土质材料与水泥按一定配比,在孔外充分拌和均匀制成水泥土,再分层向孔内回填并强力夯实所制成的均匀的水泥土桩。桩、桩间土和褥垫层一起形成复合地基。

夯实水泥土桩作为中等黏结强度桩,不仅适于地下水位以上淤泥质土、素填土、粉土、粉质黏土等地基加固,对地下水位以下,在进行降水处理后,采取夯实水泥土桩进行地基加固,也是一种行之有效的方法。

夯实水泥土桩通过两方面作用使地基强度提高:一是成桩夯实过程中挤密桩间土,使桩周土强度有一定程度提高;二是水泥土本身夯实成桩,且水泥与土混合后可产生离子交换等一系列物理化学反应,使桩体本身有较高强度,具有水硬性。处理后的复合地基的强度和抗变形能力有明显提高。

(12)高压喷射注浆桩

高压喷射注浆桩就是土体中的大部分土粒与高压设备喷射出的高压浆液混合、搅拌,在浆液凝固后,在土中形成的一个桩状固结体。它与桩间土一起构成复合地基,从而提高地基承载力,减少地基变形,达到地基加固的目的。

高压喷射注浆类型包括旋喷、摆喷、定喷。高压喷射注浆方法包括单管法、双重管法、三重管法。

(13)石灰桩

石灰桩是以生石灰为主要固化剂,与粉煤灰或火山灰、炉渣、矿渣、黏性土等掺合料按一定比例均匀混合后,在桩孔中经机械或人工分层振压或夯实所形成的密实桩体。为提高桩身强度,还可以掺加石膏、水泥等外加剂。

(14)灰土(土)挤密桩

灰土(土)挤密桩是在基础底面形成若干个桩孔,然后将灰土(土)填入并分层夯实而得到的密实桩体,用以提高地基的承载力或水稳性。

灰土挤密桩法和土挤密桩法适用于处理地下水位以上的湿陷性黄土、素填土和杂填土等地基,可处理的地基深度为 5~15 m。当以消除地基土的湿陷性为主要目的时,宜选用土挤密桩法。当以提高地基土的承载力或增强其水稳性为主要目的时,宜选用灰土挤密桩法。当地基土的含水量大于 24%、饱和度大于 65% 时,不宜选用灰土挤密桩法或土挤密桩法。

(15)柱锤冲扩桩

柱锤冲扩桩是指利用柱状重锤冲击成孔,然后分层填料并夯实形成的扩大状体,它与桩间土一起组成复合地基。

柱锤冲扩桩施工简便,振动及噪声小,适于处理杂填土、粉土、黏性土、素填土、黄土等地基,对地下水位以下饱和松软土层应通过现场试验确定其适用性。地基处理深度不宜超过 6 m,复合地基承载力特征值不宜超过 160 kPa。

(16)注浆地基

注浆地基是指将配置好的化学浆液或水泥浆液,通过压浆泵、灌浆管均匀注入各种介质的裂缝或孔隙中,以填充、渗进和挤密等方式,驱走裂缝、孔隙中的水分和气体,并填充其位置,硬化后将岩土胶结成一个整体,形成一个强度大、压缩性低、抗渗性高和稳定性良好的新的岩土体,从而改善地基的物理化学性质的施工工艺。

该工艺在地基处理中应用十分广泛,主要用于截水、堵漏和加固地基。

(17)褥垫层

褥垫层是 CFG 复合地基中解决地基不均匀的一种方法。如建筑物一边在岩石地基上,一边在黏土地基上时,采用在岩石地基上加褥垫层(级配砂石)来解决。

2)边坡支护

(1)地下连续墙

地下连续墙是基础工程在地面上采用一种挖槽机械,沿着深开挖工程的周边轴线,在泥浆护壁条件下,开挖出一条狭长的深槽,清槽后,在槽内吊放钢筋笼,然后用导管法灌筑水下混凝土筑成一个单元槽段,如此逐段进行,在地下筑成的一道连续的钢筋混凝土墙壁。它可作为截水、防渗、承重、挡水结构。

(2)钢板桩

钢板桩是一种边缘带有联动装置,且这种联动装置可以自由组合以便形成一种连续紧密的挡土或者挡水墙的钢结构体。

(3)锚杆(锚索)

锚杆作为深入地层的受拉构件,它一端与工程构筑物连接,另一端深入地层中。整根锚杆分为自由段和锚固段。自由段是将锚杆头处的拉力传至锚固体的区域,其功能是对锚杆施加预应力;锚固段是水泥浆体将预应力筋与土层黏结的区域,其功能是将锚固体与土层的黏结摩擦作用增大,增加锚固体的承压作用,将自由段的拉力传至土体深处。

吊桥中在边孔将主缆进行锚固时,要将主缆分为许多股钢束分别锚于锚锭内,这些钢束便被称为锚索。锚索是通过外端固定于坡面,另一端锚固在滑动面以内的稳定岩体中并穿过边坡滑动面的预应力钢绞线,直接在滑动面上产生抗滑阻力,增大抗滑摩擦阻力,使结构面处于压紧状态,以提高边坡岩体的整体性,从而从根本上改善岩体的力学性能,有效控制岩体的位移,促使其稳定,达到整治顺层、滑坡及危岩、危石的目的。

它是《重庆市房屋建筑与装饰工程计价定额》(CQJZZSDE—2018)提到的边坡支护的主要方法。

(4)喷射混凝土、水泥砂浆

喷射混凝土、水泥砂浆是用压力喷枪喷涂灌筑细石混凝土、水泥砂浆的施工方法。常用于灌筑隧道内衬、墙壁、天棚等薄壁结构或其他结构的衬里以及钢结构的保护层。

它是《重庆市房屋建筑与装饰工程计价定额》(CQJZZSDE—2018)提到的边坡支护的主要方法。

(5)钢支撑

一般情况下钢支撑是倾斜的连接构件,最常见的是人字形和交叉形状的,其截面形式可以是钢管、H 型钢、角钢等,其作用是增强结构的稳定性。

(6)土钉墙

土钉墙是由天然土体通过土钉就地加固并与喷射混凝土面板相结合,形成一个类似重力挡墙,以此来抵抗墙后的土压力,从而保持开挖面的稳定,这个土挡墙称为土钉墙。它是《重庆市房屋建筑与装饰工程计价定额》(CQJZZSDE—2018)提到的边坡支护的主要方法。土钉墙是通过钻孔、插筋、注浆来设置的,一般称为砂浆锚杆,也可以直接打入角钢、粗钢筋形成土钉。土钉主要包括:

①钻孔注浆土钉。先用钻机等机械设备在土体中钻孔,成孔后置入杆体(一般采用HRB400 带肋钢筋制作),然后沿全长注水泥浆。钻孔注浆钉几乎适用于各种土层,抗拔力较高、质量较可靠、造价较低,是最常用的土钉类型。

②直接打入土钉。在土体中直接打入钢管、角钢等型钢、钢筋、毛竹、圆木等,不再注浆。直接打入土钉的优点是不需要预先钻孔,对原位土的扰动较小,施工速度快,但是在坚硬黏性土中很难打入,不适于服务年限大于 2 年的永久性支护工程。

③打入注浆土钉。在钢管中部及尾部设置注浆孔成为钢花管,直接打入土中后压灌水泥浆形成土钉。钢花管注浆土钉具有直接打入土钉的优点且抗拔力较高,特别适于成孔困难的淤泥、淤泥质土等软弱土层,各种填土及砂土,应用较为广泛;缺点是造价比钻孔注浆土钉略高,防腐性能较差,不适于永久性工程。

土钉墙的做法与矿山加固坑道用的喷锚网加固岩体的做法类似,故也称为喷锚网加固边坡或喷锚网挡墙,《建筑基坑支护技术规程》(JGJ 120—2012)正式将其定名为土钉墙。土钉维护结构如图 6.17 所示。

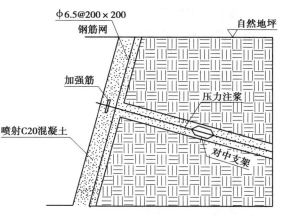

图6.17　土钉维护结构示意图

3）相关说明

（1）强夯地基

①强夯地基是指在天然地基上或在填土地基上进行作业。本定额子目不包括强夯前的试夯工作费用，如设计要求试夯，另行计算。

②地基强夯需要用外来土（石）填坑，另按相应定额子目执行。

③每一遍夯击次数指夯击机械在一个点位上不移位连续夯击的次数。

当要求夯击面积范围内的所有点位夯击完成后，即完成一遍夯击；如需要再次夯击，则应再次根据一遍的夯击次数套用相应子目。

④本节地基强夯项目按专用强夯机械编制，如采用其他非专用机械进行强夯，则应换为非专用机械，但机械消耗量不作调整。

⑤强夯工程量应区分不同夯击能量和夯点密度，按设计图示夯击范围及夯击遍数分别计算。

（2）锚杆（索）工程

①钻孔锚杆孔径是按照150 mm内编制的，孔径大于150 mm时执行市政定额相应子目。

②钻孔锚杆（索）的单位工程量小于500 m时，其相应定额子目人工、机械乘以系数1.1。

③钻孔锚杆（索）单孔深度大于20 m时，其相应定额子目人工、机械乘以系数1.2；深度大于30 m时，其相应定额子目人工、机械乘以系数1.3。

④钻孔锚杆（索）、喷射混凝土、水泥砂浆项目如需搭设脚手架，按单项脚手架相应定额子目乘以系数1.4。

⑤钻孔锚杆（索）土层与岩层孔壁出现裂隙、空洞等严重漏浆情况时，采取补救措施的费用按实计算。

⑥钻孔锚杆（索）的砂浆配合比与设计规定不同时，可以换算。

⑦预应力锚杆套用锚具安装定额子目时，应扣除导向帽、承压板、压板的消耗量。

⑧钻孔锚杆土层项目中未考虑土层塌孔采用水泥砂浆护壁的工料，发生时按实计算。

⑨土钉、砂浆土钉定额子目的钢筋直径按22 mm编制，如设计与定额用量不同时，允许调整钢筋耗量。

（3）挡土板

①支挡土板定额子目是按密撑和疏撑钢支撑综合编制的,实际间距及支撑材质不同时,不作调整。

②支挡土板定额子目是按槽、坑两侧同时支撑挡土板编制的,如一侧支挡土板时,按相应定额子目人工乘以系数1.33。

· 6.2.2　工程量计算 ·

1)地基处理

强夯地基:按设计图示处理范围以"m²"计算。

2)基坑与边坡支护

①土钉、砂浆锚钉按照设计图示钻孔深度以"m"计算。

②锚杆(索)工程:

a. 锚杆(索)钻孔根据设计要求,按实际钻孔土层和岩层深度以"延长米"计算。

b. 当设计图示中已明确锚固长度时,锚索按设计图示长度以"t"计算;若设计图示中未明确锚固长度,锚索按设计图示长度另加1 000 mm以"t"计算。

c. 非预应力锚杆根据设计要求,按实际锚固长度(包括至护坡内的长度)以"t"计算。当设计图示中已明确预应力锚杆的锚固长度时,预应力锚杆按设计图示长度以"t"计算;若设计图示中未明确预应力锚杆的锚固长度,预应力锚杆按设计图示长度另加600 mm以"t"计算。

d. 锚具安装按设计图示数量以"套"计算。

e. 锚孔注浆土层按设计图示孔径加20 mm充盈量,岩层按设计图示孔径以"m³"计算。

f. 修整边坡按经批准的施工组织设计中明确的垂直投影面积以"m²"计算。

g. 土钉按设计图示钻孔深度以"m"计算。

③喷射混凝土按设计图示面积以"m²"计算。

④挡土板按槽、坑垂直的支撑面积以"m²"计算。如一侧支挡土板时,按一侧的支撑面积计算工程量。支挡土板工程量和放坡工程量不得重复计算。

【例6.5】　边坡工程采用土钉支护,土钉成孔直径为90 mm,采用1根HRB400级、直径25 mm的钢筋作为杆体,成孔深度均为10.0 m。土钉支护面积为长×宽=16 m×6 m,土钉间距为2 m×2 m。请计算土钉工程量。

【解】　土钉长度:(16÷2)×(6÷2)×10=240(m)

【例6.6】　地下室挡墙采用锚杆支护(图6.18),锚杆成孔直径为90 mm,采用1根HRB400级、直径25 mm的钢筋作为杆体,成孔深度均为10.0 m。锚杆支护面积为长×宽=16 m×6 m,锚杆间距为800 mm×800 mm。请计算锚杆工程量。

【解】　锚杆根数:(16÷0.8)×(6÷0.8)=150(根)

锚杆长度:10×150=1 500(m)

【例6.7】　某边坡工程采用土钉墙支护(图6.19),根据岩土工程勘察报告,地层为带块石的碎石土,土钉成孔直径为90 mm,采用1根HRB400级、直径25 mm的钢筋作为杆体,成

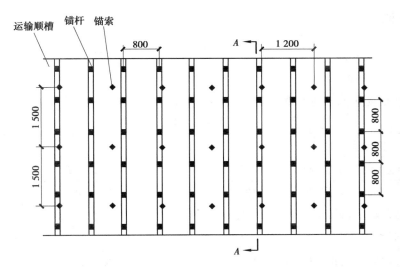

图 6.18　锚杆(锚索)支护

孔深度均为 10.0 m,土钉入射倾角为 15°,钢筋送入钻孔后,灌注 M30 水泥砂浆。混凝土面板采用 C20 喷射混凝土,厚度为 120 mm,挂直径为 8 mm 的钢筋网。试计算土钉和喷射混凝土工程量。

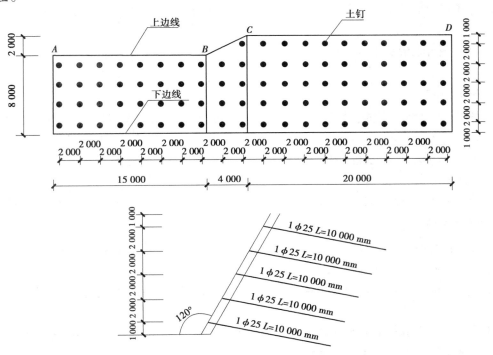

图 6.19　土钉墙支护

【解】　根据图 6.19 确定土钉根数为 91 根。

土钉工程量:$10 \times 91 = 910(m)$

C20 混凝土工程量:$20 \times 10 + 15 \times 8 + (8 + 10) \times 4 \times 0.5 = 356(m^2)$

6.3 桩基工程

桩基工程主要包括打桩和灌注桩两大部分。桩基工程包含的主要清单项目见表6.14。

表6.14 桩基工程包含的主要清单项目

项目名称		项目编码	项目名称		项目编码
打桩	预制钢筋混凝土方桩	010301001	灌注桩	干作业成孔灌注桩	010302003
	预制钢筋混凝土管桩	010301002		挖孔桩土（石）方	010302004
	钢管桩	010301003		人工挖孔灌注桩	010302005
	截（凿）桩头	010301004		钻孔压浆桩	010302006
灌注桩	泥浆护壁成孔灌注桩	010302001		灌注桩后压浆	010302007
	沉管灌注桩	010302002			

《重庆市房屋建筑与装饰工程计价定额》（CQJZZSDE—2018）根据地方实际情况,在灌注桩项目中调整增加了钻机钻孔桩(010302B01)和旋挖钻机钻孔(010302B02)项目。

·6.3.1 基础知识准备·

1)桩的分类

①按桩身材料分:木桩、砂石(灰)桩、CFG桩、混凝土桩、钢桩(钢管桩、型钢桩)、组合材料桩等。

②按施工方法分:预制桩、灌注桩(包括成孔、钢筋笼、浇筑混凝土等内容)。

③按成桩方法分:非挤土桩、部分挤土桩和挤土桩。

④按受力状况分:摩擦型桩(摩擦桩、端承摩擦桩)、端承型桩(端承桩、摩擦端承桩)。

2)相关说明

①机械钻孔时,若出现垮塌、流砂、二次成孔、排水、钢筋混凝土无法成孔等情况而采取的各项施工措施所发生的费用,按实计算。

②桩基础成孔定额子目中未包括泥浆池的工料、废泥浆处理及外运运输费用,发生时按实计算。

③灌注混凝土桩的混凝土充盈量已包括在定额子目内,若出现垮塌、漏浆等另行计算。

④桩基工程章节定额子目中未包括钻机进出场费用。

⑤人工挖孔桩石方定额子目已综合各种施工工艺(包括人工凿打、风镐、水钻),实际施工不同时不作调整。

⑥人工挖孔桩挖土石方定额子目未考虑边排水边施工的工效损失,如遇边排水边施工时,抽水机台班和排水用工按实签证,挖孔人工按相应挖孔桩土定额子目人工乘以系数

1.3,石方定额子目人工乘以系数1.2。

　　⑦人工挖孔桩挖土方如遇流砂、淤泥,应根据双方签证的实际数量,按相应深度土方定额子目乘以系数1.5。

　　⑧人工挖孔桩孔径(含护壁)是按1 m以上综合编制的,孔径≤1 m时,按相应定额子目人工乘以系数1.2。

　　⑨挖孔桩上层土方深度超过3 m时,其下层石方按表6.15增加工日。

表6.15　挖孔桩下层石方增加工日表(上层土方深度超过3 m时)　　单位:工日/m³

土方深度(m)	4	6	8	10	12	16	20	24	28
增加工日	0.67	0.99	1.32	1.76	2.21	2.98	3.86	4.74	5.62

　　⑩桩基工程章节钢筋笼、铁件制安按混凝土及钢筋混凝土工程章节中相应定额子目执行。

　　⑪灌注桩外露部分混凝土模板按混凝土及钢筋混凝土工程章节中相应柱模板定额子目乘以系数0.85。

　　⑫埋设钢护筒是指机械钻孔时若出现垮塌、流砂等情况而采取的施工措施,定额中钢护筒是按成品价格考虑,按摊销量计算;钢护筒无法拔出时,按实际埋入的钢护筒用量对定额用量进行调整,其余不变,如不是成品钢护筒,制作费另行计算。

　　⑬钢护筒定额子目中未包括拔出的费用,其拔出费用另计,按埋设钢护筒定额相应子目乘以系数0.4。

　　⑭机械钻孔灌注混凝土桩若同一钻孔内有土层和岩层时,应分别计算。

　　⑮旋挖钻机钻孔是按照干作业法编制的,若采用湿作业法钻孔,相应定额子目可以调整。

·6.3.2　工程量计算·

1)机械钻孔桩

　　①旋挖机械钻孔灌注桩土(石)方工程量按设计图示桩的截面积乘以桩孔中心线深度以"m³"计算。成孔深度为自然地面至桩底的深度。机械钻孔灌注桩土(石)方工程量按设计桩长以"m"计算。

　　②机械钻孔灌注混凝土桩(含旋挖桩)工程量按设计截面面积乘以桩长(长度加600 mm)以"m³"计算。

　　③钢护筒工程量按长度以"m"计算。钢护筒可拔出时,其混凝土工程量按钢护筒外直径计算;成孔无法拔出时,其钻孔孔径按照钢护筒外直径计算,混凝土工程量按设计桩径计算。

　　【例6.8】　如图6.20所示,设计钻孔灌注桩25根,桩径900 mm,采用旋挖机械钻孔,设计桩长28 m,入软质岩1.5 m,自然标高0.6 m,桩顶标高2.6 m,C20商品混凝土,土孔混凝土充盈系数为1.25,岩石孔混凝土充盈系数为1.1,每根桩钢筋用量为0.75 t。请根据《重庆市房屋建筑与装饰工程计价定额》(CQJZZSDE—2018)计算:①旋挖钻孔土石方及桩身混凝土工程量;②若设计桩径改为600 mm,钻机钻孔,则其机械钻孔灌注桩土石方工程量为多少?

【解】 ①旋挖钻孔时工程量计算。

$V_{钻土孔} = 3.14 \times 0.45^2 \times (28 + 2 - 1.5) \times 25 \approx 453.04(\text{m}^3)$

$V_{钻软质岩孔} = 3.14 \times 0.45^2 \times 1.5 \times 25 \approx 23.84(\text{m}^3)$

$V_{C20混凝土} = 3.14 \times 0.45^2 \times (28 + 0.6) \times 25 \approx 454.63(\text{m}^3)$

②钻机钻孔时工程量计算。

$L_{钻土孔} = (28 + 2 - 1.5) \times 25 = 712.5(\text{m})$

$L_{钻软质岩孔} = 1.5 \times 25 = 37.5(\text{m})$

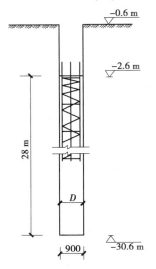

图 6.20　钻孔桩

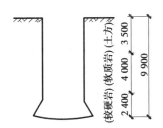

图 6.21　人工挖孔桩深度示意图

2)人工挖孔桩

①截(凿)桩头按设计桩的截面积(含护壁)乘以桩头长度以"m³"计算,截(凿)桩头的弃渣费另行计算。

②人工挖孔桩土石方工程量按设计桩的截面积(含护壁)乘以桩孔中心线深度以"m³"计算。

③人工挖孔桩,如在同一桩孔内,有土有石时,按其土层与岩石不同深度分别计算工程量,执行相应定额子目。人工挖孔桩深度示意图如图 6.21 所示。

a. 土方按 6 m 内挖孔桩定额执行。

b. 软质岩、较硬岩分别执行 10 m 内人工凿软质岩、较硬岩挖孔桩相应子目。

④人工挖孔灌注桩桩芯混凝土的工程量按单根设计桩长乘以设计断面以"m³"计算。

⑤护壁模板按照模板接触面以"m²"计算。

6.4　砌筑工程

本节内容主要包括砖砌体、砌块砌体、石砌体、垫层 4 个部分,各部分包含的主要清单项目见表6.16。

表6.16 砌筑工程包含的主要清单项目

项目名称		项目编码	项目名称		项目编码
砖砌体	砖基础	010401001	砌块砌体	砌块墙	010402001
	砖砌挖孔桩护壁	010401002		砌块柱	010402002
	实心砖墙	010401003	石砌体	石基础	010403001
	多孔砖墙	010401004		石勒脚	010403002
	空心砖墙	010401005		石墙	010403003
	空斗墙	010401006		石挡土墙	010403004
	空花墙	010401007		石柱	010403005
	填充墙	010401008		石栏杆	010403006
	实心砖柱	010401009		石护坡	010403007
	多孔砖柱	010401010		石台阶	010403008
	砖检查井	010401011		石坡道	010403009
	零星砌砖	010401012		石地沟、明沟	010403010
	砖散水及地坪	010401013	垫层	垫层	010404001
	砖地沟及明沟	010401014			

《重庆市房屋建筑与装饰工程计价定额》(CQJZZSDE—2018)根据地区实际情况增补了预制块砌体(0104B5)项目。

· 6.4.1 基础知识准备 ·

1)砌筑方法和砌筑形式

砖砌体的砌筑方法包括"三一"砌砖法、"二三八一"砌砖法、挤浆法、刮浆法和满口灰法。砖砌体的砌筑形式包括一顺一丁、三顺一丁、全顺式、全丁式、梅花丁等。

2)相关说明

(1)一般说明

①砌筑工程章节各种规格的标准砖、砌块和石料按常用规格编制,规格不同时不作调整。

②定额所列砌筑砂浆种类和强度等级,如设计与定额不同时,按砂浆配合比表进行换算。

③定额中各种砌体子目均未包含勾缝。

④定额中的墙体砌筑高度是按3.6 m编制的,如超过3.6 m时,其超过部分工程量的定额人工乘以系数1.3。

⑤定额中的墙体砌筑均按直形砌筑编制,如为弧形时,按相应定额子目人工乘以系数1.2,材料乘以系数1.03。

⑥砌体钢筋加固执行"砌体加筋"定额子目。钢筋制作、安装用工以及钢筋损耗已包括在定额子目内,不另计算。

⑦砌体加筋采用植筋方法的钢筋并入"砌体加筋"工程量。

⑧成品烟(气)道定额子目未包含风口、风帽、止回阀,发生时执行相应定额子目。

（2）砖砌体、砌块砌体

①各种砌筑墙体,不分内、外墙,框架间墙,均按不同墙体厚度执行相应定额子目。

②基础与墙(柱)身的划分:

a. 基础与墙(柱)身使用同一种材料时,以设计室内地面为界(有地下室者,以地下室室内设计地面为界),以下为基础,以上为墙(柱)身,如图 6.22(a)所示。

b. 基础与墙(柱)身使用不同材料时,位于设计室内地面高度 ≤ ±300 mm 时,以不同材料为分界线;高度 > ±300 mm 时,以设计室内地面为分界线,如图 6.22(b),(c)所示。

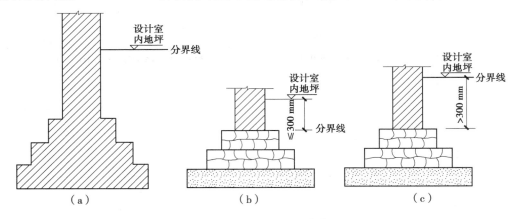

图 6.22　基础与墙(柱)身分界

c. 砖砌地沟不分墙基和墙身,按不同材质合并工程量套用相应定额。

d. 砖围墙以设计室外地坪为界,以下为基础,以上为墙身;当内外地坪标高不同时,以其较低标高为界,以下为基础,以上为墙身。

③页岩空心砖、页岩多孔砖、混凝土空心砌块、轻质空心砌块、加气混凝土砌块等墙体所需的配砖(除底部三匹砖和顶部斜砌砖外)已综合在定额子目内,实际用量不同时不得换算;其底部三匹砖和顶部斜砌砖,执行零星砌砖定额子目。

④砖围墙材料运距按 100 m 以内编制,超出 100 m 时,超出部分按实计算。

⑤围墙采用多孔砖等其他砌体材料砌筑时,按相应材质墙体子目执行,人工乘以系数 1.5,砌体材料乘以系数 1.07,砂浆乘以系数 0.95,其余不变。

⑥贴砌砖项目适用于地下室外墙保护墙部位的贴砌砖。框架外表面的镶贴砖部分执行零星砌体项目,砂浆用量及机械消耗量乘以系数 1.5,其余不变。

⑦实心砖柱采用多孔砖等其他砌体材料砌筑时,按相应材质墙体子目执行,矩形砖柱人工乘以系数 1.3,砌体材料乘以系数 1.05,砂浆乘以系数 0.95;异形砖柱人工乘以系数 1.6,砌体材料乘以系数 1.35,砂浆乘以系数 1.15。

⑧零星砌体子目适用于砖砌小便池槽、厕所蹲台、水槽腿、垃圾箱、梯带、阳台栏杆(栏板)、花台、花池、屋顶烟囱、污水斗、锅台、架空隔热板砖墩,以及石墙的门窗立边、钢筋砖过梁、砖平碹、砖胎模、宽度 <300 mm 的门垛、阳光窗或空调板上砌体或单个体积在 0.3 m³ 以内的砌体。

⑨砖砌台阶子目内不包括基础、垫层和填充部分的工料,需要时应分别计算工程量,执行相应子目。

⑩基础混凝土构件如设计或经施工方案审批同意采用砖模时,执行砖基础定额子目。如砖需重复利用,拆除及清理人工费另行计算。

（3）石砌体、预制块砌体

①石墙砌筑以双面露面为准,如一面露面者,执行石挡土墙、护坡相应子目。

②石基础、石勒脚、石墙的划分:基础与勒脚应以设计室外地坪为界,勒脚与墙身应以设计室内地面为界。石围墙内外地坪标高不同时,应以较低地坪标高为界,以下为基础;内外标高之差为挡土墙时,挡土墙以上为墙身。

③石踏步、梯带平台的隐蔽部分执行石基础相应子目。

（4）垫层

砌筑工程章节垫层子目适用于楼地面工程,如沟槽、基坑垫层执行本章相应子目时,人工乘以系数1.2,材料乘以系数1.05。

·6.4.2　工程量计算·

1）一般规则

标准砖砌体计算厚度按表6.17的规定计算。

表6.17　标准砖砌体厚度计算表　　　　　　　　　单位:mm

设计厚度	60	100	120	180	200	240	370
计算厚度	53	100	115	180	200	240	365

2）砖砌体、砌块砌体

①砖基础工程量按设计图示体积以"m³"计算。包括附墙垛基础宽出部分体积,扣除地梁（圈梁）、构造柱所占体积,不扣除基础大放脚T形接头处的重叠部分及嵌入基础内的钢筋、铁件、管道、基础砂浆防潮层和单个面积≤0.3 m²的孔洞所占体积,靠墙暖气沟的挑檐不增加。

砖基础及大放脚T形接头处如图6.23所示。

基础长度:外墙按外墙中心线计算,内墙按内墙净长线计算。

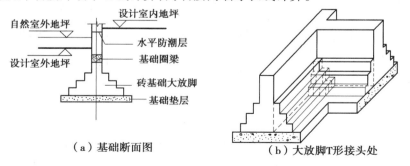

（a）基础断面图　　　　　（b）大放脚T形接头处

图6.23　砖基础及大放脚T形接头处

②实心砖墙、多孔砖墙、空心砖墙、砌块墙按设计图示体积以"m³"计算。扣除门窗,洞口,嵌入墙内的钢筋混凝土柱、梁、板、圈梁、挑梁、过梁及凹进墙内的壁龛、管槽、暖气槽、消火

栓箱所占体积,不扣除梁头、板头、檩头、垫木、木楞头、沿椽木、木砖、门窗走头、砖墙内加固钢筋、木筋、铁件、钢管及单个面积 ≤ 0.3 m² 的孔洞所占体积。凸出墙面的腰线、挑檐、压顶、窗台线、虎头砖、门窗套的体积亦不增加。凸出墙面的砖垛并入墙体体积内计算。

知识拓展

(1)墙长度

外墙长度按外墙中心线计算,内墙长度按内墙净长线计算。

① 内墙与外墙丁字相交时[图6.24(a)],计算内墙长度时算至外墙的里边线。

② 内墙与内墙L形相交时[图6.24(b)],两面内墙的长度均算至中心线。

③ 内墙与内墙十字相交时[图6.24(c)],按较厚墙体的内墙长度计算,较薄墙体的内墙长度算至较厚墙体的外边线处。

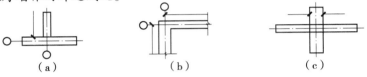

（a） （b） （c）

图6.24 内墙与内、外墙相交

(2)墙高度

① 外墙:按设计图示尺寸计算,斜(坡)屋面无檐口天棚者算至屋面板底,如图6.25(a)所示;有屋架且室内外均有天棚者算至屋架下弦底另加200 mm,如图6.25(b)所示;无天棚者算至屋架下弦底另加300 mm,出檐宽度超过600 mm 时按实砌高度计算,如图6.25(c)所示;有钢筋混凝土楼板隔层者算至板顶,如图6.26(a)所示;平屋顶算至钢筋混凝土板底,如图6.26(b)所示;有框架梁时算至梁底,如图6.26(c)所示。

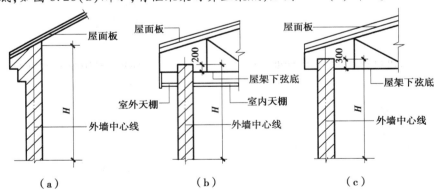

（a） （b） （c）

图6.25 外墙计算高度图示1

② 内墙:位于屋架下弦者,算至屋架下弦底,如图6.27(a)所示;无屋架者算至天棚底另加100 mm,如图6.27(b)所示;有钢筋混凝土楼板隔层者算至楼板顶;有框架梁时算至梁底。

③ 女儿墙:从屋面板上表面算至女儿墙顶面,如图6.28(a)所示;如有混凝土压顶时,

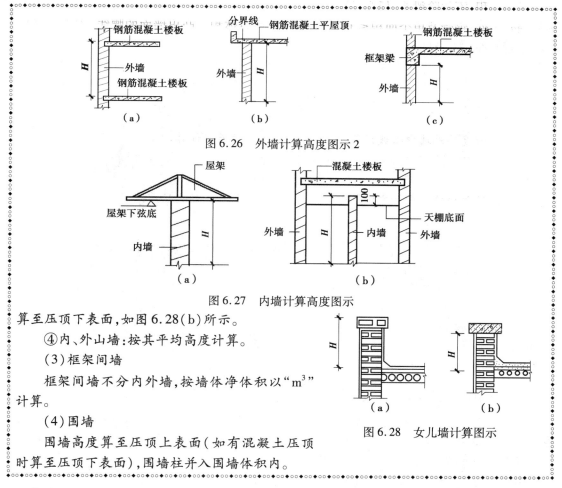

图 6.26　外墙计算高度图示 2

图 6.27　内墙计算高度图示

算至压顶下表面,如图 6.28(b)所示。

④内、外山墙:按其平均高度计算。

（3）框架间墙

框架间墙不分内外墙,按墙体净体积以"m³"计算。

（4）围墙

围墙高度算至压顶上表面（如有混凝土压顶时算至压顶下表面）,围墙柱并入围墙体积内。

图 6.28　女儿墙计算图示

③砖砌挖孔桩护壁及砖砌井圈按图示体积以"m³"计算。

④空花墙按设计图示尺寸以空花部分外形体积以"m³"计算,不扣除空花部分体积。

⑤砖柱按设计图示体积以"m³"计算,扣除混凝土及钢筋棍凝土梁垫,扣除伸入柱内的梁头、板头所占体积。

⑥砖砌检查井、化粪池、零星砌体、砖地沟、砖烟（风）道按设计图示体积以"m³"计算,不扣除单个面积≤0.3 m² 的孔洞所占体积。

⑦砖砌台阶（不包含梯带）按设计图示尺寸水平投影面积以"m²"计算。

⑧成品烟（气）道按设计图示尺寸以"延长米"计算,风口、风帽、止回阀按"个"计算。

⑨砌体加筋按设计图示钢筋长度乘以单位理论质量以"t"计算。

⑩墙面勾缝按墙面垂直投影面积以"m²"计算,应扣除墙裙的抹灰面积,不扣除门窗洞口面积,抹灰腰线、门窗套所占面积,但附墙垛和门窗洞口侧壁的勾缝面积亦不增加。

3）石砌体、预制块砌体

①石基础、石墙的工程量计算规则参照砖砌体、砌块砌体相应规定执行。

②石勒脚按设计图示体积以"m³"计算,扣除单个面积>0.3 m² 的孔洞所占面积;石挡

墙、石柱、石护坡、石台阶按设计图示体积以"m³"计算。石勒脚、石挡墙如图6.29所示,石台阶如图6.30(a)所示。

③石栏杆按设计图示体积以"m³"计算,如图6.30(b)所示。

（a）石勒脚　　　　　　　　　　（b）石挡墙

图6.29　石勒脚、石挡墙

（a）石台阶　　　　　　　　　　（b）石栏杆

图6.30　石台阶、石栏杆

④石坡道按设计图示尺寸水平投影面积以"m²"计算。

⑤石踏步、石梯带按设计图示长度以"m"计算,石平台按设计图示面积以"m²"计算,踏步、梯带平台的隐蔽部分按设计图示体积以"m³"计算,执行砌筑工程章节基础相应子目。

⑥石检查井按设计图示体积以"m³"计算。

⑦砂石滤沟、滤层按设计图示体积以"m³"计算。

⑧条石镶面按设计图示体积以"m³"计算。

⑨石表面加工倒水扁光按设计图示长度以"m"计算;扁光、钉麻面或打钻路、整石扁光按设计图示面积以"m²"计算。

⑩勾缝、挡墙沉降缝按设计图示面积以"m²"计算。

⑪泄水孔按设计图示长度以"m"计算。

⑫预制块砌体按设计图示体积以"m³"计算。

4)垫层

垫层按设计图示体积以"m³"计算,其中原土夯入碎石按设计图示面积以"m²"计算。

【综合案例】　已知某建筑物平面图和剖面图如图6.31所示,采用标准砖(240 mm×115 mm×530 mm)砌筑,水泥砂浆M5.0,三层层高均为3.0 m,内外墙厚均为240 mm。外墙有女儿墙,高900 mm,厚240 mm。现浇钢筋混凝土楼板、屋面板厚度均为120 mm。门窗洞口尺寸:M1为1 400 mm×2 700 mm,M2为1 200 mm×2 700 mm,C1为1 500 mm×1 800 mm,二、三层M1换成C1,门窗上设置圈梁(240 mm×180 mm)兼过梁。请计算墙体工程量。图中所有定位线均位于墙体中心线上。

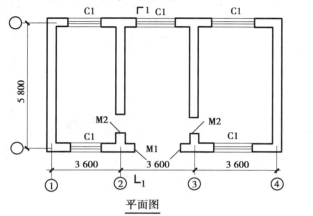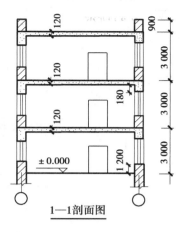

图 6.31　某建筑物平面图、剖面图

【解】　$L_{中} = (3.6 \times 3 + 5.8) \times 2 = 33.2(\text{m})$

$L_{内} = (5.8 - 0.24) \times 2 = 11.12(\text{m})$

240 mm 砖外墙工程量:

$$\{[3 - (0.12 + 0.18)] \times 33.2 \times 3 - 1.4 \times 2.7 - 1.5 \times 1.8 \times 17\} \times 0.24 \approx 52.62(\text{m}^3)$$

240 mm 砖内墙工程量:

$$[(3 - 0.12) \times 11.12 \times 3 - 1.2 \times 2.7 \times 6] \times 0.24 \approx 18.39(\text{m}^3)$$

240 mm 砖砌女儿墙工程量:

$$33.2 \times 0.9 \times 0.24 \approx 7.17(\text{m}^3)$$

砖墙工程量: $52.62 + 18.39 + 7.17 = 78.18(\text{m}^3)$

6.5　混凝土及钢筋混凝土工程

本节内容主要包括现浇混凝土构件(现浇混凝土基础、现浇混凝土柱、现浇混凝土梁、现浇混凝土墙、现浇混凝土板、现浇混凝土楼梯、现浇混凝土其他构件),预制混凝土构件(预制混凝土柱、预制混凝土梁、预制混凝土屋架、预制混凝土板、预制混凝土楼梯、其他预制构件),钢筋工程、螺栓、铁件,混凝土模板及支架(撑)。每部分具体包含的主要清单项目详见表6.18至表6.21。

表 6.18　现浇混凝土构件包含的主要清单项目

项目名称		项目编码	项目名称		项目编码
现浇混凝土基础	垫层	010501001	现浇混凝土柱	矩形柱	010502001
	带形基础	010501002		构造柱	010502002
	独立基础	010501003		异形柱	010502003
	满堂基础	010501004	现浇混凝土梁	基础梁	010503001
	桩承台基础	010501005		矩形梁	010503002
	设备基础	010501006		异形梁	010503003

续表

项目名称		项目编码	项目名称		项目编码
现浇混凝土梁	圈梁	010503004	现浇混凝土板	雨篷(悬挑板、阳台板)	010505008
	过梁	010503005		空心板	010505009
	弧形梁、拱形梁	010503006		其他板	010505010
现浇混凝土墙	直形墙	010504001	现浇混凝土楼梯	直形楼梯	010506001
	弧形墙	010504002		弧形楼梯	010506002
	短肢剪力墙	010504003	现浇混凝土其他构件	散水、坡道	010507001
	挡土墙	010504004		室外地坪	010507002
现浇混凝土板	有梁板	010505001		电缆沟、地沟	010507003
	无梁板	010505002		台阶	010507004
	平板	010505003		扶手、压顶	010507005
	拱板	010505004		化粪池、检查井	010507006
	薄壳板	010505005		其他构件	010507007
	栏板	010505006		后浇带	010508001
	天沟(檐沟、挑檐板)	010505007			

表 6.19　预制混凝土构件包含的主要清单项目

项目名称	项目编码		项目名称	项目编码	
预制混凝土柱	矩形柱	010509001	预制混凝土板	平板	010512001
	异形柱	010509002		空心板	010512002
预制混凝土梁	矩形梁	010510001		槽型板	010512003
	异形梁	010510002		网架板	010512004
	过梁	010510003		折线板	010512005
	拱形梁	010510004		带肋板	010512006
	鱼腹式吊车梁	010510005		大型板	010512007
	其他梁	010510006		沟盖板、井盖板、井圈	010512008
预制混凝土屋架	折线型	010511001	预制混凝土楼梯	楼梯	010513001
	组合	010511002	其他预制构件	垃圾道、通风道、烟道	010514001
	薄腹	010511003		其他构件	010514002
	门式刚架	010511004			
	天窗架	010511005			

表6.20　钢筋工程、螺栓、铁件包含的主要清单项目

项目名称		项目编码	项目名称		项目编码
钢筋工程	现浇构件钢筋	010515001	钢筋工程	预应力钢绞线	010515008
	预制构件钢筋	010515002		支撑钢筋(铁马)	010515009
	钢筋网片	010515003		声测管	010515010
	钢筋笼	010515004	螺栓、铁件	螺栓	010516001
	先张法预应力钢筋	010515005		预埋铁件	010516002
	后张法预应力钢筋	010515006		机械连接	010516003
	预应力钢丝	010515007			

表6.21　混凝土模板及支架(撑)包含的主要清单项目

项目名称	项目编码	项目名称	项目编码
基础	011702001	拱板	011702017
矩形柱	011702002	薄壳板	011702018
构造柱	011702003	空心板	011702019
异形柱	011702004	其他板	011702020
基础梁	011702005	栏板	011702021
矩形梁	011702006	天沟、檐沟	011702022
异形梁	011702007	雨篷、悬挑板、阳台板	011702023
圈梁	011702008	楼梯	011702024
过梁	011702009	其他现浇构件	011702025
弧形、拱形梁	011702010	电缆沟、地沟	011702026
直形墙	011702011	台阶	011702027
弧形墙	011702012	扶手	011702028
短肢剪力墙、电梯井壁	011702013	散水	011702029
有梁板	011702014	后浇带	011702030
无梁板	011702015	化粪池	011702031
平板	011702016	检查井	011702032

• 6.5.1　基础知识准备（相关说明）•

1)混凝土

①现浇混凝土分为自拌混凝土和商品混凝土。自拌混凝土子目包括筛砂子、冲洗石子、后台运输、搅拌、前台运输、清理、润湿模板、浇筑、捣固、养护。商品混凝土子目只包括清理、

润湿模板、浇筑、捣固、养护。

②预制混凝土子目包括预制厂(场)内构件转运、堆码等工作内容。

③预制混凝土构件适用于加工厂预制和施工现场预制。预制混凝土按自拌混凝土编制,采用商品混凝土时,按相应定额执行并作以下调整:

a. 人工按相应子目乘以系数 0.44,并扣除子目中的机械费;

b. 取消子目中自拌混凝土及其消耗量,增加商品混凝土消耗量 10.15 m^3。

④混凝土及钢筋混凝土工程章节块(片)石混凝土的块(片)石用量是按 15% 的掺入量编制的,设计掺入量不同时,混凝土及块(片)石用量允许调整,但人工、机械不作调整。

⑤自拌混凝土按常用强度等级考虑,强度等级不同时可以换算。

⑥按规定需要进行降温及温度控制的大体积混凝土,降温及温度控制费用根据批准的施工组织设计(方案)按实计算。

2)模板

①模板按不同构件分别以复合模板、木模板、定型钢模板、长线台钢拉模以及砖地模、混凝土地模编制,实际使用模板材料不同时,不作调整。

②长线台混凝土地模子目适用于大型建设项目。在施工现场需设立的预制构件长线台混凝土地模,计算长线台混凝土地模子目后,应扣除预制构件子目中的混凝土地模摊销费。

3)钢筋

①现浇钢筋、箍筋、钢筋网片、钢筋笼子目适用于高强钢筋(高强钢筋指抗拉屈服强度达到 400 MPa 级及 400 MPa 以上的钢筋)、成型钢筋以外的现浇钢筋。高强钢筋、成型钢筋按《重庆市绿色建筑工程计价定额》(CQLSJZDE—2018)相应子目执行。

②钢筋子目是按绑扎、电焊(除电渣压力焊和机械连接外)综合编制的,实际施工不同时,不作调整。

③钢筋的施工损耗和钢筋除锈用工已包括在定额子目内,不另计算。

④预应力预制构件中的非预应力钢筋执行预制构件钢筋相应子目。

⑤现浇构件中固定钢筋位置的支撑钢筋、双(多)层钢筋用的铁马(垫铁),按现浇钢筋子目执行。

⑥机械连接综合了直螺纹和锥螺纹连接方式,均执行机械连接定额子目。该部分钢筋不再计算搭接损耗。

⑦非预应力钢筋不包括冷加工,如设计要求冷加工时,另行计算。$\phi 10$ 以内冷轧带肋钢筋需专业调直时,调直费用按实计算。

⑧预应力钢筋如设计要求人工时效处理时,每吨预应力钢筋按 200 元计算人工时效费,进入按实费用中。

⑨后张法钢丝束(钢绞线)子目是按 $20\phi_5^j$ 编制的,如钢丝束(钢绞线)组成根数不同时,乘以表 6.22 的系数进行调整。

⑩弧形钢筋按相应定额子目人工乘以系数 1.20。

⑪植筋定额子目不含植筋用钢筋,其钢筋按现浇钢筋子目执行。

表 6.22 钢丝束（钢绞线）调整系数表

子目	12 Φ_5^s	14 Φ_5^s	16 Φ_5^s	18 Φ_5^s	20 Φ_5^s	22 Φ_5^s	24 Φ_5^s
人工系数	1.37	1.14	1.10	1.02	1.00	0.97	0.92
材料系数	1.66	1.42	1.25	1.11	1.00	0.91	0.83
机械系数	1.10	1.07	1.04	1.02	1.00	0.99	0.98

注：碳素钢丝不乘以系数。

⑫钢筋接头因设计规定采用电渣压力焊、机械连接时，接头按相应定额子目执行；采用了电渣压力焊、机械连接接头的现浇钢筋，在执行现浇钢筋制作安装定额子目时，同时应扣除人工 2.82 工日、钢筋 0.02 t、电焊条 5 kg、其他材料费 3.00 元进行调整，电渣压力焊、机械连接的损耗已考虑在定额子目内，不得另计。

⑬预埋铁件运输执行金属构件章节中的零星构件运输定额子目。

⑭坡度 >15° 的斜梁、斜板的钢筋制作安装，按现浇钢筋定额子目执行，人工乘以系数 1.25。

⑮在钢骨混凝土构件中，钢骨柱、钢骨梁分别按金属构件章节中的实腹柱、吊车梁定额子目执行；钢筋制作安装按混凝土及钢筋混凝土工程章节现浇钢筋定额子目执行，其中人工乘以系数 1.2，机械乘以系数 1.15。

⑯现浇构件冷拔钢丝按 $\phi10$ 内钢筋制作安装定额子目执行。

⑰后张法钢丝束、钢绞线等定额子目中，锚具实际用量与定额消耗量不同时，按实调整。

4）现浇构件

①基础混凝土厚度在 300 mm 以内的，执行基础垫层定额子目；厚度在 300 mm 以上的，按相应的基础定额子目执行。

②现浇（弧形）基础梁适用于无底模的（弧形）基础梁，有底模时执行现浇（弧形）梁相应定额子目。

③混凝土基础与墙或柱的划分，均按基础扩大顶面为界。

④混凝土杯形基础杯颈部分的高度大于其长边的 3 倍者，按高杯基础定额子目执行。

⑤有肋带形基础，肋高与肋宽之比在 5∶1 以内时，肋和带形基础合并执行带形基础定额子目；在 5∶1 以上时，其肋部分按混凝土墙相应定额子目执行。

⑥现浇混凝土薄壁柱适用于框架结构体系中存在的薄壁结构柱。

单肢：肢长小于或者等于肢宽 4 倍的按薄壁柱执行；肢长大于肢宽 4 倍的按墙执行。

多肢：肢总长小于或者等于 2.5 m 的按薄壁柱执行；肢总长大于 2.5 m 的按墙执行。

肢长按柱和墙配筋的混凝土总长确定。

⑦定额中的有梁板是指梁（包括主梁、次梁，圈梁除外）、板构成整体的板；无梁板是指不带梁（圈梁除外），直接用柱支撑的板；平板是指无梁（圈梁除外），直接由墙支撑的板。

⑧异形梁子目适用于梁横断面为 T 形、L 形、十字形的梁。

⑨有梁板中的弧形梁按弧形梁定额子目执行。

⑩现浇钢筋混凝土柱、墙子目，均综合了每层底部灌注水泥砂浆的消耗量。水泥砂浆按

湿拌商品砂浆进行编制,实际采用现拌砂浆、干混商品砂浆时,按以下原则进行调整:

a.采用干混商品砂浆时,按砂浆消耗量增加人工 0.2 工日/m³、增加水 0.5 t/m³、增加干混砂浆罐式搅拌机 0.1 台班/m³;同时,将湿拌商品砂浆按 1.7 t/m³ 换算为干混商品砌筑砂浆用量。

b.采用现拌砂浆时,按砂浆消耗量增加人工 0.582 工日/m³、增加 200 L 灰浆搅拌机台班 0.167 台班/m³;同时,将湿拌商品砂浆换算为现拌砂浆。

⑪斜梁(板)子目适用于 15° < 坡度 ≤30° 的现浇构件。30° < 坡度 ≤45° 的,在斜梁(板)相应定额子目基础上人工乘以系数 1.05;45° < 坡度 ≤60° 的,在斜梁(板)相应定额子目基础上人工乘以系数 1.1。

⑫压型钢板上浇捣混凝土板,执行平板定额子目,人工乘以系数 1.10。

⑬弧形楼梯是指一个自然层旋转弧度小于 180° 的楼梯;螺旋楼梯是指一个自然层旋转弧度大于 180° 的楼梯。

⑭与主体结构不同时浇筑的卫生间、厨房墙体根部现浇混凝土带,高度 200 mm 以内执行零星构件定额子目,其余执行圈梁定额子目。

⑮空心砖内灌注混凝土,按实际灌注混凝土体积计算,执行零星构件定额子目,人工乘以系数 1.3。

⑯现浇零星定额子目适用于小型池槽、压顶、垫块、扶手、门框、阳台立柱、栏杆、栏板、挡水线、挑出梁柱、墙外宽度小于 500 mm 的线(角)、板(包含空调板、阳光窗、雨篷),以及单个体积不超过 0.02 m³ 的现浇构件等。

⑰挑出梁柱、墙外宽度大于 500 mm 的线(角)、板(包含空调板、阳光窗、雨篷),执行悬挑板定额子目。

⑱混凝土结构施工中,三面挑出墙(柱)外的阳台板(含边梁、挑梁),执行悬挑板定额子目。

⑲悬挑板的厚度是按 100 mm 编制的,厚度不同时,按折算厚度同比例进行调整。

⑳现浇挑檐、天沟与板(包括屋面板、楼板)连接时,以外墙外边线为分界线;与梁(包括圈梁等)连接时,以梁外边线为分界线。外墙外边线以外或梁外边线以外为挑檐、天沟。

㉑现浇有梁板中梁的混凝土强度与现浇板不一致(图 6.32),应分别计算梁、板工程量。现浇梁工程量乘以系数 1.06,现浇板工程量应扣除现浇梁所增加的工程量,执行相应有梁板定额子目。

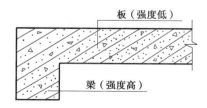

图 6.32　梁、板混凝土区分示意图

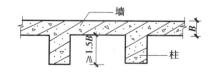

图 6.33　墙、柱混凝土区分示意图

㉒凸出混凝土墙的中间柱,凸出部分如大于或等于墙厚的 1.5 倍者(图 6.33),其凸出部分执行现浇柱定额子目。

㉓柱（墙）和梁（板）强度等级不一致时,有设计的按设计计算,无设计的按柱（墙）边300 mm距离加45°角计算,用于分隔两种混凝土强度等级的钢丝网另行计算,如图6.34所示。

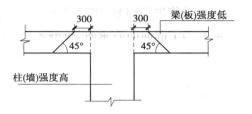

图6.34　柱（墙）、梁（板）混凝土区分示意图

㉔混凝土及钢筋混凝土工程章节弧形及螺旋形楼梯定额子目按折算厚度160 mm编制,直形楼梯定额子目按折算厚度200 mm编制。设计折算厚度不同时,执行相应增减定额子目。

㉕因设计或已批准的施工组织设计（方案）要求添加外加剂时,自拌混凝土外加剂根据设计用量或施工组织设计（方案）另加1%损耗,水泥用量根据外加剂性能要求进行相应调整;商品混凝土按外加剂增加费用叠加计算。

㉖后浇带混凝土浇筑按相应定额子目执行,人工乘以系数1.2。

㉗薄壳板模板不分筒式、球形、双曲形等,均执行同一定额子目。

㉘现浇混凝土构件采用清水模板时,其模板按相应定额子目人工及模板消耗量(不含支撑钢管及扣件)乘以系数1.15。

㉙现浇混凝土构件模板按批准的施工组织设计（方案）采用对拉螺栓（片）不能取出者,按每100 m² 模板增加对拉螺栓（片）消耗量35 kg,并入模板消耗量内。模板采用止水专用螺杆,应根据批准的施工组织设计（方案）按实计算。

㉚现浇混凝土后浇带,根据批准的施工组织设计必须进行二次支模的,后浇带模板及支撑执行相应现浇混凝土模板定额子目,人工乘以系数1.2,模板乘以系数1.5。

㉛现浇混凝土柱、梁、板、墙的支模高度（地面至板顶或板面至上层板顶之间的高度）按3.6 m内综合考虑。支模高度在3.6 m以上、8 m以下时,执行超高相应定额子目;支模高度大于8 m时,按满堂钢管支撑架子目执行,但应按系数0.7扣除相应模板子目中的支撑消耗量。

㉜定额植筋子目深度按10d（d为植筋钢筋直径）编制,设计要求植筋深度不同时同比例进行调整;植筋胶泥价格按国产胶进行编制,实际采用进口胶时价格按实调整。

㉝混凝土挡墙墙帽与墙同时浇筑时,工程量合并计算,执行相应的挡墙定额子目。

㉞现浇混凝土挡墙定额子目适用于重力式挡墙（含仰斜式挡墙）、衡重式挡墙类型。

㉟桩板混凝土挡墙定额子目按以下原则执行:

a.当桩板混凝土挡墙的桩全部埋于地下或部分埋于地下时,埋于地下部分的桩按桩基工程相应定额子目执行;外露于地面部分的桩、板按薄壁混凝土挡墙定额子目执行。

b.当桩板混凝土挡墙的桩全部外露于地面时,桩、板按薄壁混凝土挡墙定额子目执行。

㊱重力式挡墙（含仰斜式挡墙）、衡重式挡墙、悬臂式及扶壁式挡墙以外的其他类型混凝土挡墙,墙体厚度在300 mm以内时,执行薄壁混凝土挡墙定额子目。

㊲现浇弧形混凝土挡墙的模板按混凝土挡墙模板定额子目执行,人工乘以系数1.2,模板乘以系数1.15,其余不变。

㊳混凝土挡墙、块（片）石混凝土挡墙、薄壁混凝土挡墙单面支模时,其混凝土工程量按设计断面厚度增加50 mm计算。

㊴地下室上下同厚,同时又兼负混凝土墙作用的挡墙,按直形墙相应定额子目执行。

㊵室外钢筋混凝土挡墙高度超过 3.6 m 时,其垂直运输费按批准的施工组织设计按实计算。无方案时,钢筋定额子目人工乘以系数 1.1,混凝土按 10 m^3 增加 60 元(泵送混凝土除外)计入按实计算费用中,模板按本定额相关规定执行。

㊶弧形带形基础模板执行相应带形基础定额子目,人工乘以系数1.2,模板乘以系数 1.15,其余不变。

㊷采用逆作法施工的现浇构件按相应定额子目人工乘以系数 1.2 执行。

㊸商品混凝土采用柴油泵送、臂架泵送、车载泵送增加的费用按实计算。

㊹散水、台阶、防滑坡道的垫层执行楼地面垫层子目,人工乘以系数 1.2。

5)预制构件

①零星构件定额子目适用于小型地槽、扶手、压顶、漏空花格、垫块和单件体积在 0.05 m^3 以内未列出子目的构件。

②预制板的现浇板带执行现浇零星构件定额子目。

6)预制构件运输和安装

①本分部按构件的类型和外形尺寸划分为 3 类(见表 6.23),分别计算相应的运输费用。

表 6.23 预制构件分类表

构件分类	构件名称
Ⅰ类	天窗架、挡风架、侧板、端壁板、天窗上下档及单件体积在 0.1 m^3 以内小构件 预制水磨石窗台板、隔断板、池槽、楼梯踏步、花格等
Ⅱ类	空心板、实心板、屋面板、梁、吊车梁、楼梯段、槽板、薄腹梁等
Ⅲ类	6 m 以上至 14 m 梁、板、柱,各类屋架、桁架、托架等

②零星构件安装子目适用于单件体积小于 0.1 m^3的构件安装。

③空心板堵孔的人工、材料已包括在接头灌缝子目内。如不堵孔时,应扣除子目中堵孔材料(预制混凝土块)和堵孔人工每 10 m^3 空心板 2.2 工日。

④大于 14 m 的构件运输、安装费用,根据设计和施工组织设计按实计算。

·6.5.2 工程量计算·

1)钢筋

①钢筋、铁件工程量按设计图示钢筋长度乘以单位理论质量以“t”计算。

a.长度:按设计图示长度(钢筋中轴线长度)计算。钢筋搭接长度按设计图示及规范进行计算。

b.接头:钢筋的搭接(接头)数量按设计图示及规范计算,设计图示及规范未标明的,以构件的单根钢筋确定。水平钢筋直径 ϕ10 以内按每 12 m 长计算一个搭接(接头);ϕ10 以上按每 9 m 长计算一个搭接(接头)。竖向钢筋搭接(接头)按自然层计算,当自然层层高大于 9 m

时,除按自然层计算外,应增加每 9 m 或 12 m 长计算的接头量。

c.箍筋:箍筋长度(含平直段 10d)按箍筋中轴线周长加 23.8d 计算,设计平直段长度不同时允许调整。

d.设计图未明确钢筋根数,以间距布置钢筋根数时,按向上取整加 1 的原则计算。

②机械连接(含直螺纹和锥螺纹)、电渣压力焊接头按数量以"个"计算,该部分钢筋不再计算其搭接用量。

③植筋连接按数量以"个"计算。

④预制构件的吊钩并入相应钢筋工程量。

⑤现浇构件中固定钢筋位置的支撑钢筋、双(多)层钢筋用的铁马(垫铁),设计或规范有规定的,按设计或规范计算;设计或规范无规定的,按批准的施工组织设计(方案)计算。

⑥先张法预应力钢筋按构件外形尺寸长度计算。后张法预应力钢筋按设计图规定的预应力钢筋预留孔道长度,并区别不同的锚具类型,分别按下列规定计算:

a.低合金钢筋两端采用螺杆锚具时,预应力钢筋长度按预留孔道长度减 350 mm 计算,螺杆另行计算。

b.低合金钢筋一端采用镦头插片,另一端采用螺杆锚具时,预应力钢筋长度按预留孔道长度计算,螺杆另行计算。

c.低合金钢筋一端采用镦头插片,另一端采用帮条锚具时,预应力钢筋长度增加 150 mm 计算;两端均采用帮条锚具时,预应力钢筋长度共增加 300 mm 计算。

d.低合金钢筋采用后张混凝土自锚时,预应力钢筋长度增加 350 mm 计算。

e.低合金钢筋或钢绞线采用 JM,XM,QM 型锚具和碳素钢丝采用锥形锚具时,孔道长度在 20 m 以内时,预应力钢筋长度增加 1 000 mm 计算;孔道长度在 20m 以上时,预应力钢筋长度增加 1 800 mm 计算。

f.碳素钢丝采用镦粗头时,预应力钢丝长度增加 350 mm 计算。

⑦声测管长度按设计桩长另加 900 mm 计算。

知 识拓展

钢筋计算

钢筋计算涉及较多结构方面的知识,尤其是钢筋平法方面的相关知识,大部分学校将钢筋平法施工图识读和钢筋计算单独开设了课程,因此这里只介绍与钢筋计算相关的基本知识。

钢筋可按下列公式计算其理论质量:

$$m = m_0 \cdot l$$

式中　m_0——每米长钢筋的理论质量,可通过查表(见表 6.24)或公式计算得到。

　　　　l——钢筋的计算长度。

每米长钢筋的理论质量计算公式为:

$$m_0 = 0.006\ 165d^2$$

式中　d——钢筋直径,mm。

表 6.24　钢筋的每米理论质量

直径	光圆钢筋		带肋钢筋	
	截面(mm²)	质量(kg/m)	截面(mm²)	质量(kg/m)
6	28.27	0.222	28.27	0.222
8	50.27	0.395	50.27	0.395
10	78.54	0.617	78.54	0.617
12	113.1	0.888	113.1	0.888
14	153.9	1.21	153.9	1.21
16	201.1	1.58	201.1	1.58
18	254.5	2.00	254.5	2.00
20	314.2	2.47	314.2	2.47
22	380.1	2.98	380.1	2.98
25			490.9	3.85
28			615.8	4.83
32			804.2	6.31
36			1 018	7.99
40			1 257	9.87
50			1 964	15.42

注:本表按 GB/T 1499.1—2017 和 GB/T 1499.2—2018 整理而成。

计算钢筋长度时需要考虑以下问题:

(1)钢筋的量度方法

钢筋的量度方法通常有两种,即量取外皮(外包)尺寸或内皮(内包)尺寸。在工程施工中,一般为量取方便,通常选用外皮尺寸。如果钢筋产生弯曲,则量取的弯曲段的外皮尺寸较钢筋平直时稍大,因此为正确计量钢筋,一般应选择钢筋中心线长度进行计算。

(2)保护层厚度

一般钢筋计算是以构件尺寸作为计量基础,而钢筋外侧有一定厚度的混凝土保护层,计算时应在构件尺寸基础上减去保护层厚度。保护层厚度一般由图纸(或施工方案)确定,设计无规定时,可根据 16G101—1 第 56 页的相关规定选取。

(3)纵向受拉钢筋锚固长度(l_a)和抗震锚固长度(l_{aE})

纵向受拉钢筋锚固长度 l_a 和抗震锚固长度 l_{aE} 详见 16G101—1 第 58 页。

(4)钢筋接头形式

钢筋接头一般有绑扎、焊接、机械连接 3 种形式。

绑扎接头和焊接接头(钢筋电弧焊)应计算钢筋搭接时的增加长度,而电渣压力焊和钢筋机械连接时直接计算接头个数。

钢筋电弧焊接头若采用搭接接头或帮条接头的方式(适用于焊接直径 10~40 mm 的 HPB300 级、HRB400 级钢筋),其双面焊缝长度为钢筋直径的 4 倍(HRB400 级钢筋为 5 倍),单面焊缝长度为钢筋直径的 8 倍(HRB400 级钢筋为 10 倍)。

(5)钢筋端部弯钩增加值

当在钢筋端部做弯钩时,弯钩形式有半圆弯钩、直弯钩及斜弯钩 3 种,如图 6.35 所示。半圆弯钩是最常用的一种弯钩。直弯钩只用在柱钢筋的下部、箍筋和附加钢筋中。斜弯钩只用在直径较小的钢筋中。常用的弯钩长度见表 6.25。

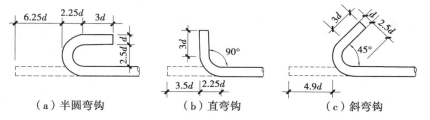

(a)半圆弯钩　　　　　(b)直弯钩　　　　　(c)斜弯钩

图 6.35　钢筋弯钩计算简图

表 6.25　常用的弯钩长度

弯折角度		90°	135°	180°
弯钩增加长度	HPB300 级钢筋	$3.5d$	$4.9d$	$6.25d$
	HRB400,RRB400 级钢筋	$X+1.2d$	$X+3.6d$	—

注:表按弯弧内径 $2.5d$、平直段长度(X)$3d$ 计算得出。

钢筋弯钩和弯折的有关规定如下:

①光圆钢筋末端应做 180° 弯钩,其弯弧内直径不应小于钢筋直径的 2.5 倍,弯钩的弯后平直部分长度不应小于钢筋直径的 3 倍;

②当设计要求钢筋末端需作 135° 弯钩时,HRB400 级钢筋的弯弧内直径 D 不应小于钢筋直径的 4 倍,弯钩的弯后平直部分长度应符合设计要求;

③除焊接封闭环式箍筋外,箍筋的末端应作弯钩。

箍筋弯钩的弯折角度:对一般结构,不应小于 90°;对有抗震等要求的结构,应为 135°。

箍筋弯后的平直部分长度:对一般结构,不宜小于箍筋直径的 5 倍;对有抗震等要求的结构,不应小于箍筋直径的 10 倍和 75 mm 两者之中的较大值。

(6)弯起钢筋斜长

弯起钢筋斜长计算简图如图 6.36 所示。弯起钢筋斜长系数见表 6.26。

表 6.26　弯起钢筋斜长系数表

弯起角度	$\alpha=30°$	$\alpha=45°$	$\alpha=60°$
斜边长度 s	$2h_0$	$1.41h_0$	$1.15h_0$
底边长度 l	$1.732h_0$	h_0	$0.575h_0$
增加长度 $s-l$	$0.268h_0$	$0.41h_0$	$0.575h_0$

注:h_0 为弯起高度。

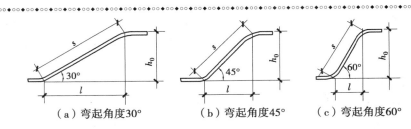

（a）弯起角度30°　　　（b）弯起角度45°　　　（c）弯起角度60°

图 6.36　弯起钢筋斜长计算简图

（7）箍筋弯钩增加值

有抗震要求的箍筋弯钩增加值一般按照 $11.9d$（单个135°弯钩）进行计算。

2）现浇构件混凝土

混凝土的工程量按设计图示体积以"m^3"计算（楼梯、雨篷、悬挑板、散水、防滑坡道除外）。不扣除构件内钢筋、螺栓、预埋铁件及单个面积 $0.3 \ m^2$ 以内的孔洞所占体积。

（1）基础

①无梁式满堂基础[图 6.37（b）]，其倒转的柱头（帽）并入基础计算；肋形满堂基础[图6.37（c）]的梁、板合并计算。

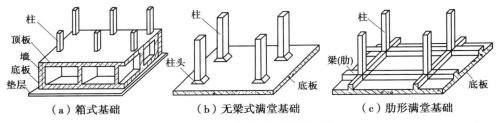

（a）箱式基础　　　　（b）无梁式满堂基础　　　（c）肋形满堂基础

图 6.37　箱式、满堂基础示意图

②有肋带形基础，其肋高与肋宽之比在 5∶1 以上时，肋与带形基础应分别计算。带形基础如图 6.38 所示。

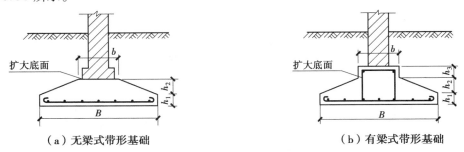

（a）无梁式带形基础　　　　　　　（b）有梁式带形基础

图 6.38　带形基础示意图

③箱式基础[图 6.37（a）]应按满堂基础（底板）、柱、墙、梁、板（顶板）分别计算。

④框架式设备基础应按基础、柱、梁、板分别计算。

⑤计算混凝土承台工程量时，不扣除伸入承台基础的桩头所占体积。承台如图 6.39 所示。

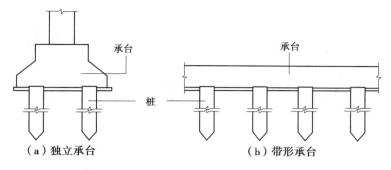

图 6.39　承台

【例 6.9】 计算如图 6.40 所示带形基础的混凝土工程量,图中定位轴线居中布置。

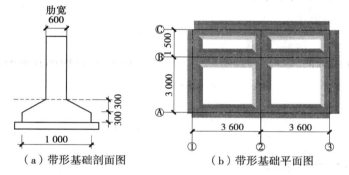

（a）带形基础剖面图　　　（b）带形基础平面图

图 6.40　带形基础

分析:带形基础混凝土体积可按以下公式计算:

$$V = S \cdot L + V_{\mathrm{T}} \cdot n$$

式中　V——带形基础混凝土体积,m^3;

　　　S——带形基础断面面积,m^2;

　　　L——基础长度(外墙基础长度按外墙带形基础中心线长度计算,内墙基础长度按内墙带形基础净长线长度计算),如图 6.41(a)所示;

　　　V_{T}——T 形接头的搭接部分体积(带形基础断面为 T 形时有),如图 6.41(b)所示;

　　　n——T 形接头的数量。

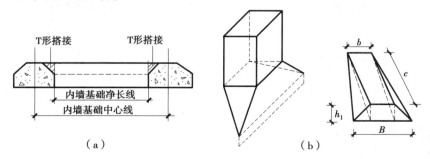

图 6.41　带形基础体积计算

每个 T 形接头的搭接体积可按下列公式计算:

$$V_{\text{T}} = \frac{2B + b}{6} \cdot h_1 \cdot c$$

【解】 $L_{\text{外墙中心线}} = (3.6 \times 2 + 3 + 1.5) \times 2 = 23.4(\text{m})$

$L_{\text{内墙基础净长线}} = 3.6 \times 2 + 3 + 1.5 - 0.5 \times 6 = 8.7(\text{m})$

$V_{\text{T}} = (2 \times 0.6 + 1) \times 0.3 \times (0.5 - 0.3) \div 6 = 0.022(\text{m}^3)$

$V = [(0.6 + 1) \times 0.3 \div 2 + 1 \times 0.3] \times (23.4 + 8.7) + 0.022 \times 6 \approx 17.47(\text{m}^3)$

（2）柱

①柱高：

a.有梁板的柱高应以柱基上表面(或梁板上表面)至上一层楼板上表面之间的高度计算。

b.无梁板的柱高应以柱基上表面(或楼板上表面)至柱帽下表面之间的高度计算。

有梁板、无梁板的柱高如图6.42所示。

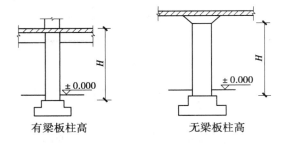

图6.42 有梁板、无梁板柱高示意图

c.有楼隔层的柱高应以柱基上表面至梁上表面之间的高度计算,如图6.43所示。

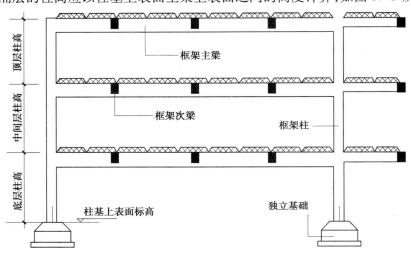

图6.43 框架柱柱高示意图

d.无楼隔层的柱高应以柱基上表面至柱顶之间的高度计算。

②附属于柱的牛腿并入柱身体积内计算。

③构造柱(抗震柱)应包括马牙槎的体积在内以"m^3"计算。

构造柱体积可按照构造柱断面积(含马牙槎面积)乘以柱高计算,计算公式如下：

$$V_{\text{构造柱}} = (S_{\text{构造柱}} + S_{\text{马牙槎}}) \bullet H_{\text{构造柱}}$$

马牙槎根据构造柱在墙体中的位置,大致形成以下4种情况:一字形、十字形、L形、T形。马牙槎面积计算如图6.44所示。

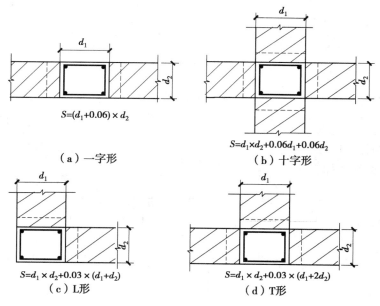

$S=(d_1+0.06)\times d_2$

（a）一字形

$S=d_1\times d_2+0.06d_1+0.06d_2$

（b）十字形

$S=d_1\times d_2+0.03\times(d_1+d_2)$

（c）L形

$S=d_1\times d_2+0.03\times(d_1+2d_2)$

（d）T形

图6.44　构造柱马牙槎面积计算示意图

（3）梁

①梁与柱(墙)连接时,梁长算至柱(墙)侧面,如图6.45(a)所示。

②次梁与主梁连接时,次梁长算至主梁侧面,如图6.45(b)所示。

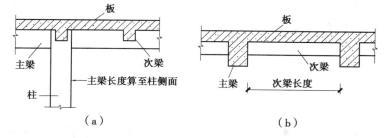

（a）

（b）

图6.45　梁长示意图

③伸入砌体墙内的梁头、梁垫体积并入梁体积内计算。

④梁的高度算至梁顶,不扣除板的厚度。

⑤预应力梁按设计图示体积(扣除空心部分)以"m^3"计算。

（4）板

①有梁板(包括主、次梁与板)按梁、板体积合并计算,如图6.46(a)所示。

②无梁板按板和柱头(帽)的体积之和计算,如图6.46(b)所示。

③各类板伸入砌体墙内的板头并入板体积内计算。

④复合空心板应扣除空心楼板筒芯、箱体等所占体积。

⑤薄壳板的肋、基梁并入薄壳体积内计算。

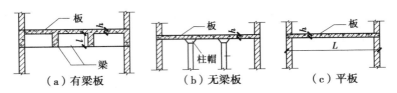

图 6.46　各类现浇板

（5）墙

①与混凝土墙同厚的暗柱（梁）并入混凝土墙体积内计算。

②墙垛与突出部分小于墙厚的 1.5 倍（不含 1.5 倍）者并入墙体工程量内计算。

（6）其他

①整体楼梯（包括休息平台、平台梁、斜梁及楼梯的连接梁）按水平投影面积以"m²"计算,不扣除宽度小于 500 mm 的楼梯井,伸入墙内部分亦不增加。当整体楼梯与现浇楼层板无梯梁连接且无楼梯间时,以楼梯的最后一个踏步边缘加 300 mm 为界。

楼梯如图 6.47 所示。

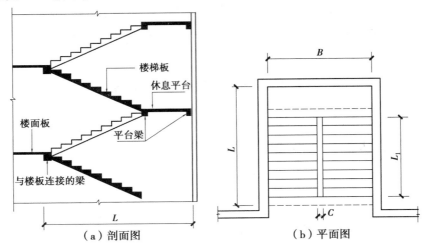

图 6.47　楼梯示意图

【例 6.10】　计算如图 6.48 所示现浇混凝土整体楼梯工程量。图中定位线位于墙体中心线处,整体楼梯与现浇楼层板无梯梁连接且无楼梯间。

【解】　现浇混凝土整体楼梯工程量:$(3.72 - 0.12 + 0.3) \times (3.24 - 0.24) - 0.5 \times 2.4 = 10.5(\text{m}^2)$

②弧形及螺旋形楼梯（包括休息平台、平台梁、斜梁及楼梯的连接梁）按水平投影面积以"m²"计算。

③台阶混凝土按实体体积以"m³"计算,台阶与平台连接时,应算至最上层踏步外沿加 300 mm。

④栏板、栏杆工程量以"m³"计算,伸入砌体墙内部分合并计算。

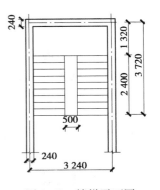

图 6.48　楼梯平面图

⑤雨篷(悬挑板)按水平投影面积以"m²"计算。挑梁、边梁的工程量并入折算体积内。挑檐(檐沟)与梁(屋面板)的分界如图6.49所示。

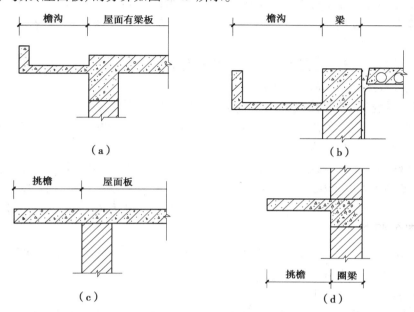

（a）　　　　　（b）

（c）　　　　　（d）

图6.49　挑檐(檐沟)与梁(屋面板)分界

【例6.11】　计算如图6.50所示雨篷混凝土工程量(雨篷梁与结构框架梁重合)。

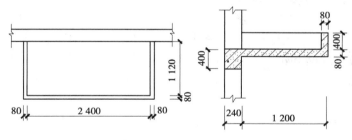

图6.50　雨篷

【解】　雨篷混凝土面积:$1.2 \times (2.4 + 0.08 \times 2) + 0.4 \times [(1.12 + 0.04) \times 2 + (2.4 + 0.04 \times 2)] \approx 4.99 (m^2)$

⑥钢骨混凝土构件应按实扣除型钢骨架所占体积计算。

⑦原槽(坑)浇筑混凝土垫层、满堂(筏板)基础、桩承台基础、基础梁时,混凝土工程量按设计周边(长、宽)尺寸每边增加20 mm计算;原槽(坑)浇筑混凝土带形、独立、杯形、高杯(长颈)基础时,混凝土工程量按设计周边(长、宽)尺寸每边增加50 mm计算。

⑧楼地面垫层按设计图示体积以"m³"计算,应扣除凸出地面的构筑物、设备基础、室外铁道、地沟等所占的体积,但不扣除柱、垛、间壁墙、附墙烟囱及面积<0.3 m²孔洞所占的面积,而门洞、空圈、暖气包槽、壁龛的开口部分面积亦不增加。

⑨散水、防滑坡道按设计图示水平投影面积以"m²"计算。

3）现浇混凝土构件模板

现浇混凝土构件模板工程量的分界规则与现浇混凝土构件工程量的分界规则一致，其工程量的计算除混凝土及钢筋混凝土工程章节另有规定者外，均按模板与混凝土的接触面积以"m^2"计算。

①独立基础高度从垫层上表面计算至柱基上表面。

②地下室底板按无梁式满堂基础模板计算。

③设备基础地脚螺栓套孔模板分不同长度按数量以"个"计算。

④构造柱均应按图示外露部分计算模板面积，构造柱与墙接触面不计算模板面积。带马牙槎构造柱的宽度按设计宽度每边另加 150 mm 计算。

⑤现浇钢筋混凝土墙、板上单孔面积 ≤ 0.3 m^2 的孔洞不予扣除，洞侧壁模板亦不增加；单孔面积 > 0.3 m^2 时，应予扣除，洞侧壁模板面积并入墙、板模板工程量内计算。

⑥柱与梁、柱与墙、梁与梁等连接重叠部分，以及伸入墙内的梁头、板头与砖接触部分，均不计算模板面积。

⑦现浇混凝土悬挑板、雨篷、阳台，按图示外挑部分的水平投影面积以"m^2"计算。挑出墙外的悬臂梁及板边不另计算。

⑧现浇混凝土楼梯（包括休息平台、平台梁、斜梁和楼层板的连接梁），按水平投影面积以"m^2"计算，不扣除宽度小于 500 mm 楼梯井所占面积，楼梯的踏步、踏步板、平台梁等侧面模板不另行计算，伸入墙内部分亦不增加。当整体楼梯与现浇楼板无梯梁连接且无楼梯间时，以楼梯的最后一个踏步边缘加 300 mm 为界。

⑨混凝土台阶不包括梯带，按设计图示台阶的水平投影面积以"m^2"计算，台阶端头两侧不另计算模板面积。架空式混凝土台阶按现浇楼梯计算。

⑩空心楼板筒芯安装和箱体安装按设计图示体积以"m^3"计算。

⑪后浇带的宽度按设计或经批准的施工组织设计（方案）规定宽度每边另加 150 mm 计算。

⑫零星构件按设计图示体积以"m^3"计算。

4）预制构件混凝土

预制构件混凝土的工程量按设计图示体积以"m^3"计算，不扣除构件内钢筋、螺栓、预埋铁件及单个面积小于 0.3m^2 的孔洞所占体积。

预制构件混凝土体积可由图示尺寸计算得到，如为标准预制构件，亦可通过标准构造图集快速查出。

①空心板、空心楼梯段应扣除空洞体积以"m^3"计算。

【例 6.12】 计算如图 6.51 所示空心板体积。

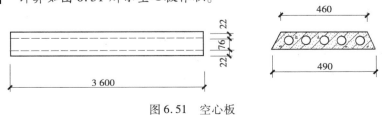

图 6.51　空心板

【解】　空心板体积：$[(0.46+0.49)\times0.12\div2-3.14\times0.038^2\times5]\times3.6\approx0.123\,4$（$m^3$）

②混凝土和钢杆件组合的构件，混凝土按实体体积以"m^3"计算，钢构件按金属工程章节中相应子目计算。

③预制镂空花格按折算体积以"m^3"计算，每$10\,m^2$镂空花格折算为$0.5\,m^3$混凝土。

④通风道、烟道按设计图示体积以"m^3"计算，不扣除构件内钢筋、螺栓、预埋铁件及单个面积小于等于$300\,mm\times300\,mm$的孔洞所占体积，扣除通风道、烟道的孔洞所占体积。

5）预制混凝土构件模板

①预制混凝土模板，除地模按模板与混凝土的接触面积计算外，其余构件均按图示混凝土构件体积以"m^3"计算。

②空心构件工程量按实体体积计算，后张预应力构件不扣除灌浆孔道所占体积。

6）预制构件运输和安装

①预制混凝土构件制作、运输及安装损耗率，按下列规定计算后并入构件工程量内：制作废品率为0.2%，运输堆放损耗率为0.8%，安装损耗率为0.5%。其中，预制混凝土屋架、桁架、托架及长度在$9\,m$以上的梁、板、柱不计算损耗率。

【例6.13】　某工程使用预应力空心板为楼板，其中：YKB3306-4，共675块，0.139 m^3/块；YKB3006-4，共588块，0.126 m^3/块；YKB3005-4，共420块，0.104 m^3/块。预制构件损耗率如下：制作废品率为0.2%，运输堆放损耗率为0.8%，安装损耗率为0.5%。请计算预应力空心板的各项工程量。

【解】　各类板的体积：$675\times0.139+588\times0.126+420\times0.104=211.593$（$m^3$）

制作工程量：$211.593\times1.015\approx214.767$（$m^3$）

运输工程量：$211.593\times1.013\approx214.343$（$m^3$）

安装及接头灌浆工程量：$211.593\times1.005\approx212.651$（$m^3$）

②预制混凝土工字形柱、矩形柱、空腹柱、双肢柱、空心柱、管道支架，均按柱安装计算。

③组合屋架安装以混凝土部分实体体积分别计算安装工程量。

④定额中就位预制构件起吊运输距离，按机械起吊中心回转半径$15\,m$以内考虑，超出$15\,m$时，按实计算。

⑤构件采用特种机械吊装时，增加费按以下规定计算：

a.定额中预制构件安装机械是按现有的施工机械进行综合考虑的，除定额允许调整者外不得变动。

b.经批准的施工组织设计必须采用特种机械吊装构件时，除按规定编制预算外，采用特种机械吊装的混凝土构件综合按$10\,m^3$另增加特种机械使用费0.34台班，列入定额基价。

c.凡因施工平衡使用特种机械和已计算超高人工、机械降效费的工程，不再计算特种机械使用费。

6.6　金属结构工程

本节主要内容包括钢网架、钢屋架、钢托架、钢桁架、钢架桥、钢柱、钢梁、钢板楼板、墙板、钢构件、金属制品等。各部分包含的主要清单项目见表6.27。

表6.27　金属结构工程包含的主要清单项目

项目名称		项目编码	项目名称		项目编码
钢网架	钢网架	010601001	钢构件	钢墙架	010606005
钢屋架、钢托架、钢桁架、钢架桥	钢屋架	010602001		钢平台	010606006
	钢托架	010602002		钢走道	010606007
	钢桁架	010602003		钢梯	010606008
	钢架桥	010602004		钢护栏	010606009
钢柱	实腹钢柱	010603001		钢漏斗	010606010
	空腹钢柱	010603002		钢板天沟	010606011
	钢管柱	010603003		钢支架	010606012
钢梁	钢梁	010604001		零星钢构件	010606013
	钢吊车梁	010604002	金属制品	成品空调金属百叶护栏	010607001
钢板楼板、墙板	钢板楼板	010605001		成品栅栏	010607002
	钢板墙板	010605002		成品雨篷	010607003
钢构件	钢支撑、钢拉条	010606001		金属网栏	010607004
	钢檩条	010606002		砌块墙钢丝网加固	010607005
	钢天窗架	010606003		后浇带金属网	010607006
	钢挡风架	010606004			

《重庆市房屋建筑与装饰工程计价定额》(CQJZZSDE—2018)按照钢构件制作、安装,钢构件运输两大部分进行内容编排。

·6.6.1　基础知识准备(相关说明)·

1)金属结构制作、安装

①金属结构工程章节钢构件制作定额子目适用于现场和加工厂制作的构件,构件制作定额子目已包括加工厂预装配所需的人工、材料、机械台班用量及预拼装平台摊销费用。

②构件制作包括分段制作和整体预装配的人工、材料及机械台班用量,整体预装配用的螺栓已包括在定额子目内。

③金属结构工程章节除注明外,均包括现场内(工厂内)的材料运输、下料、加工、组装及成品堆放等全部工序。

④构件制作定额子目中钢材的损耗量已包括切割和制作损耗,对于设计有特殊要求的,消耗量可进行调整。

⑤构件制作定额子目中钢材按钢号 Q235 编制,构件制作设计使用的钢材强度等级、型材组成比例与定额不同时,可按设计图纸进行调整,用量不变。

⑥钢筋混凝土组合屋架的钢拉杆执行屋架钢支撑子目。

⑦自加工钢构件适用于由钢板切割加工而成的钢构件。

⑧钢制动梁、钢制动板、钢车档套用钢吊车梁相应子目。

⑨加工铁件(自制门闩、门轴等)及其他零星钢构件(单个构件质量在 25 kg 以内)执行零星钢构件子目。

⑩金属结构工程章节钢栏杆仅适用于工业厂房平台、操作台、钢楼梯、钢走道板等与金属结构相连的栏杆,民用建筑钢栏杆执行本定额楼地面装饰工程章节中相应子目。

⑪钢结构安装定额子目中所列的铁件,实际施工用量与定额不同时,不允许调整。

⑫实腹钢柱(梁)是指 H 形、箱形、T 形、L 形、十字形等,空腹钢柱是指格构形等。

⑬钢柱安在混凝土柱上时,执行钢柱安装相应子目,其中人工费、机械费乘以系数 1.2,其余不变。

⑭轻钢屋架是指单榀质量在 1 t 以内,且用角钢或圆钢、管材作为支撑、拉杆的钢屋架。

⑮钢支撑包括柱间支撑、屋面支撑、系杆、拉条、撑杆、隅撑等;钢天窗架包括钢天窗架、钢通风气楼、钢风机架。其中,钢天窗架及钢通风气楼上 C 型、Z 型钢套用钢檩条子目,一次性成型的成品通风架另行计算。

⑯混凝土柱上的钢牛腿制作及安装执行零星钢构件定额子目。

⑰地沟、电缆沟钢盖板执行零星钢构件相应定额子目,算式钢平台和钢盖板均执行钢平台相应定额子目。

⑱构件制作定额子目中自加工焊接 H 型等钢构件均按钢板加工焊接编制,如实际采用成品 H 型钢的,人工、机械及除钢材外的其他材料乘以系数 0.6,成品 H 型钢按成品价格进行调差。

⑲钢桁架制作、安装定额子目按直线形编制,如设计为曲线、折线形时,其制作定额子目人工、机械乘以系数 1.3,安装定额子目人工、机械乘以系数 1.2。

⑳成品钢网架安装是按平面网格结构钢网架进行编制的,如设计为筒壳、球壳及其他曲面结构,其安装定额子目人工、机械乘以系数 1.2。

㉑钢网架安装子目是按分体吊装编制的,若使用整体安装时,可另行补充。

㉒整座网架质量 <120 t,其相应定额子目人工、机械消耗量乘以系数 1.2。

㉓现场制作网架时,其安装按成品安装相应网架子目执行,扣除其定额中的成品网架材料费,其余不变。

㉔不锈钢螺栓球网架制作执行焊接不锈钢网架制作定额子目,其安装执行螺栓空心球网架安装定额子目,取消其定额中的油漆及稀释剂,同时安装人工减少 0.2 工日。

㉕定额中圆(方)钢管构件按成品钢管编制,如实际采用钢板加工而成的,主材价格调整,

加工费用另计。

㉖型钢混凝土组合结构中的钢构件套用金属结构工程章节相应定额子目,制作定额子目人工、机械乘以系数 1.15。

㉗金属构件的拆除执行金属构件安装相应定额子目并乘以系数 0.6。

㉘弧形钢构件子目按相应定额子目的人工、机械乘以系数 1.2。

㉙金属结构工程章节构件制作定额子目中,不包括除锈工作内容,发生时执行相应子目。其中喷砂或抛丸除锈定额子目按 Sa2.5 级除锈等级编制,如设计为 Sa3 级则定额乘以系数 1.1,如设计为 Sa2 或 Sa1 级则定额乘以系数 0.75。手工除锈定额子目按 St3 除锈等级编制,如设计为 St2 级则定额乘以系数 0.75。

㉚金属结构工程章节构件制作定额子目中不包括油漆、防火涂料的工作内容,如设计有防腐、防火要求时,按本定额装饰分册的油漆、涂料、裱糊工程的相应子目执行。

㉛钢通风气楼、钢风机架制作、安装套用钢天窗架相应定额子目。

㉜钢构件制作定额未包含表面镀锌费用,发生时另行计算。

㉝柱间、梁间、屋架间的 H 形或箱形钢支撑,执行相应的钢柱或钢梁制作、安装定额子目;墙架柱、墙架梁和相配套连接杆件执行钢墙架相应定额子目。

㉞钢支撑(钢拉条)制作不包括花篮螺栓。设计采用花篮螺栓时,删除定额中的"六角螺栓",其余不变,花篮螺栓按相应定额子目执行。

㉟钢格栅如采用成品格栅,制作人工、辅材及机械乘以系数 0.6。

㊱构件制作、安装子目中不包括磁粉探伤、超声波探伤等检测费,发生时另行计算。

㊲属施工单位承包范围内的金属结构构件由建设单位加工(或委托加工)交施工单位安装时,施工单位按以下规定计算:安装按构件安装定额基价(人工费十机械费)计取所有费用,并以相应制作定额子目的取费基数(人工费 + 机械费)收取 60% 的企业管理费、规费及税金。

㊳钢结构构件 15 t 及以下构件按单机吊装编制,15 t 以上钢构件按双机抬吊考虑吊装机械,网架按分块吊装考虑配置相应机械,吊装机械配置不同时不予调整。但因施工条件限制需采用特大型机械吊装时,其施工方案经监理或业主批准后方可进行调整。

㊴钢构件安装子目按檐高 20 m 以内、跨内吊装编制,实际需采用跨外吊装的,应按施工方案进行调整。

㊵钢构件安装子目中已考虑现场拼装费用,但未考虑分块或整体吊装的钢网架、钢桁架地面平台拼装摊销,如发生则执行现场拼装平台摊销定额子目。

㊶不锈钢天沟、彩钢板天沟展开宽度为 600 mm,如实际展开宽度与定额不同时,板材按比例调整,其他不变。

㊷天沟支架制作、安装套用钢檩条相应定额子目。

㊸檐口端面封边、包角也适用于雨篷等处的封边、包角。

㊹屋脊盖板封边、包角子目内已包括屋脊托板含量,如屋脊托板使用其他材料,则屋脊盖板含量应作调整。

㊺金属构件成品价包含金属构件制作工厂底漆及场外运输费用。金属构件成品价中未包括安装现场油漆、防火涂料的工料。

2) 钢构件运输

①构件运输中已考虑一般运输支架的摊销费,不另计算。

②金属结构构件运输适用于重庆市范围内的构件运输(路桥费按实计算),超出重庆市范围的运输按实计算。

③构件运输按表 6.28 进行分类。

表 6.28　钢构件分类表

构件分类	构件名称
I 类	钢柱、屋架、托架、桁架、吊车梁、网架
II 类	钢梁、型钢檩条、钢支撑、上下档、钢拉杆、栏杆、盖板、箅子、爬梯、零星构件、平台、操纵台、走道休息台、扶梯、钢吊车梯台、烟囱紧固箍
III 类	墙架、挡风架、天窗架、组合檩条、轻型屋架、滚动支架、悬挂支架、管道支架、其他构件

④单构件长度大于 14 m 或特殊构件,其运输费用根据设计和施工组织设计按实计算。

⑤金属结构构件运输过程中,如遇路桥限载(限高)而发生的加固、拓宽费用及有电车线路和公安交通管理部门的保安护送费用,应另行处理。

3) 金属结构楼(墙)面板及其他

①压型楼面板的收边板未包括在楼面板子目内,应单独计算。

②固定压型钢板楼板的支架费用另行套用定额计算。

③楼板栓钉另行套用定额计算。

④自承式楼层板上钢筋桁架列入钢筋子目计算。

⑤钢板楼板上浇筑钢筋混凝土,其混凝土和钢筋执行本定额"E 混凝土及钢筋混凝土工程"中相应子目。

⑥其他封板、包角定额子目适用于墙面、板面、高低屋面等处需封边、包角的项目。

⑦金属网栏立柱的基础另行计算。

4) 其他说明

①金属结构工程章节未包含钢架桥的相关定额子目,发生时执行《重庆市市政工程计价定额》(CQSZDE—2018)相关子目。

②金属结构工程章节未包含砌块墙钢丝网加固的相关定额子目,发生时执行本定额"M 墙、柱面一般抹灰工程"中相应子目。

· 6.6.2　工程量计算规则 ·

1) 金属构件制作

①金属构件的制作工程量按设计图示尺寸计算的理论质量以"t"计算。

知识拓展

钢材理论质量计算

（1）各种规格型钢的计算：各种型钢包括等边角钢、不等边角钢、槽钢、工字钢、热轧H型钢、C型钢、Z型钢等，每米理论质量均可从相应标准、五金手册等型钢表中查得。

（2）可按设计材料规格直接计算单位质量，钢材的密度为 7 850 kg/m³ 或 7.85 g/cm³。

①钢板的计算。

$$1 \text{ mm 厚钢板每平方米质量} = 7\,850 \times (1 \times 1 \times 0.001) = 7.85 (\text{kg/m}^2)$$

②扁钢、钢带计算。

$$\text{扁钢、钢带每米理论质量} = 0.007\,85 \text{ kg/m} \times a \times \delta$$

式中　a——扁钢宽度，mm；

　　　δ——扁钢厚度，mm。

③方钢计算。

$$\text{方钢每米理论质量} = 0.007\,85 \text{ kg/m} \times a^2$$

式中　a——方钢边长，mm。

④圆钢计算。

$$\text{圆钢每米理论质量} = 0.006\,165 \text{ kg/m} \times d^2$$

式中　d——圆钢直径，mm。

⑤钢管计算。

$$\text{圆管每米理论质量} = 0.024\,66 \text{ kg/m} \times \delta \times (D - \delta)$$

式中　δ——钢管的壁厚，mm；

　　　D——钢管外径，mm。

$$\text{方管每米理论质量} = 0.007\,85 \text{ kg/m} \times 4 \times (a - \delta) \times \delta$$

式中　δ——方管的壁厚，mm；

　　　a——方管边长，mm。

⑥H型钢的计算。

a.钢板焊接的H型钢的计算公式为：

$$\text{每米理论质量 } G = [t_1 \times (H - 2t_2) + 2B \times t_2] \times 0.007\,85$$

b.定型H型钢按照《热轧H型钢和剖分T型钢》（GB/T 11263—2017）的截面积公式，单位质量计算公式为：

$$\text{每米理论质量} = [t_1 \times (H - 2t_2) + 2B \times t_2 + 0.858r^2] \times 0.007\,85$$

上面两公式中各参数含义如图 6.52 所示，因型号标注与各参数不一定是同一数值，各参数值应按国家标准提供的有关表格数据进行计算。

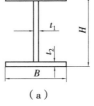
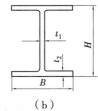

（a）　　　　　　　　（b）

图 6.52　H型钢示意图

【例6.14】　计算如图6.53所示型钢支撑工程量(共8榀)。

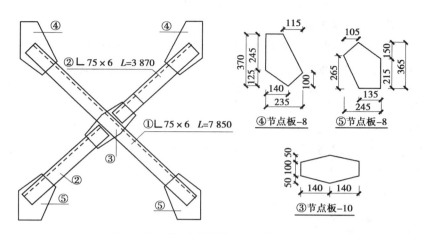

图6.53　型钢支撑结构尺寸(单位:mm)

【解】　查计算手册,∟75×6角钢每米质量为6.905 kg。

杆件质量:$m_1 = 7.85 \times 6.905 \times 8 \approx 433.63$(kg)

杆件质量:$m_2 = 3.87 \times 2 \times 6.905 \times 8 \approx 427.56$(kg)

节点板质量:$m_3 = (0.28 \times 0.2 - 0.14 \times 0.05/2 \times 4) \times (10 \times 7.85) \times 8 = 26.38$(kg)

节点板质量:$m_4 = [0.235 \times 0.37 - (0.14 \times 0.125 + 0.095 \times 0.1 + 0.115 \times 0.27)/2] \times 8 \times 7.85 \times 16 = 0.057\ 925 \times 8 \times 7.85 \times 16 = 58.20$(kg)

节点板质量:$m_5 = [0.245 \times 0.365 - (0.11 \times 0.265 + 0.105 \times 0.10 + 0.14 \times 0.15)/2] \times 8 \times 7.85 \times 16 = 0.059\ 1 \times 8 \times 7.85 \times 16 \approx 59.38$(kg)

角钢质量(合计):$433.63 + 427.56 = 861.19$(kg)

钢板质量(合计):$26.38 + 58.20 + 59.38 = 143.96$(kg)

钢材质量(合计):$861.19 + 143.96 = 1005.15$(kg)

②金属构件计算工程量时,不扣除单个面积≤0.3 m² 的孔洞质量,焊缝、钢钉、螺栓(高强螺栓、花篮螺栓、剪力栓钉除外)等不另增加质量。高强螺栓如图6.54所示。

（a）大六角高强螺栓　　　
（b）扭剪型高强螺栓

图6.54　高强螺栓

③金属构件安装使用的高强螺栓、花篮螺栓和剪力栓钉按设计图示数量以"套"计算。

④钢网架计算工程量时,不扣除孔洞眼的质量,焊缝、铆钉等不另增加质量。焊接空心球网架质量包括连接钢管杆件、连接球、支托和网架支座等零件的质量。螺栓球节点网架质量包括连接钢管杆件(含高强螺栓、销子、套筒、锥头或封板)、螺栓球、支托和网架支座等零件的

质量。

⑤依附在钢柱上的牛腿及悬臂梁的质量并入钢柱的质量内,钢柱上的柱脚板、加劲板、柱顶板、隔板和肋板并入钢柱工程量内。

⑥计算钢墙架制作工程量时,应包括墙架柱、墙架梁及连系拉杆的质量。

⑦钢管柱上的节点板、加强环、内衬管、牛腿等并入钢管柱工程量内。

⑧钢平台的工程量包括钢平台的柱、梁、板、斜撑的质量,依附于钢平台上的钢扶梯及平台栏杆应按相应构件另行列项计算。

⑨钢栏杆包括扶手的质量,合并执行钢栏杆子目。

⑩钢楼梯的工程量包括楼梯平台、楼梯梁、楼梯踏步等的质量,钢楼梯上的扶手、栏杆另行列项计算。

2)钢构件运输、安装

①钢构件的运输、安装工程量等于制作工程量。

②钢构件现场拼装平台摊销工程量按实施拼装构件的工程量计算。

3)金属结构楼(墙)面板及其他

①钢板楼板按设计图示铺设面积以"m²"计算,不扣除单个面积≤0.3 m²的柱、垛及孔洞所占面积。

②钢板墙板按设计图示面积以"m²"计算,不扣除单个面积≤0.3 m²的梁、孔洞所占面积。

③钢板天沟计算工程量时,依附天沟的型钢并入天沟工程量内。不锈钢天沟、彩钢板天沟按设计图示长度以"m"计算。

④槽铝檐口端面封边包角、槽铝混凝土浇捣收边板高度按150 mm考虑,工程量按设计图示长度以"延长米"计算,其他材料的封边包角、混凝土浇捣收边板按设计图示展开面积以"m²"计算。

⑤成品空调金属百叶护栏及成品栅栏按设计图示框外围展开面积以"m²"计算。金属成品栅栏如图6.55所示。

图6.55 金属制成品栅栏

⑥成品雨篷适用于挑出宽度1 m以内的雨篷,工程量按设计图示接触边长度以"延长米"计算。

⑦金属网栏按设计图示框外围展开面积以"m²"计算。金属网栏如图6.56所示。

⑧金属网定额子目适用于后浇带及混凝土构件中不同强度等级交接处铺设的金属网,其工程量按图示面积以"m²"计算。

图 6.56 金属网栏

6.7 木结构工程

本节主要内容包括木屋架、木构件和屋面木基层 3 个部分。

木屋架部分的清单项目主要包括：木屋架(010701001)、钢木屋架(010701002)。

木构件部分的清单项目主要包括：木柱(010702001)、木梁(010702002)、木檩(010702003)、木楼梯(010702004)、其他木构件(010702005)。

屋面木基层部分的清单项目主要包括：屋面木基层(010703001)。

· 6.7.1 基础知识准备 ·

1) 木结构

木结构指的是结构中的主要受力构件(柱、梁、板、屋架等)由木材制成的结构,如图 6.57 所示。

图 6.57 木结构

2) 相关说明

①木结构工程章节是按机械和手工操作综合编制的,无论实际采用何种操作方法,均不作调整。

②木结构工程章节原木是按一、二类综合编制的,如果用三、四类木材(硬木)时,人工及机械乘以系数 1.35。

③木结构工程章节列有锯材的项目,其锯材消耗量已包括干燥损耗,不另计算。

④木结构工程章节项目中所注明的木材断面或厚度均以毛断面为准。如设计图纸注明的断面或厚度为净料时,应增加刨光损耗:方材一面刨光增加 3 mm,两面刨光增加 5 mm;板一面刨光增加 3 mm,两面刨光增加 3.5 mm;圆木直径加 5 mm。

⑤原木加工成锯材的出材率为 63%,方木加工成锯材的出材率为 85%。

⑥屋架的跨度是指屋架两端上下弦中心线交点之间的长度。屋架、檩木需刨光者,人工乘以系数 1.15。

⑦屋面板厚度是按毛料计算的,如厚度不同时,可按比例换算板材用量,其他不变。

⑧木屋架、钢木屋架定额子目中的钢板、型钢、圆钢用量与设计不同时,可按设计数量另加 8% 损耗进行换算,其余不变。

·6.7.2 工程量计算·

1)木屋架

①木屋架、檩条工程量按设计图示体积以"m³"计算。附属于其上的木夹板、垫木、风撑、挑檐木、檩条三角条均按木料体积并入屋架、檩条工程量内。单独挑檐木并入檩条工程量内。檩托木、檩垫木已包括在定额子目内,不另计算。

【例6.15】 计算如图 6.58 所示木屋架工程量(暂不计算附属于其上的木夹板、垫木、风撑、挑檐木、檩条三角条等木料体积)。

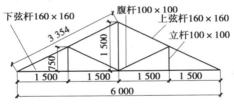

图 6.58 木屋架示意图

【解】 木屋架体积:$0.16 \times 0.16 \times (6 + 3.354 \times 2) + 0.1 \times 0.1 \times (0.75 \times 2 + 1.5 + \sqrt{1.5^2 + 0.75^2} \times 2) \approx 0.39(\text{m}^3)$

【例6.16】 计算如图 6.59 所示砖木结构木屋架中单根木檩工程量,木檩规格为 $\phi120$,木檩长度为开间长度。

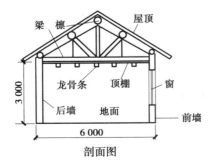 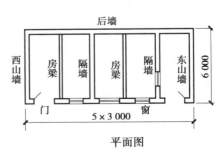

图 6.59 砖木结构示意图

【解】　单根木檩体积:$3.14 \times 0.06^2 \times 5 \times 3 \approx 0.17(\text{m}^3)$

②屋架的马尾、折角和正交部分半屋架并入相连接屋架的体积内计算。

③钢木屋架区分圆、方木,按设计断面以"m²"计算。圆木屋架连接的挑檐木、支撑等为方木时,其方木木料体积乘以系数1.7,折合成圆木并入屋架体积内。单独的方木挑檐按矩形檩木计算。钢木屋架如图6.60所示。

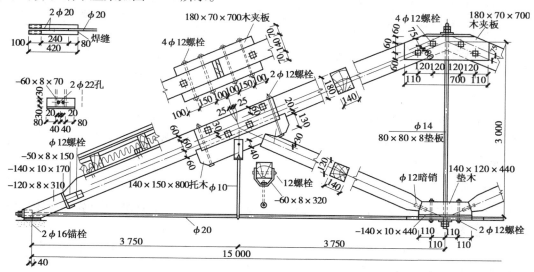

图6.60　钢木屋架施工图

④檩木按设计断面以"m³"计算。简支檩长度按设计规定计算,设计无规定者,按屋架或山墙中距增加0.2 m计算,如两端出山则檩条长度算至搏风板;连续檩条的长度按设计长度以"m"计算,其接头长度按全部连续檩木总体积的5%计算。檩条托木已计入相应的檩木制作、安装项目中,不另行计算。

搏风板、大刀头、封檐板如图6.61所示。

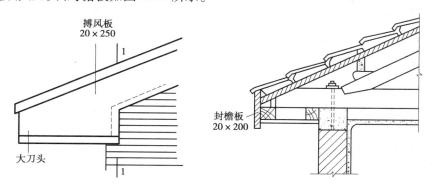

图6.61　搏风板、大刀头、封檐板

2)木构件

①木柱(图6.62)、木梁按设计图示体积以"m³"计算。

②木楼梯按设计图示尺寸计算的水平投影面积以"m²"计算,不扣除宽度≤300 mm的楼

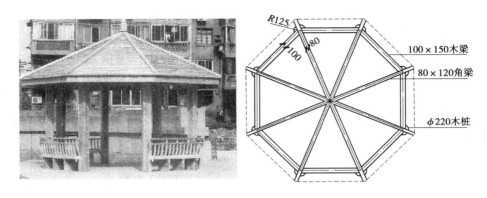

图 6.62 木亭

梯井,其踢脚板、平台和伸入墙内部分不另行计算。

③木地楞按设计图示体积以"m^3"计算。定额内已包括平撑、剪刀撑、沿油木的用量,不再另行计算。

3)屋面木基层

①屋面木基层(图 6.63)按屋面的斜面积以"m^2"计算。天窗挑檐重叠部分按设计规定计算,屋面烟囱及斜沟部分所占面积不扣除。

【例 6.17】 如图 6.63 所示,屋架跨度 1.8 m,长 6 m,高 1.2 m,屋架上面有檩条、椽子、屋面板、挂瓦条。屋面板厚度 50 mm。请计算屋面木基层(一跨)工程量。

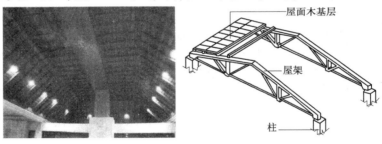

图 6.63 屋面木基层

【解】 屋面木基层(一跨)面积:$1.8 \times \sqrt{3^2 + 1.2^2} \times 2 \approx 11.63(m^2)$

②屋面椽子、屋面板、挂瓦条工程量按设计图示屋面斜面积以"m^2"计算,不扣除屋面烟囱、风帽底座、风道、小气窗及斜沟等所占面积。小气窗的出檐部分也不增加面积。

③封檐板工程量按设计图示檐口外围长度以"m"计算,搏风板按斜长度以"m"计算,有大刀头者,每个大刀头增加长度 0.5 m 计算。

6.8 门窗工程

本节主要内容包括木门、金属门、金属卷帘(闸)门、厂库房大门、特种门、其他门、木窗、金属窗、门窗套、窗台板、窗帘、窗帘盒、窗帘轨。各部分包含的主要清单项目见表 6.29。

表 6.29 门窗工程包含的主要清单项目

项目名称		项目编码	项目名称		项目编码
木门	木质门	010801001	木窗	木橱窗	010806003
	木质门带套	010801002		木纱窗	010806004
	木质连窗门	010801003	金属窗	金属(塑钢、断桥)窗	010807001
	木质防火门	010801004		金属防火窗	010807002
	木门框	010801005		金属百叶窗	010807003
	门锁安装	010801006		金属纱窗	010807004
金属门	金属(塑钢)门	010802001		金属格栅窗	010807005
	彩板门	010802002		金属(塑钢、断桥)橱窗	010807006
	钢质防火门	010802003		金属(塑钢、断桥)飘(凸)窗	010807007
	防盗门	010802004		彩板窗	010807008
金属卷帘(闸)门	金属卷帘(闸)门	010803001		复合材料窗	010807009
	防火卷帘(闸)门	010803002	门窗套	木门窗套	010808001
厂库房大门、特种门	木板大门	010804001		木筒子板	010808002
	钢木大门	010804002		饰面夹板筒子板	010808003
	全钢板大门	010804003		金属门窗套	010808004
	防护铁丝门	010804004		石材门窗套	010808005
	金属格栅门	010804005		门窗木贴脸	010808006
	钢质花饰大门	010804006		成品木门窗套	010808007
	特种门	010804007	窗台板	木窗台板	010809001
其他门	电子感应门	010805001		铝塑窗台板	010809002
	旋转门	010805002		金属窗台板	010809003
	电子对讲门	010805003		石材窗台板	010809004
	电动伸缩门	010805004	窗帘、窗帘盒、窗帘轨	窗帘	010810001
	全玻自由门	010805005		木窗帘盒	010810002
	镜面不锈钢饰面门	010805006		饰面夹板、塑料窗帘盒	010810003
	复合材料门	010805007		铝合金窗帘盒	010810004
木窗	木质窗	010806001		窗帘轨	010810005
	木飘(凸)窗	010806002			

本节主要内容包括《重庆市房屋建筑与装饰工程计价定额》(CQJZZSDE—2018)第一册和第二册中的"门窗工程"。

·6.8.1 基础知识准备·

1)木门窗的基本构造

木门窗的基本构造如图 6.64 所示。

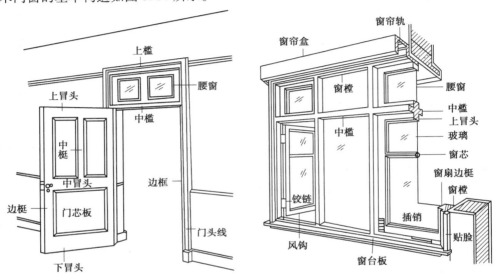

图 6.64 木门窗构造示意图

2)相关说明

(1)一般说明

①门窗工程章节是按机械和手工操作综合编制的,无论实际采用何种操作方法,均不作调整。

②门窗工程章节原木是按一、二类综合编制的,如采用三、四类木材(硬木)时,人工及机械乘以系数 1.35。

③门窗工程章节列有锯材的子目,其锯材消耗量已包括干燥损耗,不另行计算。

④门窗工程章节子目中所注明的木材断面或厚度均以毛断面为准。如设计图纸注明的断面或厚度为净料时,应增加刨光损耗:板、枋材一面刨光增加 3 mm,两面刨光增加 5 mm;圆木每立方米体积增加 0.05 m³。

⑤原木加工成锯材的出材率为 63%,方木加工成锯材的出材率为 85%。

(2)木门窗

①木门窗项目中所注明的框断面均以边框毛断面为准,框裁口如为钉条者,应加钉条的断面计算。如设计框断面与定额子目断面不同时,以每增加 10 cm²(不足 10 cm² 按 10 cm² 计算)按表 6.30 增减材积。

表6.30　木门、窗增减材积表　　　　　　　　　单位:m³

子目	门	门连窗	窗
锯材(干)	0.3	0.32	0.4

②各类门扇的区别如下:

a.全部用冒头结构镶板者,称为镶板门。

b.在同一门扇上装玻璃和镶板(钉板)者,玻璃面积大于或等于镶板(钉板)面积的1/2时,称为半玻门。

c.用上下冒头或带一根中冒头钉企口板,板面起三角槽者,称为拼板门。

③木门窗安装子目内已包括门窗框刷防腐油、安木砖、框边塞缝、装玻璃、钉玻璃压条或嵌油灰,以及安装一般五金等的工料。

④木门窗五金一般包括普通折页、插销、风钩、普通翻窗折页、门板扣和镀铬弓背拉手。使用以上五金不得调整和换算。如采用铜质、铝合金、不锈钢等五金时,其材料费用可另行计算,但不增加安装人工工日,同时子目中已包括的一般五金材料费也不扣除。

⑤无亮木门安装时,应扣除单层玻璃材料费,人工费不变。

⑥胶合板门、胶合板门连窗制作如设计要求不允许拼接时,胶合板的定额消耗量允许调整,胶合板门定额消耗量每100 m²门洞口面积增加44.11 m²,胶合板门连窗定额消耗量每100 m²门洞口面积增加53.10 m²,其他子目胶合板消耗量不得进行调整。

⑦装饰木门扇包括木门扇制作,木门扇面贴木饰面胶合板,包不锈钢板、软包面。

⑧双面贴饰面板实心基层门扇是按基层木工(夹)板一层粘贴编制的,如设计为木工板二层粘贴时,材料按实调整,其余不变。

⑨局部或半截门扇和格栅门扇制作子目中,面板是按整片开洞考虑的,如不同时,材料按实调整,其余不变。

⑩如门、窗套上设计有雕花饰件、装饰线条等,按相应定额子目执行。

⑪门扇装饰面板为拼花、拼纹时,按相应定额子目的人工乘以系数1.45,材料按实计算,其余不变。

⑫装饰木门设计有特殊要求时,材料按实调整,其余不变。

⑬若门套基层、饰面板为拱、弧形时,按相应定额子目的人工乘以系数1.30,材料按实调整,其余不变。

⑭成品套装门安装包括门套和门扇的安装。

(3)金属门窗

①金属门窗项目按工厂成品、现场安装编制(除定额说明外)。成品金属门窗价格均已包括玻璃及五金配件,定额包括安装固定门窗小五金配件材料及安装费用与辅料消耗量。

②铝合金门窗现场制作安装、成品铝合金门窗安装铝合金型材均按40系列、单层钢化白玻璃编制。当设计与定额子目不同时,可以调整。安装子目中已含安装固定门窗小五金配件材料及安装费用,门窗的其他五金配件按相应定额子目执行。

③成品铝合金门窗按工厂成品、现场安装编制(除定额说明外)。成品铝合金门窗价格均

已包括玻璃及五金配件的费用,定额包括安装固定门窗小五金配件材料及安装费用与辅料消耗量。

(4)金属卷帘(闸)门

①金属卷帘(闸)门项目是按卷帘安装在洞口内侧或外侧考虑的,当设计为安装在洞口中时,按相应定额子目人工乘以系数1.1。

②金属卷帘(闸)门项目是不带活动小门考虑的,当设计为带活动小门时,按相应定额子目人工乘以系数1.07,材料价格调整为带活动小门金属卷帘(闸)门。

③防火卷帘按特级防火卷帘(双轨双帘)编制,如设计材料不同,可以换算。

(5)厂库房大门、特种门

①各种厂库房大门项目内所含钢材、钢骨架、五金铁件(加工铁件)可以换算,但子目中的人工、机械消耗量不作调整。

②自加工门所用铁件已列入定额子目。墙、柱、楼地面等部位的预埋铁件按设计要求另行计算,执行相应的定额子目。

(6)其他门

①全玻璃门扇安装项目按地弹门编制,定额子目中地弹簧消耗量可按实际调整。门其他五金件按相应定额子目执行。

②全玻璃门门框、横梁、立柱钢架的制作安装及饰面装饰,按相应定额子目执行。

③电动伸缩门含量不同时,其伸缩门及轨道允许换算;打凿混凝土工程量另行计算。

(7)其他

①木门窗运输定额子目包括框和扇的运输。若单运框时,相应子目乘以系数0.4;单运扇时,相应子目乘以系数0.6。

②门窗工程章节项目工作内容的框边塞缝为安装过程中的固定塞缝,框边二次塞缝及收口收边工作未包含在内,均按相应定额子目执行。

·*6.8.2 工程量计算*·

(1)木门窗

制作、安装有框木门窗工程量,按门窗洞口设计图示面积以"m^2"计算;制作、安装无框木门窗工程量,按扇外围设计图示尺寸以"m^2"计算。

①装饰门扇面贴木饰面胶合板,包不锈钢板、软包面制作按门扇外围设计图示面积以"m^2"计算。

②成品装饰木门扇安装按门扇外围设计图示面积以"m^2"计算。

③成品套装木门安装以"扇(樘)"计算。

④成品防火门安装按设计图示洞口面积以"m^2"计算。

⑤吊装滑动门轨按长度以"延长米"计算。

⑥五金件安装以"套"计算。

【例6.18】 计算如图6.65所示木门工程量,其中M1521为木质半玻门,数量10樘;M0921为全玻门(带木质扇框),数量为12樘。

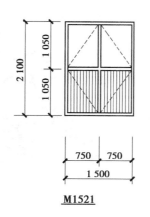

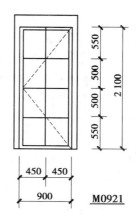

图 6.65　木质门详图

【解】　木质半玻门(M1521)面积:$1.5 \times 2.1 \times 10 = 31.5 (m^2)$

全玻门(M0921)面积:$0.9 \times 2.1 \times 12 = 22.68 (m^2)$

(2)金属门窗

①成品塑钢、钢门窗(飘凸窗、阳台封闭、纱门窗除外)安装按门窗洞口设计图示面积以"m^2"计算。

②门连窗按设计图示洞口面积分别计算门、窗面积,其中窗的宽度算至门框的边外线。门连窗如图 6.66 所示。

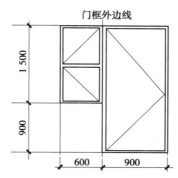

图 6.66　门连窗(MLC1524)示意图

图 6.66 中,门面积为 $0.9 \times 2.4 = 2.16\ m^2$,窗面积为 $0.6 \times 1.5 = 0.9\ m^2$。

③塑钢飘凸窗、阳台封闭、纱门窗按框型材外围设计图示面积以"m^2"计算。

④铝合金门窗现场制作安装按设计图示洞口面积以"m^2"计算。

⑤成品铝合金门窗(飘凸窗、阳台封闭、纱门窗除外)安装按门窗洞口设计图示面积以"m^2"计算。

⑥铝合金门连窗按设计图示洞口面积分别计算门、窗面积,其中窗的宽度算至门框的外边线。

⑦铝合金飘凸窗、阳台封闭、纱门窗按设计图示框型材外围面积以"m^2"计算。

(3)金属卷帘(闸)门

金属卷帘(闸)、防火卷帘门按设计图示尺寸宽度乘高度(算至卷帘箱卷轴水平线)以

"m²"计算。电动装置安装按设计图示套数计算。

金属卷帘门及控制装置如图 6.67 所示。

图 6.67　金属卷帘门及控制装置

（4）厂库房大门、特种门及其他门

①有框厂库房大门和特种门按洞口设计图示面积以"m²"计算,无框的厂库房大门和特种门按门扇外围设计图示面积以"m²"计算。

②冷藏库大门、保温隔音门、变电室门、隔音门、射线防护门按洞口设计图示面积以"m²"计算。

③电子感应门、转门、电动伸缩门均以"樘"计算;电磁感应装置以"套"计算。

④全玻有框门扇按扇外围设计图示面积以"m²"计算。

⑤全玻无框(条夹)门扇按扇外围设计图示面积以"m²"计算,高度算至条夹外边线,宽度算至玻璃外边线。

⑥全玻无框(点夹)门扇按扇外围设计图示面积以"m²"计算。

（5）门钢架、门窗套

①门钢架按设计图示尺寸以"t"计算。

②门钢架基层、面层按饰面外围设计图示面积以"m²"计算。

③成品门框、门窗套线按设计图示最长边以"延长米"计算。

（6）窗台板、窗帘盒(轨)

①窗台板按设计图示长度乘宽度以"m²"计算。图纸未注明尺寸的,窗台板长度可按窗框的外围宽度两边加 100 mm 计算。窗台板凸出墙面的宽度按墙面外加 50 mm 计算。

②窗帘盒、窗帘轨按设计图示长度以"延长米"计算。

③窗帘按设计图示轨道高度乘以宽度以"m²"计算。

（7）其他

①木窗上安装窗栅、钢筋御棍按窗洞口设计图示面积以"m²"计算。

②普通窗上部带有半圆窗的工程量应分别按半圆窗和普通窗计算,以普通窗和半圆窗之间的横框上的裁口线为分界线。

③门窗贴脸按设计图示尺寸以外边线"延长米"计算。

【例 6.19】　起居室门洞尺寸为 3 000 mm×2 000 mm,设计做门套装饰。筒子板构造:细木工板基层加柚木装饰面层,厚 30 mm,筒子板宽 300 mm;贴脸构造:80 mm 宽柚木装饰线脚。考虑施工影响,门套构造如图 6.68 所示。请计算筒子板及贴脸工程量。

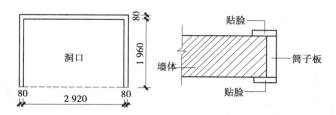

图6.68　门套构造

【解】　筒子板面积:$(1.96 \times 2 + 2.92) \times 0.3 \approx 2.05(\text{m}^2)$

贴脸长度:$(1.96 + 0.08) \times 2 + (2.92 + 0.08 \times 2) = 7.16(\text{m})$

④水泥砂浆塞缝按门窗洞口设计图示尺寸以"延长米"计算。

⑤门锁安装按"套"计算。

⑥门、窗运输按门框、窗框外围设计图示面积以"m²"计算。

6.9　屋面及防水工程

本节主要内容包括瓦、型材及其他屋面,屋面防水及其他,墙面防水、防潮,楼(地)面防水、防潮。各部分包含的主要清单项目见表6.31。

表6.31　屋面及防水工程包含的主要清单项目

项目名称		项目编码	项目名称		项目编码
瓦、型材及其他屋面	瓦屋面	010901001	屋面防水及其他	屋面天沟、檐沟	010902007
	型材屋面	010901002		屋面变形缝	010902008
	阳光板屋面	010901003	墙面防水、防潮	墙面卷材防水	010903001
	玻璃钢屋面	010901004		墙面涂膜防水	010903002
	膜结构屋面	010901005		墙面砂浆防水(防潮)	010903003
屋面防水及其他	屋面卷材防水	010902001		墙面变形缝	010903004
	屋面涂膜防水	010902002	楼(地)面防水、防潮	楼(地)面卷材防水	010904001
	屋面刚性层	010902003		楼(地)面涂膜防水	010904002
	屋面排水管	010902004		楼(地)面砂浆防水(防潮)	010904003
	屋面排(透)气管	010902005		楼(地)面涂膜防水变形缝	010904004
	屋面(廊、阳台)泄(吐)水管	010902006			

·6.9.1　基础知识准备·

1)屋面简介

(1)屋面分类

屋面按结构形式可以分为平屋面和坡屋面;按屋面使用材料可以分为瓦屋面(图6.69)、

型材屋面(图6.70)、阳光板屋面[图6.71(a)]、玻璃钢屋面[图6.71(b)]及膜结构屋面(图6.72)。

图6.69　瓦屋面

图6.70　型材屋面

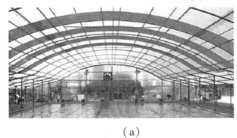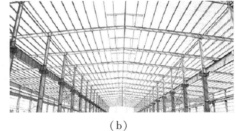

（a）　　　　　　　　　　　　　　　　　　　（b）

图6.71　阳光板屋面和玻璃钢屋面

图6.72　膜结构屋面

瓦屋面有平瓦、小青瓦、筒板瓦、鸳鸯瓦、平板瓦、石片瓦等。

小青瓦、平瓦、琉璃瓦、石棉水泥瓦等按瓦屋面列项。

压型钢板、金属压型夹心板按型材屋面列项。

膜结构也称为索膜结构,可分为充气膜结构和张拉膜结构两大类。膜结构屋面是一种以膜布支撑(柱、网架等)和拉结结构(拉杆、钢丝绳等)组成的屋盖、篷顶结构。定额中的膜结构屋面适用于膜布屋面,膜结构所用膜材料由基布和涂层两部分组成。基布主要采用聚酯纤维和玻璃纤维材料,涂层材料主要为聚氯乙烯和聚四氟乙烯。

(2)防水、防潮

①刚性防水。依靠结构构件自身的密实性或采用刚性材料作防水层以达到建筑物的防水目的,称为刚性防水。

②柔性防水。以沥青、油毡等柔性材料铺设和黏结或将以高分子合成材料为主体的材料涂布于防水面形成防水层,称为柔性防水。柔性防水层按材料不同分为卷材防水和涂膜防水。

(3)细部构造

①屋面排水。屋面排水系统一般由檐沟、天沟、泛水、落水管等组成。常见的是落水管排水,它由雨水口、弯头、雨水斗(又称接水口)、落水管等组成。排水的方式主要包括自由落水、檐沟外排水、女儿墙外排水、内排水。屋面檐沟构造如图6.73所示。

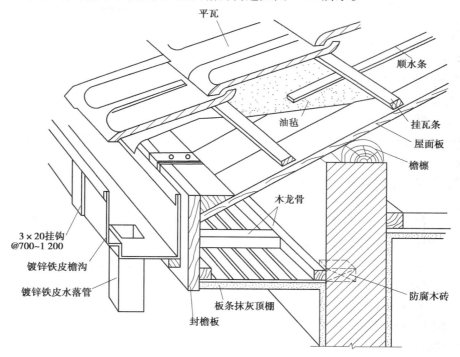

图6.73 屋面檐沟构造

②变形缝。变形缝包括伸缩缝(温度缝)、沉降缝、抗震缝3种,如图6.74所示。变形缝的构造做法主要包括嵌(填)缝、盖缝和贴缝3种。

图 6.74　变形缝

2) 相关说明

（1）瓦屋面、型材屋面

①25% < 坡度 ≤45% 及人字形、锯齿形、弧形等不规则瓦屋面，人工乘以系数 1.3；坡度 > 45% 的，人工乘以系数 1.43。

②玻璃钢瓦屋面铺在混凝土或木檩上，执行钢檩上定额子目。

③瓦屋面的屋脊和瓦出线已包括在定额子目内，不另计算。

④屋面彩瓦定额子目中，彩瓦消耗量与定额子目消耗量不同时，可以调整，其他不变。

⑤型材屋面定额子目均不包含屋脊的工作内容，另按金属结构工程相应定额子目执行。

⑥压型板屋面定额子目中的压型板按成品压型板考虑。

（2）屋面防水及其他

①屋面防水。

a. 平屋面以坡度小于 15% 为准，15% < 坡度 ≤25% 的，按相应定额子目执行，人工乘以系数 1.18；25% < 坡度 ≤45% 及人字形、锯齿形、弧形等不规则屋面，人工乘以系数 1.3；坡度 > 45% 的，人工乘以系数 1.43。

b. 卷材防水、涂料防水定额子目，如设计的材料品种与定额子目不同时，材料进行换算，其他不变。

c. 卷材防水、涂料防水屋面的附加层、接缝、收头、基层处理剂工料已包括在定额子目内，不另计算。

d. 卷材防水冷粘法定额子目，按黏结满铺编制，如采用点、条铺黏结时，按相应定额子目人工乘以系数 0.91，黏结剂乘以系数 0.7。

e. 屋面及防水工程章节"二布三涂"或"每增减一布一涂"项目，是指涂料构成防水层数，而非指涂刷遍数。

f. 刚性防水屋面分格缝已包含在定额子目内，不另计算。

g. 找平层、刚性层分格缝盖缝应另行计算，执行相应定额子目。

②屋面排水。

a. 铁皮排水定额子目已包括铁皮咬口、卷边、搭接的工料，不另计算。

b. 塑料水落管定额子目已包含塑料水斗、塑料弯管，不另计算。

c. 高层建筑使用 PVC 塑料消音管执行塑料管项目。

d. 阳台、空调连通水落管执行塑料水落管 $\phi50$ 项目。

③屋面变形缝。

a. 基础、墙身、楼地面变形缝填缝均执行屋面填缝定额子目。

b. 变形缝填缝定额子目中,建筑油膏断面为 30 mm × 20 mm,油浸木丝板断面为 150 mm × 25 mm,浸油麻丝、泡沫塑料断面为 150 mm × 30 mm,如设计断面与定额子目不同时,材料进行换算,人工不变。

c. 屋面盖缝定额子目,如设计宽度与定额子目不同时,材料进行换算,人工不变。

d. 紫铜板止水带展开宽度为 400 mm,厚度为 2 mm;钢板止水带展开宽度为 400 mm,厚度为 3 mm;氯丁橡胶宽 300 mm;橡胶、塑料止水带为 150 mm × 30 mm。如设计断面不同时,材料进行换算,人工不变。

e. 当采用金属止水环时,执行混凝土和钢筋混凝土章节中预埋铁件制作安装项目。

(3)墙面防水、防潮

①卷材防水、涂料防水的接缝、收头、基层处理剂工料已包括在定额子目内,不另计算。

②墙面变形缝定额子目,如设计宽度与定额子目不同时,材料进行换算,人工不变。

(4)楼地面防水、防潮

①卷材防水、涂料防水的附加层、接缝、收头、基层处理剂工料已包括在定额子目内,不另计算。

②楼地面防水子目中的附加层仅包含管道伸出楼地面根部部分附加层,阴阳角附加层另行计算。

③楼地面变形缝定额子目,如设计宽度与定额子目不同时,材料进行换算,人工不变。

· 6.9.2　工程量计算 ·

1)瓦屋面、型材屋面

瓦屋面、彩钢板屋面、压型板屋面均按设计图示面积以"m²"计算(斜屋面按斜面面积以"m²"计算),不扣除房上烟囱、风帽底座、风道、屋面小气窗、斜沟和脊瓦所占面积,小气窗的出檐部分也不增加面积。

瓦屋面、彩钢板屋面、压型板的斜屋面面积可按屋面水平投影面积乘以屋面坡度系数计算。屋面坡度系数见表 6.32。

表 6.32　屋面坡度系数表

坡度			延尺系数 C	隔延尺系数 D
B(A = 1)	B/2A	角度(θ)	(A = 1)	(A = 1)
1	1/2	45°	1.414 2	1.732 1
0.75		36°52′	1.250 0	1.600 8
0.70		35°	1.220 7	1.577 9
0.666	1/3	33°40′	1.201 5	1.562 0
0.65		33°01′	1.192 6	1.556 4
0.60		30°58′	1.166 2	1.536 2
0.577		30°	1.154 7	1.527 0

续表

坡 度			延尺系数 C (A = 1)	隅延尺系数 D (A = 1)
B(A = 1)	B/2A	角度(θ)		
0.55		28°49′	1.141 3	1.517 0
0.50	1/4	26°34′	1.118 0	1.500 0
0.45		24°14′	1.096 6	1.483 9
0.40	1/5	21°48′	1.077 0	1.469 7
0.35		19°17′	1.059 4	1.456 9
0.30		16°42′	1.044 0	1.445 7
0.25		14°02′	1.030 8	1.436 2
0.20	1/10	11°19′	1.019 8	1.428 3
0.15		8°32′	1.011 2	1.422 1
0.125		7°8′	1.007 8	1.419 1
0.100	1/20	5°42′	1.005 0	1.417 7
0.083		4°45′	1.003 5	1.416 6
0.066	1/30	3°49′	1.002 2	1.415 7

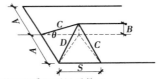

注:①两坡排水屋面面积为屋面水平投影面积乘以延尺系数 C;
　　②四坡排水屋面斜脊长度 = A × D(当 S = A 时);
　　③沿山墙泛水长度 = A × C。

【例 6.20】 如图 6.75 所示坡屋面,屋面坡度 B/2A = 1/4,请计算该屋面斜面积、斜脊及平脊长度。

【解】 查屋面坡度系数表得 C = 1.118 0,D = 1.500 0。

屋面斜面积:80 × 40 × 1.118 0 = 3 577.6(m²)

斜脊长度:(40 ÷ 2) × 1.500 0 × 4 = 120(m)

平脊长度:80 − 20 × 2 = 40(m)

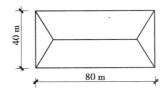

图 6.75 四坡排水瓦屋面示意图

2)屋面防水及其他

(1)屋面防水

①卷材防水、涂料防水屋面按设计图示面积以"m²"计算(斜屋面按斜面面积以"m²"计算),不扣除房上烟囱、风帽底座、风道、屋面小气窗、斜沟、变形缝所占面积,屋面的女儿墙、伸缩缝和天窗等处的弯起部分按图示尺寸并入屋面工程量计算。如设计图示无规定时,伸缩缝、女儿墙及天窗的弯起部分按防水层至屋面面层厚度另加 250 mm 计算。

【例6.21】　计算如图6.76所示平屋面SBS卷材防水工程量。

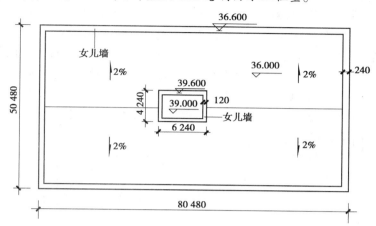

图6.76　平屋面SBS卷材防水

【解】　卷材防水面积：$(80.48 - 0.48) \times (50.48 - 0.48) - 6.24 \times 4.24 + (6.24 - 0.24) \times (4.24 - 0.24) + [(80 + 50) \times 2 + (6.24 + 4.24) \times 2 + (6 + 4) \times 2] \times 0.25 \approx 4\,072.78$（$m^2$）

②刚性屋面按设计图示面积以"m^2"计算（斜屋面按斜面面积以"m^2"计算），不扣除房上烟道、风帽底座、风道、屋面小气窗等所占面积,屋面泛水、变形缝等弯起部分和加厚部分已包括在定额子目内。挑出墙外的出檐和屋面天沟,另按相应项目计算。

【例6.22】　计算如图6.76所示平屋面C20细石混凝土（刚性防水层,厚度40 mm）工程量。

【解】　刚性防水层面积：$(80.48 - 0.48) \times (50.48 - 0.48) - 6.24 \times 4.24 + (6.24 - 0.24) \times (4.24 - 0.24) \approx 3\,997.54$（$m^2$）

③分格缝按设计图示长度以"m"计算,盖缝按设计图示面积以"m^2"计算。

（2）屋面排水

①塑料水落管按图示长度以"m"计算,如设计未标注尺寸,以檐口至设计室外散水上表面垂直距离计算。

②阳台、空调连通水落管按"套"计算。

③铁皮排水按图示面积以"m^2"计算。

（3）屋面变形缝

屋面变形缝按设计图示长度以"m"计算。

3）墙面防水、防潮

①墙面防潮层按设计展开面积以"m^2"计算,扣除门窗洞口及单个面积大于0.3 m^2孔洞所占面积。

②变形缝按设计图示长度以"m"计算。

4）楼地面防水、防潮

①墙基防水、防潮层,外墙长度按中心线,内墙长度按净长,乘以墙宽以"m^2"计算。

②楼地面防水、防潮层按墙间净空面积以"m^2"计算,门洞下口防水层工程量并入相应楼地面工程量内。扣除凸出地面的构筑物、设备基础及单个面积大于0.3 m^2柱、垛、烟囱和孔洞所占面积。门洞、空圈、暖气包槽、壁龛的开口部分不增加面积。

③与墙面连接处,上卷高度在300 mm以内按展开面积以"m^2"计算,执行楼地面防水定额子目;高度超过300 mm以上时,按展开面积以"m^2"计算,执行墙面防水定额子目。

④变形缝按设计图示长度以"m"计算。

【例6.23】 计算如图6.77所示地面及墙身防潮层工程量,图中墙体厚度均为240 mm,所有定位线均位于墙体中心线上。

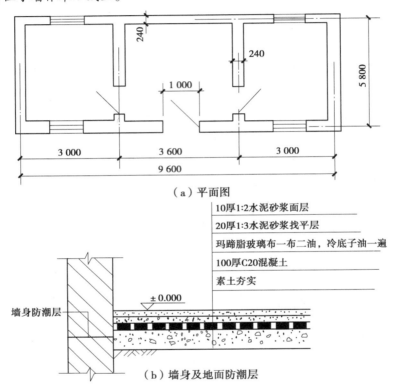

图6.77 建筑物一层平面图、墙身及地面防潮层

【解】 外墙中心线长度:$(9.6+5.8) \times 2 = 30.8(m)$

内墙净长线长度:$(5.8-0.24) \times 2 = 11.12(m)$

墙基防潮层面积:$(30.8+11.12) \times 0.24 \approx 10.06(m^2)$

地面防潮层面积:$[(3-0.24) \times 2+(3.6-0.24)] \times (5.8-0.24) \approx 49.37(m^2)$

6.10 保温、隔热、防腐工程

本节主要内容包括保温、隔热,防腐面层,其他防腐3个部分。各部分包含的主要清单项目见表6.33。

表6.33　保温、隔热、防腐工程包含的主要清单项目

项目名称		项目编码	项目名称		项目编码
保温、隔热	保温隔热屋面	011001001	防腐面层	防腐胶泥面层	011002003
	保温隔热天棚	011001002		玻璃钢防腐面层	011002004
	保温隔热墙面	011001003		聚氯乙烯板面层	011002005
	保温柱、梁	011001004		块料防腐面层	011002006
	保温隔热楼地面	011001005		池、槽块料防腐面层	011002007
	其他保温隔热	011001006	其他防腐	隔离层	011003001
防腐面层	防腐混凝土面层	011002001		砌筑沥青浸渍砖	011003002
	防腐砂浆面层	011002002		防腐涂料	011003003

本节主要内容包括《重庆市房屋建筑与装饰工程计价定额》(CQJZZSDE—2018)中的"防腐工程"和《重庆市绿色建筑工程计价定额》(CQLSJZDE—2018)中的"墙体、屋面保温隔热工程"。

·6.10.1　基础知识准备·

1)保温、隔热、防腐简介

(1)保温、隔热

保温、隔热常用的材料有聚苯颗粒保温砂浆、泡沫玻璃、聚氨酯硬泡、保温板材、加气混凝土块、软木板、膨胀珍珠岩板、沥青玻璃棉、沥青矿渣棉、微孔硅酸钙、稻壳等。

(2)防腐工程分类

①刷油防腐。刷油是一种经济有效的防腐措施,常用的防腐材料有沥青漆、酚树脂漆、酚醛树脂漆、氯磺化聚乙烯漆、聚氨酯漆等。

②耐酸防腐。它是运用人工或机械方法,将具有耐腐蚀性能的材料浇筑、涂刷、喷涂、粘贴或铺砌在应防腐的工程构件表面,以达到防腐蚀的效果。常用的防腐蚀材料有水玻璃耐酸砂浆、混凝土,耐酸沥青砂浆、混凝土,环氧砂浆、混凝土及各类玻璃钢等。

2)相关说明

(1)保温、隔热工程

①轻质隔墙如设计使用钢骨架时,钢骨架按《重庆市房屋建筑与装饰工程计价定额》(CQJZZSDE—2018)相应定额子目执行。

②保温、隔热定额子目仅包括保温、隔热材料的铺贴,不包括隔气防潮、保护层或衬墙等。

③平屋面以坡度小于15%为准;15% <坡度≤25%,按相应定额子目执行,人工乘以系数1.18;25% <坡度≤45%及人字形、锯齿形、弧形等不规则屋面,人工乘以系数1.3;坡度 >45%的,人工乘以系数1.43。

④现浇泡沫混凝土、陶粒混凝土、全轻混凝土按现场自拌编制。

⑤屋面、地面泡沫混凝土,陶粒混凝土定额子目均不含分格缝的设置,另按《重庆市房屋建筑与装饰工程计价定额》(CQJZZSDE—2018)相应定额子目执行。

⑥圆(弧)形墙面保温按墙面保温相应定额子目执行,人工乘以系数1.15,材料乘以系数1.03。

⑦凸出外墙面的梁、柱保温按墙面保温定额子目执行,人工乘以系数1.19,材料乘以系数1.04。

⑧保温板定额子目均不包括界面剂处理、抗裂砂浆,另按相应定额子目执行。

⑨挤塑聚苯板、复合硬泡聚氨酯保温板执行聚苯乙烯保温板定额子目。

⑩保温板如设计厚度与定额子目厚度不同时,材料可以换算,其他不变。

⑪墙面外保温热桥处理时,按外墙外保温相应定额子目,人工乘以系数1.3,材料乘以系数1.05。

(2)防腐工程

①各种砂浆、胶泥、混凝土配合比以及各种整体面层的厚度,如设计与定额不同时,可以换算。定额已综合考虑了各种块料面层的结合层、胶结料厚度及灰缝宽度。

②软聚氯乙烯板地面定额子目已包含踢脚板工料,不另计算,其他整体面层踢脚板按整体面层相应定额子目执行。

③块料面层踢脚板按立面块料面层相应定额子目人工乘以系数1.2,其他不变。

④花岗石面层以六面剁斧的块料为准,结合层厚度为15 mm,如板底为毛面时,其结合层胶结料用量按设计厚度调整。

⑤环氧自流平洁净地面中间层(刮腻子)按每层1 mm厚度考虑,如设计要求厚度与定额子目不同时,可以调整。

⑥卷材防腐接缝、附加层、收头工料已包括在定额内,不另计算。

⑦块料防腐定额子目中的块料面层,如设计的规格、材质与定额子目不同时,可以调整。

·6.10.2　工程量计算·

1)保温、隔热工程

①屋面保温、隔热。

a.泡沫混凝土块、加气混凝土块、沥青玻璃棉毡、沥青矿渣棉毡、水泥炉渣、水泥焦渣、水泥陶粒、泡沫混凝土、陶粒混凝土按设计图示体积以"m³"计算,扣除单个面积大于0.3 m²的孔洞所占体积。

【例6.24】　某平屋面如图6.78所示,屋面坡度为2%,保温层采用泡沫混凝土,最薄处60 mm。请计算该屋面保温层工程量。

【解】　保温层平均厚度:$[(12.4-0.4)\div2\times2\%+0.06+0.06]\div2=0.12(m)$

保温层体积:$(30.4-0.4)\times(12.4-0.4)\times0.12=43.2(m^3)$

【例6.25】　某四坡排水屋面如图6.79所示,屋面坡度为5%,保温层采用水泥陶粒,最薄处126 mm。请计算该屋面保温层工程量。

【解】　四坡排水屋面保温层的体积由一个长方体和一个楔形体构成。

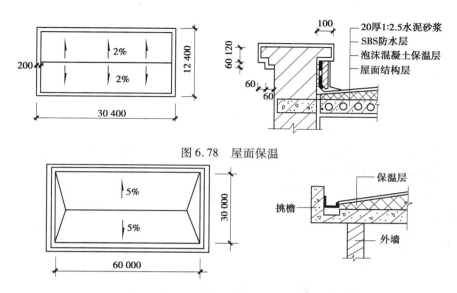

图 6.78　屋面保温

图 6.79　四坡排水屋面保温

楔形体高度:$30/2 \times 5\% = 0.75(\mathrm{m})$

屋面保温层体积:$0.126 \times 60 \times 30 + \dfrac{30}{6} \times (30 + 60 \times 2) \times 0.75 = 789.30(\mathrm{m}^3)$

b. 保温板按设计图示面积以"m^2"计算,扣除单个面积大于 $0.3\ \mathrm{m}^2$ 的孔洞所占面积。

c. 保温层排水管按设计图示长度以"m"计算,不扣除管件所占长度。

d. 保温层排气孔安装按设计图示数量以"个"计算。

②墙面保温、隔热。

a. 墙面保温按设计图示面积以"m^2"计算,扣除门窗洞口以及单个面积大于 $0.3\ \mathrm{m}^2$ 梁、孔洞等所占面积,门窗洞口侧壁以及与墙相连的柱并入墙体保温工程量内。其中,外墙外保温长度按隔热层中心线长度计算,外墙内保温长度按隔热层净长度计算。

b. 墙面钢丝网、玻纤网格布按设计图示展开面积以"m^2"计算,扣除单个面积大于 $0.3\ \mathrm{m}^2$ 孔洞所占面积。

③天棚保温、隔热按设计图示面积以"m^2"计算,扣除单个面积大于 $0.3\ \mathrm{m}^2$ 的柱、垛、孔洞所占面积,与天棚相连的梁按展开面积计算,并入天棚工程量内。

④柱保温、隔热按设计图示柱断面保温层中心线长度乘保温层高度以"m^2"计算,扣除单个面积大于 $0.3\ \mathrm{m}^2$ 梁所占面积。

⑤柱帽保温、隔热层按设计图示面积以"m^2"计算,并入天棚保温隔热层工程量内。

⑥梁按设计图示梁断面保温层中心线展开长度乘保温层长度以"m^2"计算。

⑦楼地面保温、隔热。

a. 保温板工程量按设计图示面积以"m^2"计算,扣除柱、垛及单个面积大于 $0.3\ \mathrm{m}^2$ 孔洞所占面积。

b. 保温、隔热混凝土工程量按设计图示体积以"m^3"计算,扣除柱、垛及单个面积大于 $0.3\ \mathrm{m}^2$ 孔洞所占体积。

⑧防火隔离带工程量按设计图示面积以"m^2"计算。

2）防腐工程

①防腐工程面层、隔离层及防腐油漆工程量按设计图示面积以"m^2"计算。

②平面防腐工程量应扣除凸出地面的构筑物、设备基础及单个面积大于0.3 m^2 柱、垛、烟囱和孔洞所占面积。门洞、空圈、暖气包槽、壁龛的开口部分不增加面积。

③立面防腐工程量应扣除门窗洞口以及单个面积大于0.3 m^2 孔洞、柱、垛所占面积，门窗洞口侧壁、垛凸出部分按展开面积并入墙面内。

④踢脚板工程量按设计图示长度乘以高度以"m^2"计算，扣除门洞所占面积，并相应增加门洞侧壁的面积。

⑤池、槽块料防腐面层工程量按设计图示面积以"m^2"计算。

⑥砌筑沥青浸渍砖工程量按设计图示面积以"m^2"计算。

⑦混凝土面及抹灰面防腐按设计图示面积以"m^2"计算。

6.11　楼地面装饰工程

本节主要内容包括整体面层及找平层、块料面层、橡塑面层、其他材料面层、踢脚线、楼梯面层、台阶装饰、零星装饰项目7个部分。各部分包含的主要清单项目见表6.34。

表6.34　楼地面装饰工程包含的主要清单项目

项目名称		项目编码	项目名称		项目编码
整体面层及找平层	水泥砂浆楼地面	011101001	踢脚线	金属踢脚线	011105006
	现浇水磨石楼地面	011101002		防静电踢脚线	011105007
	细石混凝土楼地面	011101003	楼梯面层	石材楼梯面层	011106001
	菱苦土楼地面	011101004		块料楼梯面层	011106002
	自流平楼地面	011101005		拼碎块料面层	011106003
	平面砂浆找平层	011101006		水泥砂浆楼梯面层	011106004
块料面层	石材楼地面	011102001		现浇水磨石楼梯面层	011106005
	碎石材楼地面	011102002		地毯楼梯面层	011106006
	块料楼地面	011102003		木板楼梯面层	011106007
橡塑面层	橡胶板楼地面	011103001		橡胶板楼梯面层	011106008
	橡胶板卷材楼地面	011103002		塑料板楼梯面层	011106009
	塑料板楼地面	011103003	台阶装饰	石材台阶面	011107001
	塑料卷材楼地面	011103004		块料台阶面	011107002
其他材料面层	地毯楼地面	011104001		拼碎块料台阶面	011107003
	竹、木（复合）地板	011104002		水泥砂浆台阶面	011107004
	金属复合地板	011104003		现浇水磨石台阶面	011107005
	防静电活动地板	011104004		剁假石台阶面	011107006
踢脚线	水泥砂浆踢脚线	011105001	零星装饰项目	石材零星项目	011108001
	石材踢脚线	011105002		拼碎石材零星项目	011108002
	块料踢脚线	011105003		块料零星项目	011108003
	塑料板踢脚线	011105004		水泥砂浆零星项目	011108004
	木质踢脚线	011105005			

本节内容包含《重庆市房屋建筑与装饰工程计价定额》（CQJZZSDE—2018）第一册中的"楼地面工程"和第二册中的"楼地面装饰工程"两个部分。

·6.11.1 基础知识准备·

1）楼地面基本知识

楼地面工程指使用各种面层材料对楼地面进行装饰的工程。楼地面是地面和楼面的总称，主要包括基层（结构层）、面层和各种附加层。地面和楼面构造如图6.80所示。

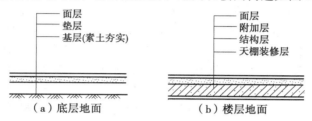

图6.80 地面和楼面构造

（1）基层

基层是楼地面的基体，作用是承担其上部的全部荷载。地面基层多为素土夯实，楼面基层一般是钢筋混凝土板。

（2）附加层

附加层是当地面和楼面的基本构造不能满足使用或构造要求时增设的构造层，如找平层、结合层、隔离层、填充层、垫层等。

（3）面层

面层是人们日常生活、工作、生产直接接触的地方，是直接承受各种物理和化学作用的地面与楼面表层。根据所用的材料，可以将面层分为整体面层、块料面层、橡塑面层、其他面层。整体面层常用材料有水泥砂浆、细石混凝土、现浇水磨石等。

2）相关说明

（1）找平层、面层

①整体面层、找平层的配合比，如设计规定与定额不同时，允许换算。

②整体面层的水泥砂浆、混凝土面层、瓜米石（石屑）、水磨石子目不包括水泥砂浆踢脚线工料，按相应定额子目执行。

③楼梯面层子目均不包括防滑条工料，如设计规定做防滑条时，按相应定额子目执行。

④水磨石整体面层按玻璃嵌条编制，如用金属嵌条时，应取消子目中玻璃消耗量，金属嵌条用量按设计要求计算，执行相应定额子目。

⑤水磨石整体面层嵌条分色以四边形分格为准，如设计采用多边形或美术图案时，人工乘以系数1.2。

⑥彩色水磨石是按矿物颜料考虑的，如设计规定颜料品种和用量与定额子目不同时，允许调整（颜料损耗3%）。采用普通水磨石加颜料（深色水磨石），颜料用量按设计要求计算。

⑦彩色镜面水磨石是指高级水磨石,按质量规范要求,其操作应按"五浆五磨"进行研磨,按七道"抛光"工序施工。

⑧金钢砂面层设计厚度与定额子目不同时,可以换算。

(2)块料面层

①同一铺贴面上如有不同种类、材质的材料,分别按楼地面装饰工程章节相应定额子目执行。

②镶贴块料子目是按规格料考虑的,如需倒角、磨边者,按相应定额子目执行。

③块料面层中单、多色已综合编制,颜色不同时不作调整。

④单个镶拼面积小于 0.015 m² 的块料面层执行石材点缀定额,材料品种不同可换算。

⑤块料面层斜拼、工字形、人字形等拼贴方式执行块料面层斜拼定额子目。

⑥块料面层的水泥砂浆黏结厚度按 20 mm 编制,实际厚度不同时可按实调整。

⑦块料面层的勾缝按白水泥编制,实际勾缝材料不同时可按实调整。

⑧块料面层现场拼花项目是按现场局部切割并分色镶贴成直线、折线图案综合编制的,现场局部切割并分色镶贴成弧形或不规则形状时,按相应项目人工乘以系数 1.2,块料消耗量损耗按实调整。

⑨楼地面贴青石板按装饰石材相应定额子目执行。

⑩玻璃地面的钢龙骨、玻璃龙骨设计用量与定额子目不同时,允许调整,其余不变。

⑪地毯分色、对花、镶边时,人工乘以系数 1.10,地毯损耗按实调整,其余不变。

(3)踢脚线

①踢脚线(含成品踢脚线)均按高度 150 mm 编制,如设计规定高度与子目不同时,定额材料耗量按高度比例进行增减调整,其余不变。

②木踢脚线不包括压线条,如设计要求时,按相应定额子目执行。

③踢脚线为弧形时,人工乘以系数 1.15,其余不变。

④楼梯段踢脚线按相应定额子目人工乘以系数 1.15,其余不变。

(4)楼梯面层(含台阶)

楼梯面层定额子目按直形楼梯编制,弧形楼梯楼地面面层按相应定额子目人工、机械乘以系数 1.20,块料用量按实调整。螺旋形楼梯楼面层按相应定额子目人工、机械乘以系数 1.30,块料用量按实调整。

台阶定额子目不包括牵边及侧面抹灰,另执行零星抹灰子目。

(5)零星项目

零星装饰项目适用于楼梯侧面、楼梯踢脚线中的三角形块料、台阶的牵边、小便池、蹲台、池槽,以及单个面积在 0.5 m² 以内的其他零星项目。

石材底面刷养护液包括侧面涂刷。

· 6.11.2 工程量计算规则 ·

①整体面层及找平层按设计图示尺寸以面积计算,均应扣除凸出地面的构筑物、设备基础、室内铁道、地沟等所占面积,但不扣除柱、垛、间壁墙、附墙烟囱及面积≤0.3 m² 孔洞所占

面积,而门洞、空圈、暖气包槽、壁龛的开口部分的面积亦不增加。

②块料面层、橡塑面层及其他材料面层。

a. 块料面层、橡塑面层及其他材料面层按设计图示面积以"m²"计算。门洞、空圈、暖气包槽、壁龛的开口部分并入相应的工程量内。

b. 拼花部分按实铺面积以"m²"计算,块料拼花面积按拼花图案最大外接矩形计算。

c. 石材点缀按"个"计算,计算铺贴地面面积时,不扣除点缀所占面积。

③楼梯面层。

a. 楼梯面层按设计图示尺寸以楼梯(包括踏步、休息平台及≤500 mm的楼梯井)水平投影面积计算。楼梯与楼地面相连时,算至梯口梁内侧边沿;无梯口梁者,算至最上一层踏步边沿加300 mm。

b. 单跑楼梯面层水平投影面积计算如图6.81所示,计算公式为:

$$(a + d) \times b + 2b \times c$$

其中,当 $c > b$ 时,c 按 b 计算;当 $c \leq b$ 时,c 按设计尺寸计算。有锁口梁时,$d =$ 锁口梁宽度;无锁口梁时,$d = 300$ mm。

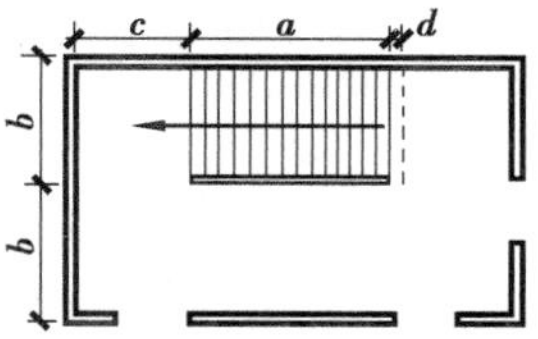

图6.81 单跑楼梯面层水平投影示意图

c. 防滑条按楼梯踏步两端距离减300 mm以"延长米"计算。

④台阶面层按设计图示水平投影面积以"m²"计算,包括最上层踏步边沿加300 mm。

⑤踢脚线按设计图示长度以"延长米"计算。

⑥零星项目按设计图示面积以"m²"计算。

⑦其他:

a. 石材底面刷养护液工程量按设计图示底面积以"m²"计算。

b. 石材表面刷保护液、晶面护理按设计图示表面积以"m²"计算。

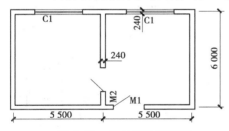

图6.82 某建筑物平面图

【例6.26】 某建筑物平面图如图6.82所示,内、外墙厚度均为240 mm,定位轴线位于墙体中心线处。门窗尺寸:C1为1 800 mm×1 500 mm,M1为1 000 mm×2 200 mm,M2为900 mm×2 100 mm。窗台离地面高度为1 m。地面构造设置找平层(20 mm厚1:2.5水泥砂浆)和面层(600 mm×600 mm玻化砖)。请计算找平层和面层工程量。

【解】 找平层面积:$(5.5 - 0.24) \times (6 - 0.24) \times 2 \approx 60.60 (\text{m}^2)$

玻化砖面层面积:$(5.5 - 0.24) \times (6 - 0.24) \times 2 + (1 + 0.9) \times 0.24 \approx 61.06 (\text{m}^2)$

【例6.27】 某建筑物平面图如图6.83所示,内、外墙厚度均为240 mm,定位轴线位于墙体中心线处。门窗尺寸:C1为1 800 mm×1 500 mm,M1为1 500 mm×2 400 mm,M2为900 mm×2 100 mm。窗台离地面高度为0.9 m。地面构造设置找平层(20 mm厚1:2.5水泥砂浆)和面层(大理石)。踢脚线为大理石,高度为120 mm。卫生间、厨房的墙面均采用瓷砖铺贴,高度为2.3 m。所有门均做门套处理(不考虑贴脸占用墙面宽度)。请计算图示建筑踢脚线工程量。

【解】 踢脚线长度:$(4.8 - 0.24 + 3.6 - 0.24) \times 2 + (4.8 - 0.24) \times 4 - 1.5 - 0.9 \times 4 = 28.98 (\text{m})$

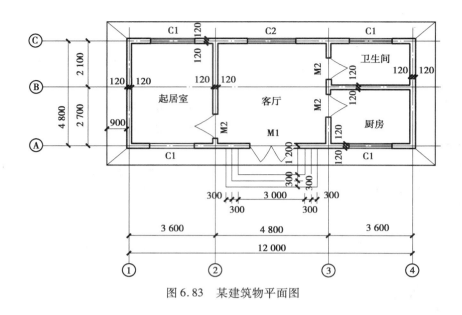

图 6.83　某建筑物平面图

6.12　墙柱面装饰工程

本节主要内容包括墙面抹灰、柱(梁)面抹灰、零星抹灰、墙面块料面层、柱(梁)面镶贴块料、镶贴零星块料、墙饰面、柱(梁)饰面、幕墙、隔断 10 个部分。各部分包含的主要清单项目见表 6.35。

表 6.35　墙柱面装饰工程包含的主要清单项目

项目名称		项目编码	项目名称		项目编码
墙面抹灰	墙面一般抹灰	011201001	柱(梁)面镶贴块料	石材梁面	011205004
	墙面装饰抹灰	011201002		块料梁面	011205005
	墙面勾缝	011201003	镶贴零星块料	石材零星项目	011206001
	立面砂浆找平层	011201004		块料零星项目	011206002
柱(梁)面抹灰	柱、梁面一般抹灰	011202001		拼碎块零星项目	011206003
	柱、梁面装饰抹灰	011202002	墙饰面	墙面装饰板	011207001
	柱、梁面砂浆找平	011202003		墙面装饰浮雕	011207002
	柱面勾缝	011202004	柱(梁)饰面	柱(梁)面装饰	011208001
零星抹灰	零星项目一般抹灰	011203001		成品装饰柱	011208002
	零星项目装饰抹灰	011203002	幕墙工程	带骨架幕墙	011209001
	零星项目砂浆找平	011203003		全玻(无框玻璃)幕墙	011209002
墙面块料面层	石材墙面	011204001	隔断	木隔断	011210001
	拼碎石材墙面	011204002		金属隔断	011210002
	块料墙面	011204003		玻璃隔断	011210003
	干挂石材钢骨架	011204004		塑料隔断	011210004
柱(梁)面镶贴块料	石材柱面	011205001		成品隔断	011210005
	块料柱面	011205002		其他隔断	011210006
	拼碎块柱面	011205003			

本节内容包含《重庆市房屋建筑与装饰工程计价定额》(CQJZZSDE—2018)第一册中的"墙、柱面一般抹灰工程"和第二册中的"装饰墙柱面工程"两个部分。

· 6.12.1　基础知识准备 ·

1) 抹灰分类

抹灰工程分为一般抹灰和装饰抹灰。

一般抹灰使用的材料主要有石灰砂浆、水泥砂浆、水泥混合砂浆、聚合物水泥砂浆和麻刀石灰、纸筋石灰、石膏灰等。

根据现行规范规定,一般抹灰工程将原来的普通抹灰、中级抹灰和高级抹灰三级合并为普通抹灰和高级抹灰两级,将原中级抹灰的主要工序和表面质量作为普通抹灰的要求。

装饰抹灰主要包括水刷石、斩假石、干粘石、假面砖等。

2) 相关说明

（1）一般抹灰

①墙、柱面一般抹灰工程章节中的砂浆种类、配合比,如设计或经批准的施工组织设计与定额规定不同时,允许调整,人工、机械不变。

②墙、柱面一般抹灰工程章节中的抹灰厚度如设计与定额规定不同时,允许调整。

③墙、柱面一般抹灰工程章节中的抹灰子目已包括按图集要求的刷素水泥浆和建筑胶浆,不含界面剂处理,如设计要求时,按相应子目执行。

④抹灰中"零星项目"适用于各种壁柜、碗柜、池槽、阳台栏板（栏杆）、雨篷线、天沟、扶手、花台、梯帮侧面、遮阳板、飘窗板、空调隔板,以及凸出墙面宽度在 500 mm 以内的挑板、展开宽度在 500 mm 以上的线条及单个面积在 0.5 m² 以内的抹灰。

⑤抹灰中"线条"适用于挑檐线、腰线、窗台线、门窗套、压顶、宣传栏的边框及展开宽度在 500 mm 以内的线条等抹灰。定额子目线条是按展开宽度 300 mm 以内编制的,当设计展开宽度小于 400 mm 时,定额子目乘以系数 1.33;当设计展开宽度小于 500 mm 时,定额子目乘以系数 1.67。

⑥抹灰子目中已包括护角工料,不另计算。

⑦外墙抹灰已包括分格起线工料,不另计算。

⑧砌体墙中的混凝土框架柱（薄壁柱）、梁抹灰并入混凝土抹灰相应定额子目。砌体墙中的圈梁、过梁、构造柱抹灰并入相应墙面抹灰项目中。

⑨页岩空心砖、页岩多孔砖墙面抹灰执行砖墙抹灰定额子目。

⑩女儿墙内侧抹灰按内墙面抹灰相应定额子目执行,无泛水挑砖者人工及机械费乘以系数 1.10,带泛水挑砖者人工及机械费乘以系数 1.30;女儿墙外侧抹灰按外墙面抹灰相应定额子目执行。

⑪弧形、锯齿形等不规则墙面抹灰,按相应定额子目人工乘以系数 1.15,材料乘以系数 1.05。

⑫如设计要求混凝土面需凿毛时,其费用另行计算。

⑬阳光窗侧壁及上下抹灰工程量并入内墙面抹灰计算。

（2）装饰抹灰

①装饰墙柱面工程章节中的砂浆种类、配合比，如设计或经批准的施工组织设计与定额规定不同时，允许调整，人工、机械不变。

②装饰墙柱面工程章节中的抹灰厚度如设计与定额规定不同时，允许调整。

③装饰墙柱面工程章节中的抹灰子目已包括按图集要求的刷素水泥浆和建筑胶浆，不含界面剂处理，如设计要求时，按相应子目执行。

④抹灰中"零星项目"适用于各种天沟、扶手、花台、梯帮侧面，以及凸出墙面宽度在500 mm 以内的挑板、展开宽度在500 mm 以上的线条及单个面积在0.5 m² 以内的抹灰。

⑤弧形、锯齿形等不规则墙面抹灰按相应定额子目人工乘以系数1.15，材料乘以系数1.05。

⑥如设计要求混凝土面需凿毛时，其费用另行计算。

⑦墙面面砖专用勾缝剂勾缝块料面层规格是按周长1 600 mm 考虑的，当面砖周长小于1 600 mm 时，按定额执行；当面砖周长大于1 600 mm 时，按定额项目乘以系数0.75 执行。

⑧墙面面砖勾缝宽度与定额规定不同时，勾缝剂耗量按缝宽比例进行调整，人工不变。

⑨柱面采用专用勾缝剂套用墙面勾缝相应定额子目，人工乘以系数1.15，材料乘以系数1.05。

（3）块料面层

①镶贴块料子目中，面砖分别按缝宽5 mm 和密缝考虑，如灰缝宽度不同，其块料及灰缝材料（水泥砂浆1:1）用量允许调整，其余不变。调整公式如下（面砖损耗及砂浆损耗率详见损耗率表）

$$10 \text{ m}^2 \text{ 块料用量} = 10 \text{ m}^2 \times (1 + \text{损耗率}) \div [(\text{块料长} + \text{灰缝宽}) \times (\text{块料宽} + \text{灰缝宽})]$$

$$10 \text{ m}^2 \text{ 灰缝砂浆用量} = (10 \text{ m}^2 - \text{块料长} \times \text{块料宽} \times 10 \text{ m}^2 \text{ 相应灰缝的块料用量}) \times \text{灰缝深} \times (1 + \text{损耗率})$$

②装饰墙柱面工程章节块料面层定额子目只包含结合层砂浆，未包含基层抹灰面砂浆。

③块料面层结合层使用白水泥砂浆时，套用相应定额子目，结合层水泥砂浆中的普通水泥换成白水泥，消耗量不变。

④镶贴块料及墙柱面装饰"零星项目"适用于各种壁柜、碗柜、池槽、阳台栏板（栏杆）、雨篷线、天沟、扶手、花台、梯帮侧面、遮阳板、飘窗板、空调隔板、压顶、门窗套、扶手、窗台线，以及凸出墙面宽度在500 mm 以内的挑板、展开宽度在500 mm 以上的线条及单个面积在0.5 m²以内的项目。

⑤镶贴块料面层均不包括切斜角、磨边，如设计要求切斜角、磨边时，按其他工程章节相应定额子目执行。弧形石材磨边人工乘以系数1.3；直形墙面贴弧形图案时，其弧形部分块料损耗按实调整，弧形部分每100 m 增加人工6 工日。

⑥弧形墙柱面贴块料及饰面时，按相应定额子目人工乘以系数1.15，材料乘以系数1.05，其余不变。

⑦弧形墙柱面干挂石材或面砖钢骨架基层时，按相应定额子目人工乘以系数1.15，材料乘以系数1.05，其余不变。

⑧墙柱面贴块料高度在300 mm 以内者，按踢脚板定额子目执行。

⑨干挂定额子目仅适用于室内装饰工程。

（4）其他饰面

①装饰墙柱面工程章节定额子目中龙骨（骨架）材料消耗量，如设计用量与定额规定用量不同时，材料消耗量应予调整，其余不变。

②墙面木龙骨基层是按双向编制的，如设计为单向时，人工乘以系数0.55。

③隔墙（间壁）、隔断（护壁）面层定额子目均未包括压条、收边、装饰线（板），如设计要求时，按相应定额子目执行。

④墙柱面饰面板拼色、拼花按相应定额子目人工乘以系数1.5，材料消耗量允许调整，机械不变。

⑤木龙骨、木基层均未包括刷防火涂料，如设计要求时，按相应定额子目执行。

⑥墙柱面饰面高度在300 mm以内者，按踢脚板定额子目执行。

⑦外墙门窗洞口侧面及顶面（底面）的饰面面层工程量并入相应墙面。

⑧装饰钢构架适用于屋顶平面或立面起装饰作用的钢构架。

⑨零星钢构件适用于台盆、浴缸、空调支架及质量在50 kg内的单个钢构件。

⑩铁件、金属构件除锈是按手工除锈编制的，若采用机械（喷砂或抛丸）除锈时，执行金属结构工程章节中相应定额子目。

⑪铁件、金属构件已包含刷防锈漆一遍，若设计需要刷第二遍或多遍防锈漆时，按相应定额子目执行。

⑫铝塑板、铝单板定额子目仅适用于室内装饰工程。

（5）幕墙、隔断

①铝合金明框玻璃幕墙是按120系列、隐框和半隐框玻璃幕墙是按130系列、铝塑板（铝板）幕墙是按110系列编制的。幕墙定额子目如设计与定额材料消耗量不同时，材料允许调整，其余不变。

②玻璃幕墙设计有开窗者，并入幕墙面积计算，窗型材、窗五金用量相应增加，其余不变。

③点支式支撑全玻璃幕墙定额子目不包括承载受力结构。

④每套不锈钢玻璃爪包括驳接头、驳接爪、钢底座。定额不分爪数，设计不同时可以换算，其余不变。

⑤玻璃幕墙中的玻璃是按成品玻璃编制的；幕墙中的避雷装置已综合，幕墙的封边、封顶按装饰墙柱面工程章节相应定额项目执行，封边、封顶材料与定额不同时，材料允许调整，其余不变。

⑥斜面幕墙指倾斜度超过5%的幕墙。斜面幕墙按相应幕墙定额子目人工、机械乘以系数1.05执行，其他不变；曲面、弧形幕墙按相应幕墙定额子目人工、机械乘以系数1.2执行，其余不变。

⑦干挂石材幕墙和金属板幕墙定额子目适用于按照《金属与石材幕墙工程技术规范》（JGJ 133—2013）、《建筑装饰装修工程质量验收规范》（GB 50210—2001）[注：现行为《建筑装饰装修工程质量验收标准》（GB 50210—2018）]进行设计、施工、质量检测和验收的室外围护结构或室外墙、柱、梁装饰干挂石材面和金属板面。室内干挂石材如采用《金属与石材幕墙工程技术规范》（JGJ 133—2013），执行石材幕墙定额。

⑧定额钢材消耗量不含钢材镀锌层增加质量。铝合金型材消耗量为铝合金型材理论净重,不含包装增加质量。

· 6.12.2   工程量计算 ·

(1)一般抹灰、装饰抹灰

①内墙面、墙裙抹灰工程量均按设计结构尺寸(有保温、隔热、防潮层者按其外表面尺寸)面积以"m²"计算,应扣除门窗洞口和单个面积大于0.3 m²的空圈所占面积,不扣除踢脚板、挂镜线及单个面积在0.3 m²以内的孔洞和墙与构件交接处的面积,但门窗洞口、空圈、孔洞的侧壁和顶面(底面)面积亦不增加。附墙柱(含附墙烟囱)的侧面抹灰应并入墙面、墙裙抹灰工程量内计算。

②内墙面、墙裙的抹灰长度以墙与墙间的图示净长计算。其高度按下列规定计算:

a.无墙裙的,其高度按室内地面或楼面至天棚底面之间距离计算。

b.有墙裙的,其高度按墙裙顶至天棚底面之间距离计算。

c.有吊顶天棚的内墙抹灰,其高度按室内地面或楼面至天棚底面另加100 mm计算(有设计要求的除外)。

③外墙抹灰工程量按设计结构尺寸(有保温、隔热、防潮层者按其外表面尺寸)面积以"m²"计算,应扣除门窗洞口、外墙裙(墙面与墙裙抹灰种类相同者应合并计算)和单个面积大于0.3 m²的孔洞所占面积,不扣除单个面积在0.3 m²以内的孔洞所占面积,门窗洞口及孔洞的侧壁、顶面(底面)面积亦不增加。附墙柱(含附墙烟囱)侧面抹灰面积应并入外墙面抹灰工程量内。

【例6.28】 计算如图6.84、图6.85所示建筑物内墙混合砂浆抹灰工程量,门尺寸均为900 mm×2 000 mm。

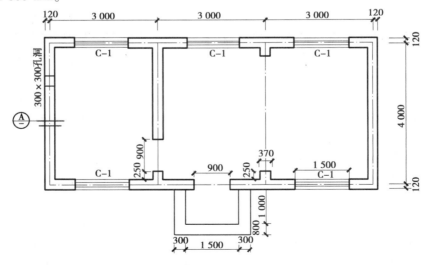

图6.84   建筑平面图

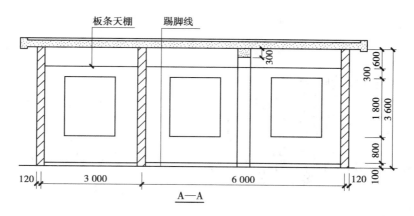

图 6.85　A—A 剖面图

【解】　内墙抹灰工程量(面积):

$(6 - 0.24 + 0.25 \times 2 + 4 - 0.24) \times 2 \times (3 + 0.1) - 1.5 \times 1.8 \times 3 - 0.9 \times 2 \times 1 +$
$(3 - 0.24 + 4 - 0.24) \times 2 \times (3 + 0.1) - 1.5 \times 1.8 \times 2 - 0.9 \times 2 \times 1 \approx 85.45 (m^2)$

④柱抹灰按结构断面周长乘以抹灰高度以"m^2"计算。

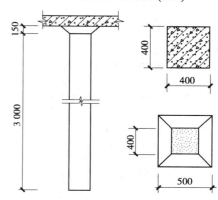

图 6.86　柱构造示意图

【例 6.29】　某工程有混凝土独立柱 16 根,构造如图 6.86 所示,设计要求该柱面采用混合砂浆抹灰层,厚度 25 mm。求该柱面抹灰工程量。

【解】　柱身部分抹灰面积:$0.4 \times 4 \times 3 \times 16 = 76.8 (m^2)$

柱帽部分抹灰面积:$(0.4 + 0.5) \div 2 \times \sqrt{[(0.5 - 0.4)/2]^2 + 0.15^2} \times 4 \times 16 \approx 4.55 (m^2)$

柱面抹灰工程量合计:$76.8 + 4.55 = 81.35 (m^2)$

⑤装饰线条的抹灰按设计图示尺寸以"延长米"计算。

⑥装饰抹灰分格、填色按设计图示展开面积以"m^2"计算。

⑦零星项目的抹灰按设计图示展开面积以"m^2"计算。

⑧单独的外窗台抹灰长度,如设计图纸无规定时,按窗洞口宽两边共加 200 mm 计算。

⑨钢丝(板)网铺贴按设计图示尺寸或实铺面积计算。

(2)块料面层

①墙柱面块料面层按设计饰面层实铺面积以"m^2"计算,应扣除门窗洞口和单个面积大于 $0.3\ m^2$ 的空圈所占面积,不扣除单个面积在 $0.3\ m^2$ 以内的孔洞所占面积。

②专用勾缝剂工程量计算按块料面层计算规则执行。

(3)其他饰面

墙柱面其他饰面面层按设计饰面层实铺面积以"m^2"计算,龙骨、基层按饰面面积以"m^2"计算,应扣除门窗洞口和单个面积大于 $0.3\ m^2$ 的空圈所占面积,不扣除单个面积在 $0.3\ m^2$ 以内的孔洞所占面积。

【例6.30】 某钢筋混凝土柱装饰如图6.87所示,柱面装饰板面层,请计算其工程量。

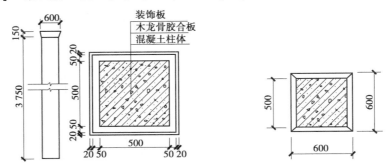

图6.87 柱装饰板构造

【解】 柱身装饰板工程量:$0.64 \times 4 \times 3.75 = 9.6(\text{m}^2)$

柱帽装饰板工程量:$(0.64 + 0.74) \div 2 \times \sqrt{0.05^2 + 0.15^2} \times 4 \approx 0.44(\text{m}^2)$

装饰板工程量合计:$9.6 + 0.44 = 10.04(\text{m}^2)$

(4)幕墙、隔断

①全玻幕墙按设计图示面积以"m²"计算。带肋全玻幕墙的玻璃肋并入全玻幕墙内计算。

幕墙玻璃肋如图6.88所示。

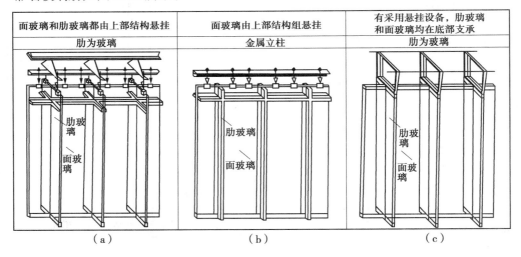

图6.88 幕墙玻璃肋

②带骨架玻璃幕墙按设计图示框外围面积以"m²"计算,不扣除与幕墙同种材质的窗所占面积。

【例6.31】 隐框玻璃幕墙如图6.89所示,立柱为亚光不锈钢构件,宽度为0.7 m,请计算幕墙工程量。

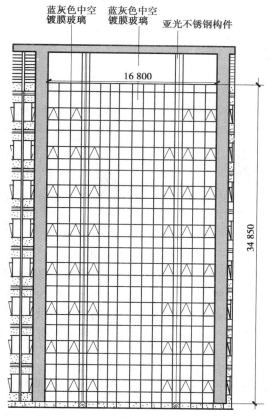

图6.89 玻璃幕墙示意图

【解】 幕墙工程量:$16.8 \times 34.85 - 0.7 \times 34.85 \times 2 = 536.69(\mathrm{m}^2)$

③金属幕墙、石材幕墙按设计图示框外围面积以"m^2"计算,应扣除门窗洞口面积,门窗洞口侧壁工程量并入幕墙面积计算。

④幕墙定额子目不包含预埋铁件或后置埋件,发生时按实计算。

⑤幕墙定额子目不包含防火封层。防火封层按设计图示展开面积以"m^2"计算。

⑥全玻幕墙钢构架制作、安装按设计图示尺寸计算的理论质量以"t"计算。

⑦隔断按设计图示外框面积以"m^2"计算,应扣除门窗洞口及单个在$0.3\ \mathrm{m}^2$以上的孔洞所占面积,门窗按相应定额子目执行。

【例6.32】 某卫生间木隔断如图6.90所示,请计算木隔断工程量。

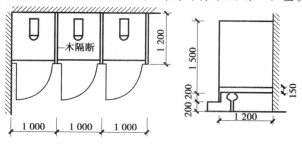

图6.90 卫生间木隔断示意图

【解】 木隔断工程量:$1.2 \times 1.5 \times 3 = 5.4(m^2)$

⑧全玻隔断的装饰边框工程量按设计尺寸以"延长米"计算,玻璃隔断按框外围面积以"m^2"计算。全玻隔断如图6.91所示。

图6.91 全玻隔断

⑨玻璃隔断如有加强肋者,肋按展开面积并入玻璃隔断面积内以"m^2"计算。

⑩钢构架制作、安装按设计图示尺寸计算的理论质量以"kg"计算。

【例6.33】 某干挂石材幕墙钢骨架,其墙面立面局部放大图如图6.92所示,其中一条竖向通长钢骨架采用$50 \times 50 \times 5$热镀锌角钢。试计算图中竖向通长钢骨架工程量。

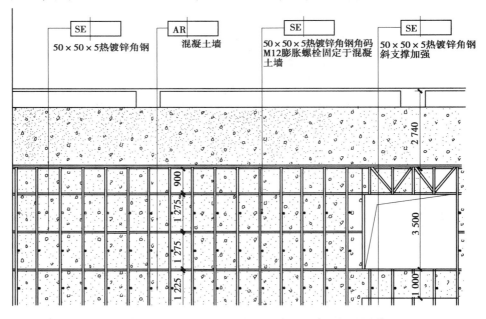

图6.92 幕墙钢骨架局部放大图

【解】 由图中可知竖向通长构件数量为17件。查"五金手册",$50 \times 50 \times 5$热镀锌角钢每米质量为3.77 kg。则

竖向通长角钢质量:$(1.225 + 1.275 \times 2 + 0.9) \times 3.77 \times 17 \approx 299.62(kg)$

6.13　天棚工程

本节主要内容包括天棚抹灰、天棚吊顶、采光天棚、天棚其他装饰4个部分。各部分包含的主要清单项目见表6.36。

表6.36　天棚工程包含的主要清单项目

项目名称		项目编码	项目名称		项目编码
天棚抹灰	天棚抹灰	011301001	天棚吊顶	织物软雕吊顶	011302005
天棚吊顶	吊顶天棚	011302001		装饰网架吊顶	011302006
	格栅天棚	011302002	采光天棚	采光天棚	011303001
	吊筒天棚	011302003	天棚其他装饰	灯带（槽）	011304001
	藤条造型悬挂吊顶	011302004		送风口、回风口	011304002

本节内容包含《重庆市房屋建筑与装饰工程计价定额》（CQJZZSDE—2018）第一册中的"天棚面一般抹灰工程"和第二册中的"天棚工程"两个部分。

• 6.13.1　基础知识准备 •

1）天棚

天棚装饰工程是在楼板、屋架下弦或屋面板的下面进行的装饰工程。

根据天棚面成型后的高度差，天棚面可以分为平面、跌级、艺术造型等天棚；根据材料和工艺取定的不同，又包括其他天棚，如软织物装饰天棚、膜结构天棚等。除此之外，还有隶属于天棚面的其他项目，如阴角线、天棚回风口、灯槽、灯带等。

平面、跌级天棚根据其构造内容，包括天棚龙骨、天棚基层、天棚面层、天棚灯槽等，如图6.93所示。

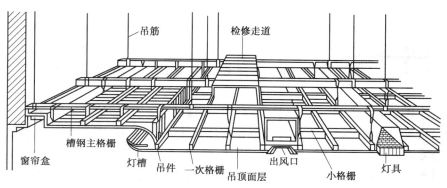

图6.93　天棚构造

艺术造型天棚是指将天棚面层做成曲折形、多面体等形式的天棚,如图6.94所示。其构造也分为轻钢龙骨、方木龙骨、基层、面层等内容。轻钢龙骨根据其结构形式分为藻井天棚、吊挂式天棚、阶梯形天棚、锯齿形天棚等。藻井天棚是指在现代装饰中,将天棚做成不同层次的并带有立体感的组合体天棚。

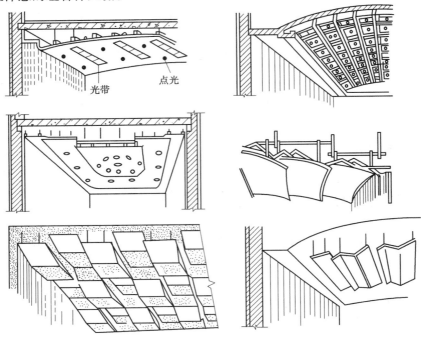

图6.94 艺术造型天棚

2)与计算有关的概念

①主墙:指砖墙、砌体墙墙厚≥180 mm或墙厚≥100 mm的钢筋混凝土剪力墙。

②间壁墙:厚度小于120 mm的墙,包括隔墙、间隔墙、隔断。

③垛:指墙体上向外凸出的部分。

3)相关说明

(1)天棚面一般抹灰

①天棚面一般抹灰工程章节中的砂浆种类、配合比,如设计或经批准的施工组织设计与定额规定不同时,允许调整,人工、机械不变。

②楼梯底板抹灰执行天棚抹灰相应定额子目,其中锯齿形楼梯按相应定额子目人工乘以系数1.35。

③天棚抹灰定额子目不包含基层打(钉)毛,如设计需要打毛时应另行计算。

④天棚抹灰装饰线定额子目是指天棚抹灰凸起线、凸出棱角线,装饰线道数以凸出的一个棱角为一道线。

⑤天棚和墙面交角抹灰呈圆弧形已综合考虑在定额子目中,不得另行计算。

⑥天棚装饰线抹灰定额子目中只包括凸出部分的工料,不包括底层抹灰的工料。底层抹灰的工料包含在天棚抹灰定额子目中,计算天棚抹灰工程量时不扣除装饰线条所占抹灰

面积。

⑦天棚抹灰定额子目中已包括建筑胶浆人工、材料、机械费用,不再另行计算。

（2）天棚工程装饰

①天棚工程章节中铁件、金属构件除锈是按手工除锈编制的,若采用机械（喷砂或抛丸）除锈时,执行金属构件章节中相应定额子目,按质量每吨扣除手工除锈人工3.4工日。

②天棚工程章节中铁件、金属构件已包括刷防锈漆一遍,如设计需要刷第二遍及多遍防锈漆时,按相应定额子目执行。

③天棚工程章节龙骨的种类、间距、规格和基层、面层材料的型号、规格是按常用材料和常用做法编制的,如设计与定额不同时,材料消耗量应予调整,其余不变。

④当天棚面层为拱（弧）形时,称为拱（弧）形天棚;天棚面层为球冠时,称为工艺穹顶。

⑤在同一功能分区内,天棚面层无平面高差的为平面天棚,天棚面层有平面高差的为跌级天棚。跌级天棚基层板及面层按平面相应定额子目人工乘以系数1.2。

⑥斜平顶天棚龙骨、基层、面层按平面定额子目人工乘以系数1.15,其余不变。

⑦拱（弧）形天棚基层、面层板按平面定额子目人工乘以系数1.3,面层材料乘以系数1.05,其余不变。

⑧包直线形梁、造直线形假梁按柱面相应定额子目人工乘以系数1.2,其余不变。

⑨包弧线形梁、造弧线形假梁按柱面相应定额子目人工乘以系数1.35,材料乘以系数1.1,其余不变。

⑩天棚装饰定额子目缺项时,按其他章节相应定额子目人工乘以系数1.3,其余不变。

⑪天棚工程章节吸音层厚度如设计与定额规定不同时,材料消耗量应予调整,其余不变。

⑫天棚工程章节平面天棚和跌级天棚不包括灯槽的制作、安装。灯槽制作、安装应按天棚工程章节相应定额子目执行。定额中灯槽是按展开宽度600 mm以内编制的,如展开宽度大于600 mm时,其超过部分并入天棚工程量计算。

⑬天棚工程章节定额子目中（除金属构件子目外）未包括防火、除锈、油漆等内容,发生时,按油漆、涂料、裱糊工程章节中相应定额子目执行。

⑭天棚装饰面层未包括各种收口条、装饰线条,发生时,按其他装饰工程章节中相应定额子目执行。

⑮天棚面层未包含开孔（检修孔除外）费用,发生时,按开灯孔相应定额子目执行,其中开空调风口执行开格式灯孔定额子目。

⑯天棚工程章节定额轻钢龙骨和铝合金龙骨不上人型吊杆长度按600 mm编制,上人型吊杆长度按1 400 mm编制。吊杆长度大于定额规定时应按实调整,其余不变。

⑰天棚基层、面层板现场钻吸音孔时,每100 m² 增加6.5工日。

⑱天棚检修孔已包括在天棚相应定额子目内,不另计算。如材质与天棚不同时,另行计算;如设计有嵌边线条时,按其他装饰工程章节中相应定额子目执行。

⑲天棚面层板缝贴自粘胶带费用已包含在相应定额子目内,不再另行计算。

• 6.13.2　工程量计算 •

（1）一般抹灰

①天棚抹灰的工程量按墙与墙间的净面积以"m^2"计算,不扣除柱、附墙烟囱、垛、管道孔、检查口、单个面积在 0.3 m^2 以内的孔洞及窗帘盒所占面积。有梁板(含密肋梁板、井字梁板、槽形板等)底的抹灰按展开面积以"m^2"计算,并入天棚抹灰工程量内。

【例 6.34】　某混凝土肋形楼板天棚构造如图 6.95 所示,天棚抹灰厚度为 15 mm,抹灰材料为1:1:6的混合砂浆。已知主梁尺寸为 300 mm × 500 mm,次梁尺寸为 150 mm × 300 mm,板厚为 100 mm。图中墙体厚度为 240 mm,定位线位于墙体中心线处。请计算天棚抹灰工程量。

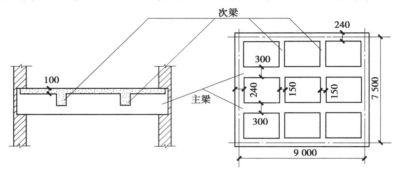

图 6.95　抹灰天棚示意图

【解】　天棚抹灰(水平投影面积):$(9 - 0.24) \times (7.5 - 0.24) \approx 63.60 (m^2)$

主梁侧面应计算的展开面积:$[(9 - 0.24) \times (0.5 - 0.1) - (0.3 - 0.1) \times 0.15 \times 2] \times 4 \approx 13.78 (m^2)$

次梁侧面应计算的展开面积:$(7.5 - 0.24 - 0.3 \times 2) \times (0.3 - 0.1) \times 4 \approx 5.33 (m^2)$

天棚抹灰工程量合计:$63.60 + 13.78 + 5.33 = 82.71 (m^2)$

②檐口天棚宽度在 500 mm 以上的挑板抹灰应并入相应的天棚抹灰工程量内计算。

③阳台底面抹灰按水平投影面积以"m^2"计算,并入相应天棚抹灰工程量内。阳台带悬臂梁者,其工程量乘以系数 1.30。

【例 6.35】　计算如图 6.96 所示阳台板底抹灰工程量。

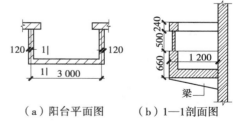

（a）阳台平面图　　（b）1—1剖面图

图 6.96　阳台

【解】　阳台板底抹灰工程量:$(3 + 0.12 \times 2) \times 1.2 \times 1.3 \approx 5.05 (m^2)$

④雨篷底面或顶面抹灰分别按水平投影面积(拱形雨篷按展开面积)以"m^2"计算,并入相应天棚抹灰工程量内。雨篷顶面带反沿或反梁者,其顶面工程量乘以系数 1.20;底面带悬臂梁者,其底面工程量乘以系数 1.20。

【例 6.36】　如图 6.97 所示,求雨篷抹灰工程量。抹灰做法:顶面做 1:2.5 水泥砂浆;底面做1:2水泥砂浆。

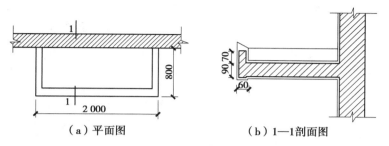

（a）平面图　　　　　　（b）1—1剖面图

图6.97　雨篷

【解】　雨篷底面抹灰工程量:$2 \times 0.8 = 1.6(m^2)$

雨篷顶面抹灰工程量:$2 \times 0.8 \times 1.2 = 1.92(m^2)$

⑤板式楼梯底面抹灰面积(包括踏步、休息平台以及小于500 mm宽的楼梯井)按水平投影面积乘以系数1.3计算,锯齿楼梯底板抹灰面积(包括踏步、休息平台以及小于500 mm宽的楼梯井)按水平投影面积乘以系数1.5计算。

⑥计算天棚装饰线时,分别按三道线以内或五道线以内以"延长米"计算。

（2）天棚工程装饰

①各种吊顶天棚龙骨按墙与墙之间的面积以"m^2"计算(多级造型、拱弧形、工艺穿顶天棚,斜平顶龙骨按设计展开面积计算),不扣除窗帘盒、检修孔、附墙烟囱、柱、垛和管道、灯槽、灯孔所占面积。

②天棚基层、面层按设计展开面积以"m^2"计算,不扣除附墙烟囱、垛、检查口、管道、灯孔所占面积,但应扣除单个面积在$0.3\ m^2$以上的孔洞、独立柱、灯槽及与天棚相连的窗帘盒所占面积。

【例6.37】　某公司活动中心的吊顶如图6.98、图6.99所示,请计算天棚龙骨、基层工程量。

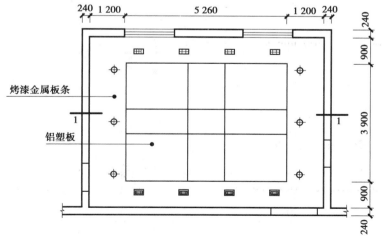

图6.98　吊顶天棚平面图

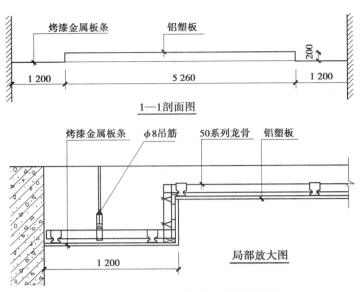

图 6.99　吊顶天棚剖面图、局部放大图

【解】　龙骨工程量：$(1.2+5.26+1.2)\times(0.9+3.9+0.9)=43.662(\text{m}^2)$

基层工程量：$43.662+(5.26+3.9)\times2\times0.2\approx47.33(\text{m}^2)$

③采光天棚按设计框外围展开面积以"m^2"计算。

④楼梯底面的装饰面层工程量按设计展开面积以"m^2"计算。

⑤网架按设计图示水平投影面积以"m^2"计算。

⑥灯带、灯槽按长度以"延长米"计算。

⑦灯孔、风口按"个"计算。风口如图 6.100 所示，图中风口数量为 4 个。

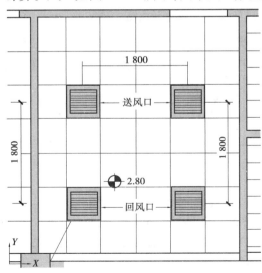

图 6.100　风口平面图

【例 6.38】　请计算如图 6.101 所示灯槽、灯带工程量。

【解】　灯槽工程量：$3.09\times2+4.4=10.58(\text{m})$

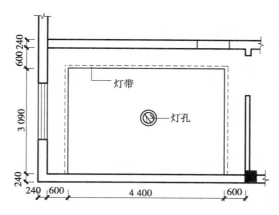

图 6.101 灯槽、灯孔

灯孔工程量:1 个

⑧格栅吊顶、藤条造型悬挂吊顶、织物软雕吊顶和装饰网架吊顶按设计图示水平投影面积以"m²"计算。

⑨天棚工程章节中天棚吊顶型钢骨架工程量按设计图示尺寸计算的理论质量以"t"计算。

6.14 油漆、涂料、裱糊工程

本节主要内容包括门油漆,窗油漆,木扶手及其他板条、线条油漆,木材面油漆,金属面油漆,抹灰面油漆,喷刷涂料,裱糊8个部分。各部分包含的主要清单项目见表6.37。

表 6.37 油漆、涂料、裱糊工程包含的主要清单项目

项目名称		项目编码	项目名称		项目编码
门油漆	木门油漆	011401001	木材面油漆	木栅栏、木栏杆(带扶手)油漆	011404010
	金属门油漆	011401002		衣柜、壁柜油漆	011404011
窗油漆	木窗油漆	011402001		梁柱饰面油漆	011404012
	金属窗油漆	011402002		零星木装修油漆	011404013
木扶手及其他板条、线条油漆	木扶手油漆	011403001		木地板油漆	011404014
	窗帘盒油漆	011403002		木地板烫硬蜡面	011404015
	封檐板、顺水板油漆	011403003	金属面油漆	金属面油漆	011405001
	挂衣板、黑板框油漆	011403004	抹灰面油漆	抹灰面油漆	011406001
	挂镜线、窗帘棍、单独木线油漆	011403005		抹灰线条油漆	011406002
木材面油漆	木护墙、木墙裙油漆	011404001		满刮腻子	011406003
	窗台板、筒子板、盖板、门窗套、踢脚线油漆	011404002	喷刷涂料	墙面喷刷涂料	011407001
	清水板条天棚、檐口油漆	011404003		天棚喷刷涂料	011407002
	木方格吊顶天棚油漆	011404004		空花格、栏杆刷涂料	011407003
	吸音板墙面、天棚面油漆	011404005		线条刷涂料	011407004
	暖气罩油漆	011404006		金属构件刷防火涂料	011407005
	其他木材面	011404007		木材构件喷刷防火涂料	011407006
	木间壁、木隔断油漆	011404008	裱糊	墙纸裱糊	011408001
	玻璃间壁露明墙筋油漆	011404009		织锦缎裱糊	011408002

6.14.1　基础知识准备（相关说明）

①油漆、涂料、裱糊工程章节中油漆、涂料饰面涂刷是按手工操作编制的,喷涂是按机械操作编制的,实际操作方法不同时,不作调整。

②油漆、涂料、裱糊工程章节定额内规定的喷涂、涂刷遍数与设计要求不同时,应按每增、减一遍定额子目进行调整。

③抹灰面油漆、涂料、裱糊子目均未包括刮腻子,如发生时,另按相应定额子目执行。

④附着安装在同材质装饰面上的木线条、石膏线条等油漆、涂料,与装饰面同色者,并入装饰面计算;与装饰面分色者,另单独按线条定额子目执行。

⑤天棚面刮腻子、刷油漆及涂料时,按抹灰面相应定额子目人工乘以系数1.3,材料乘以系数1.1。

⑥混凝土面层(打磨后)直接刮腻子基层时,执行相应定额子目,其定额人工乘以系数1.1。

⑦零星项目刮腻子、刷油漆及涂料时,按抹灰面相应定额子目人工乘以系数1.45,材料乘以系数1.3。

⑧独立柱(梁)面刮腻子、刷油漆及涂料时,按墙面相应定额子目执行,人工乘以系数1.1,材料乘以系数1.05。

⑨抹灰面刮腻子、油漆、涂料定额子目中"零星子目"适用于小型池槽、压顶、垫块、扶手、门框、阳台立柱、栏杆、栏板、挡水线、挑出梁柱、墙外宽度小于500 mm 的线(角)、板(包含空调板、阳光窗、雨篷)以及单个体积不超过0.02 m³的现浇构件等。

⑩油漆涂刷不同颜色的工料已综合在定额子目内,颜色不同的,人工、材料不作调整。

⑪油漆、喷涂在同一平面上分色和门窗内外分色时,人工、材料已综合在定额子目内。如设计规定做美术图案者,另行计算。

⑫单层木门窗刷油漆是按双面刷油编制的,若采用单面刷油时,按相应定额子目乘以系数0.49。

⑬单层钢门、窗和其他金属面设计需刷两遍防锈漆时,增加一遍按刷一遍防锈漆定额子目人工乘以系数0.74,材料乘以系数0.9 计算。

⑭隔墙木龙骨刷防火涂料(防火漆)定额子目适用于隔墙、隔断、间壁、护壁、柱木龙骨。

⑮油漆、涂料、裱糊工程章节定额中硝基清漆磨退出亮定额子目是按达到漆膜面上的白雾光消除并出亮编制的,实际操作中刷、涂遍数不同时,不得调整。

⑯木基层板面刷防火涂料、防火漆,均执行木材面刷防火涂料、防火漆相应定额子目。

⑰油漆、涂料、裱糊工程章节防锈漆定额子目包含手工除锈,若采用机械(喷砂或抛丸)除锈时,执行金属结构工程章节中除锈的相应定额子目,防锈漆项目中的除锈用工亦不扣除。

⑱拉毛面上喷(刷)油漆、涂料时,均按抹灰面油漆、涂料相应定额子目执行,人工乘以系数1.2,材料乘以系数1.6。

⑲外墙面涂饰定额子目均不包括分格嵌缝,当设计要求做分格缝时,材料消耗增加5%,人工按1.5工日/100 m²增加计算。

⑳油漆、涂料、裱糊工程章节金属结构防火涂料分超薄型、薄型、厚型3种,超薄型、薄型防火涂料定额子目适用于设计耐火时限3小时以内,厚型防火涂料定额子目适用于设计耐火时限2小时以上。

㉑金属结构防火涂料定额子目按涂料密度500 kg/m³考虑,当设计与定额取定的涂料密度不同时,防火涂料消耗量可以调整,其余不变。

㉒单独门框油漆按木门油漆定额子目乘以系数0.4执行。

㉓凹凸型涂料适用于肌理漆等不平整饰面。

㉔《重庆市房屋建筑与装饰工程计价定额》(CQJZZSDE—2018)隔墙木龙骨基层刷防火涂料是按双向龙骨编制的,如实际为单向龙骨时,其人工、材料乘以系数0.6。

•6.14.2　工程量计算•

①抹灰面油漆、涂料工程量按相应的抹灰工程量计算规则计算。

②龙骨、基层板刷防火涂料(防火漆)的工程量按相应的龙骨、基层板工程量计算规则计算。

③木材面及金属面油漆工程量分别按表6.38和表6.39中相应的计算规则计算。

④木楼梯(不包括底面)油漆按水平投影面积乘以系数2.3,执行木地板油漆相应定额子目。

⑤木地板油漆、打蜡工程量按设计图示面积以"m²"计算。空洞、空圈、暖气包槽、壁龛的开口部分并入相应的工程量内。

⑥裱糊工程量按设计图示面积以"m²"计算,应扣除门窗洞口所占面积。

⑦混凝土花格窗、栏杆花饰油漆、涂料工程量按单面外围面积乘以系数1.82计算。

表6.38　木材面油漆

项目名称	系数	工程量计算方法
执行木门油漆定额的其他项目,其定额子目乘以相应系数:		
单层木门	1.00	按单面洞口面积计算
双层(一玻一纱)木门	1.36	
双层(单裁口)木门	2.00	
单层全玻门	0.83	
木百叶门	1.25	
厂库房大门	1.10	
执行木窗油漆定额的其他项目,其定额子目乘以相应系数:		
单层玻璃窗	1.00	按单面洞口面积计算
双层(一玻一纱)木窗	1.36	

续表

项目名称	系数	工程量计算方法
双层(单裁口)木窗	2.00	按单面洞口面积计算
双层框三层(二玻一纱)木窗	2.60	
单层组合窗	0.83	
双层组合窗	1.13	
木百叶窗	1.50	
执行木扶手定额的其他项目,其定额子目乘以相应系数:		
木扶手(不带托板)	1.00	以"延长米"计算
木扶手(带托板)	2.60	
窗帘盒	2.04	
封檐板、顺水板	1.74	
挂衣板、黑板框、木线条100 mm以外	0.52	
挂镜线、窗帘棍、木线条100 mm以内	0.35	
执行其他木材面油漆定额的其他项目,其定额子目乘以相应系数:		
木板、木夹板、胶合板天棚(单面)	1.00	长×宽
木护墙、木墙裙	1.00	
窗台板、盖板、门窗套、踢脚线	1.00	
清水板条天棚、檐口	1.07	
木格栅吊顶天棚	1.20	
鱼鳞板墙	2.48	
吸音板墙面、天棚面	1.00	
屋面板(带檩条)	1.11	斜长×宽
木间壁、木隔断	1.90	单面外围面积
玻璃间壁露明墙筋	1.65	单面外围面积
木栅栏、木栏杆(带扶手)	1.82	
木屋架	1.79	跨度(长)×中高×1/2
衣柜、壁柜	1.00	按实刷展开面积
梁柱饰面、零星木装修	1.00	展开面积

表 6.39 金属面油漆

项目名称	系数	工程量计算方法
执行单层钢门窗油漆定额的其他项目,其定额子目乘以相应系数:		
单层钢门窗	1.00	洞口面积
双层(一玻一纱)钢门窗	1.48	
钢百叶钢门	2.74	
半截百叶钢门	2.22	
钢门或包铁皮门	1.63	
钢折叠门	2.30	
射线防护门	2.96	框(扇)外围面积
厂库平开、推拉门	1.70	
铁(钢)丝网大门	0.81	
金属间壁	1.85	长×宽
平板屋面(单面)	0.74	斜长×宽
瓦垄板屋面(单面)	0.89	
排水、伸缩缝盖板	0.78	展开面积
钢栏杆	0.92	单面外围面积
执行其他金属面油漆定额的其他项目,其定额子目乘以相应系数:		
钢屋架、天窗架、挡风架、屋架梁、支撑、檩条	1.00	质量(t)
墙架(空腹式)	0.50	
墙架(格板式)	0.82	
钢柱、吊车梁、花式梁、柱、空花构件	0.63	
操作台、走台、制动梁、钢梁车档	0.71	
钢栅栏门、窗栅	1.71	
钢爬梯	1.18	
轻型屋架	1.42	
踏步式钢扶梯	1.05	
零星铁件	1.32	

【例 6.39】 如图 6.102 所示,某宿舍楼一楼装有防盗高窗栅,四周外框及两横档为 $30 \times 30 \times 2.5$ 角钢,30 角钢的质量为 1.18 kg/m,中间为 $\phi8$ 钢筋,$\phi8$ 钢筋的质量为 0.395 kg/m。请计算其油漆工程量。

【解】 30 角钢长度:$1.2 \times 4 + 2.1 \times 2 = 9$(m)

$\phi8$ 钢筋长度:2.1×17(根) $= 35.7$(m)

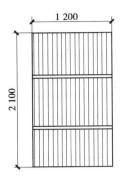

图 6.102　防盗窗

角钢、钢筋质量合计:$1.18 \times 9 + 0.395 \times 35.7 \approx 24.72$(kg)

窗栅油漆工程量:24.72×1.71(系数)≈ 42.27(kg)

【例 6.40】　如图 6.103 所示,试列出油漆、涂料、裱糊的项目名称。

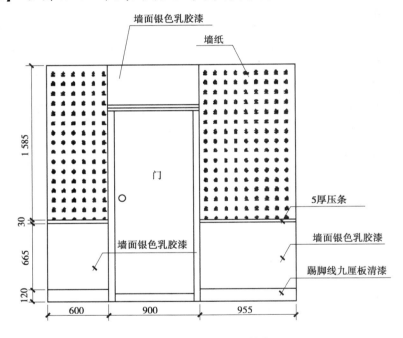

图 6.103　油漆、涂料、裱糊

【解】　根据定额列项有:①墙面贴墙纸;②墙面银色乳胶漆;③踢脚线九厘板上刷清漆。

6.15　其他装饰工程

本节主要内容包括柜类、货架,压条、装饰线,扶手、栏杆、栏板装饰,暖气罩,浴厕配件,雨篷、旗杆,招牌、灯箱,美术字 8 个部分。每部分包含的主要清单项目见表 6.40。

表6.40 其他装饰工程包含的主要清单项目

	项目名称	项目编码		项目名称	项目编码
柜类、货架	柜台	011501001	扶手、栏杆、栏板装饰	GRC栏杆、扶手	011503004
	酒柜	011501002		金属靠墙扶手	011503005
	衣柜	011501003		硬木靠墙扶手	011503006
	存包柜	011501004		塑料靠墙扶手	011503007
	鞋柜	011501005		玻璃栏板	011503008
	书柜	011501006	暖气罩	饰面板暖气罩	011504001
	厨房壁柜	011501007		塑料板暖气罩	011504002
	木壁柜	011501008		金属暖气罩	011504003
	厨房低柜	011501009	浴厕配件	洗漱台	011505001
	厨房吊柜	011501010		晒衣架	011505002
	矮柜	011501011		帘子杆	011505003
	吧台背柜	011501012		浴缸扶手	011505004
	酒吧吊柜	011501013		卫生间扶手	011505005
	酒吧台	011501014		毛巾杆（架）	011505006
	展台	011501015		毛巾环	011505007
	收银台	011501016		卫生纸盒	011505008
	试衣间	011501017		肥皂盒	011505009
	货架	011501018		镜面玻璃	011505010
	书架	011501019		镜箱	011505011
	服务台	011501020	雨篷、旗杆	雨篷吊挂饰面	011506001
压条、装饰线	金属装饰线	011502001		金属旗杆	011506002
	木质装饰线	011502002		玻璃雨篷	011506003
	石材装饰线	011502003	招牌、灯箱	平面、箱式招牌	011507001
	石膏装饰线	011502004		竖式标箱	011507002
	镜面装饰线	011502005		灯箱	011507003
	铝塑装饰线	011502006		信报箱	011507004
	塑料装饰线	011502007	美术字	泡沫塑料字	011508001
	GRC装饰线条	011502008		有机玻璃字	011508002
扶手、栏杆、栏板装饰	金属扶手、栏杆、栏板	011503001		木质字	011508003
	硬木扶手、栏杆、栏板	011503002		金属字	011508004
	塑料扶手、栏杆、栏板	011503003		吸塑字	011508005

·*6.15.1 相关说明*·

（1）柜类、货架

柜台、收银台、酒吧台、货架、附墙衣柜等是参考定额，材料消耗量可按实调整。

（2）压条、装饰线

①压条、装饰线均按成品安装考虑。

②装饰线条（顶角装饰线除外）按直线形在墙面安装考虑。墙面安装圆弧形装饰线条以及天棚面安装直线形、圆弧形装饰线条的，按相应项目乘以系数执行：

a. 墙面安装圆弧形装饰线条，人工乘以系数1.2，材料乘以系数1.1。

b. 天棚面安装直线形装饰线条，人工乘以系数1.34。

c. 天棚面安装圆弧形装饰线条，人工乘以系数1.6，材料乘以系数1.1。

d. 装饰线条做艺术图案，人工乘以系数1.8，材料乘以系数1.1。

e. 装饰线条直接安装在金属龙骨上，人工乘以系数1.68。

③石材、面砖磨边、开孔均按现场制作加工考虑，其中磨边按直形边考虑，圆弧形磨边时，按相应定额子目人工乘以系数1.3，其余不变。

④打玻璃胶子目适用于墙面装饰面层单独打胶的情况。

（3）扶手、栏杆、栏板装饰

①定额中铁件、金属构件除锈是按手工除锈编制的，若采用机械（喷砂或抛丸）除锈时，按金属结构工程章节相应定额子目执行。

②定额中铁件、金属构件已包括刷防锈漆一遍，如设计需要刷第二遍及多遍防锈漆时，按金属结构工程章节相应定额子目执行。

③扶手、栏杆、栏板项目（护窗栏杆除外）适用于楼梯、走廊、回廊及其他装饰性扶手、栏杆、栏板。

④扶手、栏杆、栏板项目已综合考虑扶手弯头（非整体弯头）的费用。如遇木扶手、大理石扶手为整体弯头，弯头另按其他装饰工程章节相应定额子目执行。

⑤设计栏杆、栏板的材料消耗量与定额不同时，其消耗量可以调整。

（4）浴厕配件

①浴厕配件按成品安装考虑。

②石材洗漱台安装不包括石材磨边、倒角及开面盆洞口，另执行其他装饰工程章节相应定额子目。

（5）雨篷、旗杆

①点支式、托架式雨篷的型钢、爪件的规格、数量是按常用做法考虑的，当设计要求与定额不同时，材料消耗量可以调整，人工、机械不变。托架式雨篷的斜拉杆费用另计。

②铝塑板、不锈钢面层雨篷项目按平面雨篷考虑，不包括雨篷侧面。

③旗杆项目按常用做法考虑，未包括旗杆基础、旗杆台座及其饰面。

（6）招牌、灯箱

①招牌、灯箱项目，当设计与定额考虑的材料品种、规格不同时，材料可以换算。

②平面招牌是指安装在墙面上;箱体招牌、竖式标箱是指六面体固定在墙面上;沿雨篷、檐口、阳台走向的立式招牌,按平面招牌项目执行。

③广告牌基层以附墙方式考虑,当设计为独立式的,按相应定额子目执行,其中人工乘以系数1.10。

④招牌、灯箱定额子目均不包括广告牌所需喷绘、灯饰、灯光、店徽、其他艺术装饰及配套机械。

(7)美术字

①美术字按成品安装固定编制。

②美术字不分字体均执行本定额。

③美术字按最大外接矩形面积区分规格,按相应项目执行。

·6.15.2 工程量计算·

(1)柜类、货架

柜台、收银台、酒吧台按设计图示尺寸以"延长米"计算;货架、附墙衣柜类按设计图示尺寸以正立面的高度(包括脚的高度在内)乘以宽度以"m²"计算。

收银台如图6.104所示,图中收银台工程量为5.95 m。

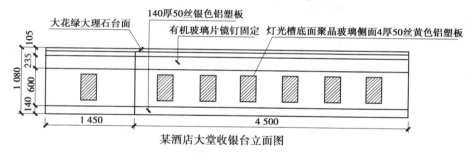

图6.104 收银台

(2)压条、装饰线

①木装饰线、石膏装饰线、金属装饰线、石材装饰线按设计图示长度以"m"计算。

②柱墩、柱帽、木雕花饰件、石膏角花、灯盘按设计图示数量以"个"计算。

③石材磨边、面砖磨边按长度以"延长米"计算。

④打玻璃胶按长度以"延长米"计算。

(3)扶手、栏杆、栏板装饰

①扶手、栏杆、栏板、成品栏杆(带扶手)按设计图示扶手中心线长度以"延长米"计算,不扣除弯头长度。如遇木扶手、大理石扶手为整体弯头时,扶手消耗量需扣除整体弯头的长度,设计不明确者,每只整体弯头按400 mm扣除。

②单独弯头按设计图示数量以"个"计算。

(4)浴厕配件

①石材洗漱台按设计图示台面外接矩形面积以"m²"计算,不扣除孔洞、挖弯、削角所占面积,挡板、吊沿板面积并入台面面积内。

②镜面玻璃(带框)、盥洗室木镜箱按设计图示边框外围面积以"m²"计算。

③镜面玻璃(不带框)按设计图示面积以"m²"计算。

④安装成品镜面按设计图示数量以"套"计算。

⑤毛巾环、肥皂盒、金属帘子杆、浴缸拉手、毛巾杆安装等按设计图示数量以"副"或"个"计算。

【例6.41】　某卫生间装饰如图6.105所示。卫生间内配置大理石洗漱台,大理石挡板、吊沿,车边镜面玻璃及毛巾架等配件。尺寸如下:大理石台板1 200 mm×700 mm×20 mm,挡板宽度120 mm,吊沿180 mm,开单孔;台板磨半圆边;玻璃镜1 400 mm(宽)×1 100 mm(高),50 mm宽镜面不锈钢边;毛巾架为不锈钢。请计算洗漱台、镜面玻璃、毛巾环、装饰线工程量。

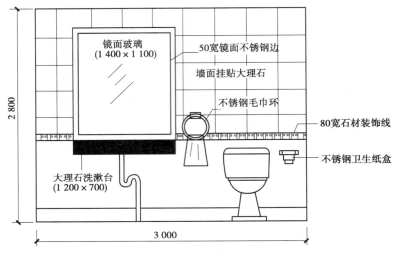

图6.105　卫生间装饰构造

【解】　洗漱台工程量:$1.2 \times (0.7 + 0.12 + 0.18) = 1.2 (\text{m}^2)$

镜面玻璃工程量:$(1.4 + 0.05 \times 2) \times (1.1 + 0.05 \times 2) = 1.8 (\text{m}^2)$

毛巾环工程量:1 个

装饰线(石材)工程量:3 m

(5)雨篷、旗杆

①雨篷按设计图示水平投影面积以"m²"计算。

②不锈钢旗杆按设计图示数量以"根"计算。

③电动升降系统和风动系统按设计数量以"套"计算。

(6)招牌、灯箱

①平面招牌基层按设计图示正立面边框外围面积以"m²"计算,复杂凹凸部分亦不增减。

学校平面招牌如图6.106所示,图中平面招牌的工程量为$1.5 \times 9 = 13.5 (\text{m}^2)$。

②沿雨篷、檐口或阳台走向的立式招牌基层,按平面招牌执行时,应按展开面积以"m²"计算。

③箱体招牌和竖式标箱的基层按设计图示外围面积以"m²"计算。

④招牌、灯箱上的店徽及其他艺术装潢等均另行计算。

图 6.106 学校平面招牌

⑤招牌、灯箱的面层按设计图示展开面积以"m²"计算。

⑥广告牌钢骨架按设计图示尺寸计算的理论质量以"t"计算。型钢按设计图纸中的规格尺寸计算(不扣除孔眼、切边、切肢的质量)。钢板按几何图形的外接矩形计算(不扣除孔眼质量)。

(7)美术字

美术字的安装按字的最大外围矩形面积以"个"计算。

6.16 措施项目

本节内容主要包括脚手架工程,混凝土模板及支架(撑),垂直运输,超高施工增加,大型机械设备进出场及安拆,施工排水、降水,安全文明施工及其他措施项目7个部分。各部分包含的主要清单项目见表6.41。

表 6.41 措施项目包含的主要清单项目

项目名称		项目编码	项目名称		项目编码
脚手架工程	综合脚手架	011701001	混凝土模板及支架(撑)	矩形梁	011702006
	外脚手架	011701002		异形梁	011702007
	里脚手架	011701003		圈梁	011702008
	悬空脚手架	011701004		过梁	011702009
	挑脚手架	011701005		弧形、拱形梁	011702010
	满堂脚手架	011701006		直形墙	011702011
	整体提升架	011701007		弧形墙	011702012
	外装饰吊篮	011701008		短肢剪力墙、电梯井壁	011702013
混凝土模板及支架(撑)	基础	011702001		有梁板	011702014
	矩形柱	011702002		无梁板	011702015
	构造柱	011702003		平板	011702016
	异形柱	011702004		拱板	011702017
	基础梁	011702005		薄壳板	011702018

续表

项目名称		项目编码	项目名称		项目编码
混凝土模板及支架（撑）	空心板	011702019	垂直运输		011703001
	其他板	011702020	超高施工增加		011704001
	栏板	011702021	大型机械设备进出场及安拆		011705001
	天沟、檐沟	011702022	施工排水、降水	成井	011706001
	雨篷、悬挑板、阳台板	011702023		排水、降水	01106002
	楼梯	011702024	安全文明施工及其他措施项目	安全文明施工	011707001
	其他现浇构件	011702025		夜间施工	011707002
	电缆沟、地沟	011702026		非夜间施工照明	011707003
	台阶	011702027		二次搬运	011707004
	扶手	011702028		冬雨季施工	011707005
	散水	011702029		地上、地下设施、建筑物的临时保护设施	011707006
	后浇带	011702030		已完工程及设备保护	011707007
	化粪池	011702031			
	检查井	011702032			

本节主要内容中，混凝土模板及支架（撑）部分已经在"6.5　混凝土及钢筋混凝土工程"中讲过，此处不再赘述；安全文明施工及其他措施项目将在后续费用定额中叙述其计算方法；《重庆市房屋建筑与装饰工程计价定额》（CQJZZSDE—2018）规定施工排、降水费用发生时按实计算。

·6.16.1　相关说明·

1）一般说明

①定额包括脚手架工程、垂直运输、超高施工增加费、大型机械设备进出场及安拆。

②建筑物檐高是以设计室外地坪至檐口滴水的高度（平屋顶是指屋面板底高度，斜屋面是指外墙外边线与斜屋面板底的交点）为准。突出主体建筑物屋顶的楼梯间、电梯间、水箱间、屋面天窗、构架、女儿墙等不计入檐高之内。

③同一建筑物有不同檐高时，按建筑物的不同檐高纵向分割，分别计算建筑面积，并按各自的檐高执行相应子目。

④同一建筑物有几个室外地坪标高或檐口标高时，应按纵向分割的原则分别确定檐高，室外地坪标高以同一室内地坪标高面相应的最低室外地坪标高为准。

2）脚手架工程

①措施项目章节脚手架是按钢管式脚手架编制的，施工中实际采用竹、木或其他脚手架

时,不允许调整。

②综合脚手架和单项脚手架已综合考虑了斜道、上料平台、防护栏杆和水平安全网。

③措施项目章节定额未考虑地下室架料拆除后超过 30 m 的人工水平转运,发生时按实计算。

④各项脚手架消耗量中未包括脚手架基础加固。基础加固是指脚手架立杆下端以下或脚手架底座以下的一切做法(如混凝土基础、垫层等),发生时按批准的施工组织设计计算。

⑤综合脚手架。

a. 凡能够按"建筑面积计算规则"计算建筑面积的建筑工程,均按综合脚手架定额项目计算脚手架摊销费。

b. 综合脚手架已综合考虑了砌筑、浇筑、吊装、一般装饰等脚手架费用,除满堂基础和 3.6 m 以上的天棚吊顶、幕墙脚手架及单独二次设计的装饰工程按规定单独计算外,不再计算其他脚手架摊销费。

c. 综合脚手架已包含外脚手架摊销费,其外脚手架按悬挑式脚手架、提升式脚手架综合考虑。外脚手架高度在 20 m 以上,外立面按有关要求或批准的施工组织设计采用落地式等双排脚手架进行全封闭的,另执行相应高度的双排脚手架子目,人工乘以系数 0.3,材料乘以系数 0.4。

d. 多层建筑综合脚手架按层高 3.6 m 以内进行编制,如层高超过 3.6 m 时,该层综合脚手架按每增加 1.0 m(不足 1 m 按 1 m 计算)增加系数 10% 计算。

e. 执行综合脚手架的建筑物,有下列情况时,另执行单项脚手架子目:

● 砌筑高度在 1.2 m 以外的管沟墙及砖基础,按设计图示砌筑长度乘以高度以面积计算,执行里脚手架子目。

● 建筑物内的混凝土贮水(油)池、设备基础等构筑物,按相应单项脚手架计算。

● 建筑装饰造型及其他功能需要在屋面上施工现浇混凝土排架,按双排脚手架计算。

● 按照《建筑工程建筑面积计算规范》的有关规定未计入建筑面积,但施工过程中需搭设脚手架的部位(连梁),应另执行单项脚手架项目。

⑥单项脚手架。

a. 凡不能按"建筑面积计算规则"计算建筑面积的建筑工程,确需搭设脚手架时,按单项脚手架项目计算脚手架摊销费。

b. 单项脚手架按施工工艺分项工程编制,不同分项工程应分别计算单项脚手架。

c. 悬空脚手架是通过特设的支承点用钢丝绳沿对墙面拉起,工作台在上面滑移施工,适用于悬挑宽度在 1.2m 以上的有露出屋架的屋面板勾缝、油漆或喷浆等部位。

d. 挑脚手架是指悬挑宽度在 1.2 m 以内的采用悬挑形式搭设的脚手架。

e. 满堂式钢管支撑架是指在纵横方向,由不小于三排立杆并与水平杆、水平剪刀撑、竖向剪刀撑、扣件等构成的,为钢结构安装或浇筑混凝土构件等搭设的承力支架。满堂式钢管支撑架定额子目只包括搭拆的费用,使用费根据设计(含规范)或批准的施工组织设计另行计算。

f. 满堂脚手架是指在纵横方向,由不小于三排立杆并与水平杆、水平剪刀撑、竖向剪刀撑、扣件等构成的操作脚手架。

g. 水平防护架和垂直防护架均指在脚手架以外,单独搭设的用于车马通道、人行通道、临街防护和施工与其他物体隔离的水平及垂直防护架。

h. 安全过道是指在脚手架以外,单独搭设的用于车马通行、行人通行的封闭通道,不含两侧封闭防护,发生时另行计算。

i. 建筑物垂直封闭是在利用脚手架的基础上挂网的工序,不包含脚手架搭拆。

j. 采用单排脚手架搭设时,按双排脚手架子目乘以系数0.7。

k. 水平防护架子目中的脚手板是按单层编制的,实际按双层或多层铺设时按实铺层数增加脚手板耗料,支撑架料耗量增加20%,其他不变。

l. 砌砖工程高度在1.35~3.6 m以内者,执行里脚手架子目;高度在3.6 m以上者执行双排脚手架子目。砌石工程(包括砌块)、混凝土挡墙高度超过1.2 m时,执行双排脚手架子目。

m. 建筑物水平防护架、垂直防护架、安全通道、垂直封闭子目是按8个月施工期(自搭设之日起至拆除日期)编制的。超过8个月施工期的工程,子目中的材料应乘以表6.42所列系数,其他不变。

表6.42 定额材料调整系数表

施工期	10个月	12个月	14个月	16个月	18个月	20个月	22个月	24个月	26个月	28个月	30个月
系数	1.18	1.39	1.64	1.94	2.29	2.70	3.19	3.76	4.44	5.23	6.18

n. 双排脚手架高度超过110 m时,高度每增加50 m,人工增加5%,材料、机械增加10%。

o. 装饰工程脚手架按措施项目章节相应单项脚手架子目执行;采用高度50 m以上的双排脚手架子目,人工、机械不变,材料乘以系数0.4;采用高度50 m以下的双排脚手架子目,人工、机械不变,材料乘以系数0.6。

⑦其他脚手架。电梯井架每一电梯台数为一孔,即为一座。

3)垂直运输

①措施项目章节施工机械是按常规施工机械编制的,实际施工不同时不允许调整,特殊建筑经建设、监理单位及专家论证审批后允许调整。

②垂直运输工作内容包括单位工程在合理工期内完成全部工程项目所需要的垂直运输机械台班,除定额已编制的大型机械进出场及安拆子目外,其他垂直运输机械的进出场费、安拆费用已包括在台班单价中。

③措施项目章节垂直运输子目不包含基础施工所需的垂直运输费用,基础施工时按批准的施工组织设计按实计算。

④定额中装饰工程垂直运输费是按人工结合机械(含施工电梯)综合编制的;主要材料利用已有的设备(不收取使用费)进行垂直运输的,按相应子目人工乘以系数0.8、机械乘以系数0.4;主要材料全部通过人力进行垂直运输的,按相应子目乘以系数1.3。

⑤定额多、高层垂直运输按层高3.6 m以内进行编制,如层高超过3.6 m时,该层垂直运输按每增加1.0 m(不足1 m按1 m计算)增加系数10%计算。

⑥檐高3.6 m以内的单层建筑,不计算垂直运输机械。

⑦单层建筑物按不同结构类型及檐高20 m综合编制,多层、高层建筑物按不同檐高编制。

⑧地下室/半地下室垂直运输的规定如下：

a. 地下室无地面建筑物(或无地面建筑物的部分)，按地下室结构顶面至底板结构上表面高差(以下简称"地下室深度")作为檐高。

b. 地下室有地面建筑的部分，"地下室深度"大于其上的地面建筑檐高时，以"地下室深度"作为计算垂直运输的檐高；"地下室深度"小于其上的地面建筑檐高时，按地面建筑相应檐高计算。

c. 垂直运输机械布置于地下室底层时，檐高应以布置点的地下室底板顶标高至檐口的高度计算，执行相应檐高的垂直运输子目。

4)超高施工增加

①超高施工增加是指单层建筑物檐高大于 20 m、多层建筑物大于 6 层或檐高大于 20 m 的人工、机械降效、通信联络、高层加压水泵的台班费。

②单层建筑物檐高大于 20 m 时，按综合脚手架面积计算超高施工降效费，执行相应檐高定额子目乘以系数 0.2；多层建筑物大于 6 层或檐高大于 20 m 时，均应按超高部分的脚手架面积计算超高施工降效费，超过 20 m 且超过部分高度不足所在层层高时，按一层计算。

5)大型机械设备进出场及安拆

①固定式基础。

a. 塔式起重机基础混凝土体积是按 30 m³ 以内综合编制的，施工电梯基础混凝土体积是按 8 m³ 以内综合编制的，实际基础混凝土体积超过规定值时，超过部分执行混凝土及钢筋混凝土工程章节中相应子目。

b. 固定式基础包含基础土石方开挖，不包含余渣运输等工作内容，发生时按相应项目另行计算。基础如需增设桩基础时，其桩基础项目另执行基础工程章节中相应子目。按施工组织设计或方案施工的固定式基础，实际钢筋用量不同时，其超过定额消耗量部分执行现浇钢筋制作安装定额子目。

c. 自升式塔式起重机是按固定式基础、带配重确定的，不带配重的自升式塔式起重机固定式基础按施工组织设计或方案另行计算。

d. 自升式塔式起重机行走轨道按施工组织设计或方案另行计算。

e. 混凝土搅拌站的基础按基础工程章节相应项目另行计算。

②特、大型机械安装及拆卸。

a. 自升式塔式起重机是以塔高 45 m 确定的，如塔高超过 45 m，每增高 10 m(不足 10 m 按 10 m 计算)，安拆项目增加 20%。

b. 塔式起重机安拆高度按建筑物塔机布置点地面至建筑物结构最高点加 6 m 计算。

c. 安拆台班中已包括机械安装完毕后的试运转台班。

③特、大型机械场外运输。

a. 机械场外运输是按运距 30 km 考虑的。

b. 机械场外运输综合考虑了机械施工完毕后回程的台班。

c. 自升式塔式起重机是以塔高 45 m 确定的，如塔高超过 45 m，每增高 10 m，场外运输项目增加 10%。

④本定额特大型机械缺项时,其安装、拆卸、场外运输费发生时按实计算。

· 6.16.2   工程量计算 ·

1)综合脚手架

综合脚手架面积按建筑面积及附加面积之和以"m^2"计算。建筑面积按《建筑工程建筑面积计算规范》计算;不能计算建筑面积的屋面构架、封闭空间等的附加面积,按以下规则计算:

①屋面现浇混凝土水平构架的综合脚手架面积应按以下规则计算:建筑装饰造型及其他功能需要在屋面上施工现浇混凝土构架,高度在 2.20 m 以上时,其面积大于或等于整个屋面面积 1/2 者,按其构架外边柱外围水平投影面积的 70% 计算;其面积大于或等于整个屋面面积 1/3 者,按其构架外边柱外围水平投影面积的 50% 计算;其面积小于整个屋面面积 1/3 者,按其构架外边柱外围水平投影面积的 25% 计算。

②结构内的封闭空间(含空调间)净高满足 1.2 m < h < 2.1 m 时,按 1/2 面积计算;净高 h > 2.1 m 时,按全面积计算。

③高层建筑设计室外不加以利用的板或有梁板,按水平投影面积的 1/2 计算。

④骑楼、过街楼底层的通道按通道长度乘以宽度以全面积计算。

2)单项脚手架

①双排脚手架、里脚手架均按其服务面的垂直投影面积以"m^2"计算,其中:

a. 不扣除门窗洞口和空圈所占面积。

b. 独立砖柱高度在 3.6 m 以内者,按柱外围周长乘以实砌高度,按里脚手架计算;高度在 3.6 m 以上者,按柱外围周长加 3.6 m 乘以实砌高度,按单排脚手架计算;独立混凝土柱按柱外围周长加 3.6 m 乘以浇筑高度,按双排脚手架计算。

c. 独立石柱高度在 3.6 m 以内者,按柱外围周长乘以实砌高度计算工程量;高度在 3.6 m 以上者,按柱外围周长加 3.6 m 乘以实砌高度计算工程量。

d. 围墙高度从自然地坪至围墙顶计算,长度按墙中心线计算,不扣除门所占面积,但门柱和独立门柱的砌筑脚手架不增加。

②悬空脚手架按搭设的水平投影面积以"m^2"计算。

③挑脚手架按搭设长度乘以搭设层数以"延长米"计算。

④满堂脚手架按搭设的水平投影面积以"m^2"计算,不扣除垛、柱所占面积。满堂基础脚手架工程量按其底板面积计算。其高度在 3.6 ~ 5.2 m 时,按满堂脚手架基本层计算;高度超过 5.2 m 时,每增加 1.2 m,按增加一层计算,增加层的高度若在 0.6 m 以内,舍去不计。

⑤满堂式钢管支架工程量按搭设的水平投影面积乘以支撑高度以"m^3"计算,不扣除垛、柱所占体积。

⑥水平防护架按脚手板实铺的水平投影面积以"m^2"计算。

【例 6.42】   计算如图 6.107 所示建筑物外墙双排脚手架工程量。

【解】   按不同高度分别计算。

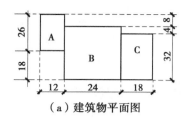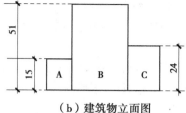

（a）建筑物平面图　　　　　　　　　（b）建筑物立面图

图6.107　建筑物外墙双排脚手架计算图（单位：m）

高度15 m脚手架工程量：$(12+8+12+26) \times 15 = 870（m^2）$

高度51 m脚手架工程量：$(24+4+24+18) \times 51 = 3570（m^2）$

高度36 m脚手架工程量：$(26-8) \times (51-15) = 18 \times 36 = 648（m^2）$

高度24 m脚手架工程量：$(18+32+18) \times 24 = 1632（m^2）$

高度27 m脚手架工程量：$32 \times (51-24) = 32 \times 27 = 864（m^2）$

【例6.43】　计算如图6.108所示砖砌围墙脚手架工程量，围墙扶壁柱（Z1）、大门柱（Z2）的中心线位置均与围墙中心线重合，图中所示定位线为围墙中心线。

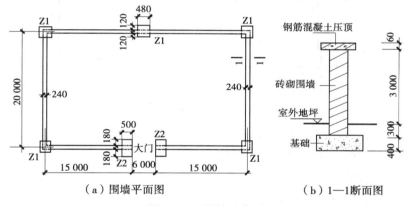

（a）围墙平面图　　　　　　　　　（b）1—1断面图

图6.108　围墙示意图

【解】　围墙脚手架工程量：$(15 \times 2 + 6 + 20) \times 2 \times (3+0.06) = 342.72（m^2）$

【例6.44】　如图6.109所示为某包房平面图，该包房天棚做吊顶，室内净高5.2 m。请计算其满堂脚手架基本层工程量。

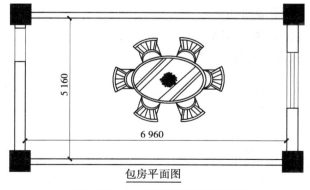

包房平面图

图6.109　满堂脚手架计算示意图

【解】 满堂脚手架基本层工程量:$6.96 \times 5.16 \approx 35.91(\mathrm{m}^2)$

⑦垂直防护架以两侧立杆之间的距离乘以高度(从自然地坪算至最上层横杆)以"m^2"计算。

⑧安全过道按搭设的水平投影面积以"m^2"计算。

⑨建筑物垂直封闭工程量按封闭面的垂直投影面积以"m^2"计算。

⑩电梯井字架按搭设高度以"座"计算。

【例6.45】 如图6.110所示为某临街建筑物,为安全施工沿街面搭设了一排水平防护架,脚手板长度为10 m、宽度为3 m。请计算该水平防护架的工程量。

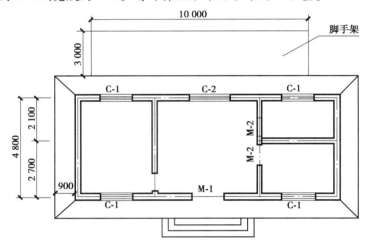

图6.110 水平防护架计算示意图

【解】 水平防护架工程量:$10 \times 3 = 30(\mathrm{m}^2)$

3)建筑物垂直运输

建筑物垂直运输面积应分单层、多层和檐高,按综合脚手架面积以"m^2"计算。

4)超高施工增加

超高施工增加工程量应分不同檐高,按建筑物超高(单层建筑物檐高大于20 m,多层建筑物大于6层或檐高大于20 m)部分的综合脚手架面积以"m^2"计算。

5)大型机械设备安拆及场外运输

①大型机械设备安拆及场外运输按使用机械设备的数量以"台次"计算。

②起重机固定式、施工电梯基础以"座"计算。

第7章 建筑安装工程费计算

7.1 定额综合单价

《重庆市房屋建筑与装饰工程计价定额》(CQJZZSDE—2018,以下简称"本定额")中的分部分项工程或措施项目(定额子目)单价采用定额综合单价形式。

定额综合单价是指完成一个规定计量单位的分部分项工程项目或措施项目所需的人工费、材料费、施工机具使用费、企业管理费、利润及一般风险费。综合单价计算程序见表7.1。

表7.1 定额综合单价计算程序表

序号	费用名称	计费基础	
		定额人工费 + 定额施工机具使用费	定额人工费
	定额综合单价	1 + 2 + 3 + 4 + 5 + 6	1 + 2 + 3 + 4 + 5 + 6
1	定额人工费		
2	定额材料费		
3	定额施工机具使用费		
4	企业管理费	(1 + 3) × 费率	1 × 费率
5	利润	(1 + 3) × 费率	1 × 费率
6	一般风险费	(1 + 3) × 费率	1 × 费率

1) 人工费

本定额人工以工种综合工表示,内容包括基本用工、超运距用工、辅助用工、人工幅度差,定额人工按8小时工作制计算。

定额人工单价为:土石方综合工100元/工日,建筑、混凝土、砌筑、防水综合工115元/工日,钢筋、模板、架子、金属制安、机械综合工120元/工日,木工、抹灰综合工125元/工日,镶贴综合工130元/工日。

2) 材料费

①本定额材料消耗量已包括材料、成品、半成品的净用量以及从工地仓库、现场堆放地点或现场加工地点至操作或安装地点的运输损耗、施工操作损耗、施工现场堆放损耗。

②本定额材料已包括施工中消耗的主要材料、辅助材料和零星材料,辅助材料和零星材

料合并为其他材料费。

③本定额已包括材料、成品、半成品从工地仓库、现场堆放地点或现场加工地点至操作或安装地点的水平运输。

④本定额已包括工程施工的周转性材料30 km以内,从甲工地(或基地)至乙工地的搬迁运输费和场内运输费。

3)施工机具使用费

①本定额不包括机械原值(单位价值)在2 000元以内、使用年限在一年以内、不构成固定资产的工具用具性小型机械费用,该"工具用具使用费"已包含在企业管理费用中,但其消耗的燃料动力已列入材料内。

②本定额已包括工程施工的中小型机械的30 km以内,从甲工地(或基地)至乙工地的搬迁运输费和场内运输费。

4)企业管理费、利润

本定额企业管理费、利润的费用标准是按公共建筑工程取定的,使用时应按实际工程和《重庆市建设工程费用定额》(CQFYDE—2018)所对应的专业工程分类及费用标准进行调整。

5)一般风险费

本定额除人工土石方定额项目外,均包含了《重庆市建设工程费用定额》(CQFYDE—2018)所指的一般风险费,使用时不作调整。

6)其他说明

本定额人工、材料、成品、半成品和机械燃料动力价格,是以定额编制期市场价格确定的,建设项目实施阶段市场价格与定额价格不同时,可参照建设工程造价管理机构发布的工程所在地的信息价或市场价格进行调整,价差不作为计取企业管理费、利润、一般风险费的计费基础。

本定额综合单价中的企业管理费、利润、一般风险费和单位工程计价程序表中的组织措施费、规费将以定额人工费 + 定额施工机具使用费之和作为计费基础或以定额人工费作为计费基础,然后乘以《重庆市建设工程费用定额》(CQFYDE—2018)中规定的费率得到,而费率的具体标准则由"建筑安装工程费用标准"确定。

下面将在下一节专门介绍《重庆市建设工程费用定额》(CQFYDE—2018)中的"建筑安装工程费用标准",来确定定额综合单价中的企业管理费、利润、一般风险费的费率标准,同时也将确定单位工程计价程序表中其他费用的计取标准。

7.2 建筑安装工程费用标准

· 7.2.1 工程费用标准 ·

1)企业管理费、组织措施费、利润、规费和风险费

①房屋建筑工程,仿古建筑工程,构筑物工程,市政工程,城市轨道交通的盾构工程、高架

桥工程、地下工程、轨道工程,机械(爆破)土石方工程,围墙工程,房屋建筑修缮工程以定额人工费与定额施工机具使用费之和为费用计算基础,费用标准见表7.2。

表7.2 企业管理费、组织措施费、一般风险费、利润、规费取费标准(1)　　　单位:%

专业工程		一般计税法			简易计税法			利润	规费
		企业管理费	组织措施费	一般风险费	企业管理费	组织措施费	一般风险费		
房屋建筑工程	公共建筑工程	24.10	6.20	1.5	24.41	6.51	1.58	12.92	10.32
	住宅工程	25.60	6.88		25.93	7.22		12.92	10.32
	工业建筑工程	26.10	7.90		26.44	8.29		13.30	10.32
仿古建筑工程		17.76	5.87	1.6	17.99	6.16	1.69	8.24	7.20
构筑物工程	烟囱、水塔、筒仓	24.29	6.56	1.6	24.61	6.89	1.69	12.46	9.25
	贮池、生化池	39.16	10.86		39.67	11.40		21.89	9.25
市政工程	道路工程	45.18	13.31	1.6	45.77	13.97	1.69	24.44	11.46
	桥梁工程	39.08	9.91	2.0	39.59	10.40	2.11	17.18	11.46
	隧道工程	31.86	8.72		32.27	9.15		12.71	11.46
	广(停车)场	20.60	5.53	1.5	20.87	5.80	1.58	10.83	11.46
	排水工程	44.85	11.20		45.43	11.76		19.93	11.46
	涵洞工程	33.72	8.54		34.16	8.96		20.20	11.46
	挡墙工程	18.46	5.39		18.70	5.66		7.70	11.46
城市轨道交通工程	盾构工程	8.07	3.21	1.6	8.17	3.37	1.69	4.47	7.20
	高架桥工程	29.79	6.92		30.18	7.26		14.00	12.59
	地下工程	30.01	7.02		30.40	7.37		13.82	12.59
	轨道工程	69.10	18.64		70.00	19.57		39.94	12.59
机械(爆破)土石方工程		18.40	4.80	1.2	18.64	5.11	1.27	7.64	7.20
围墙工程		18.97	5.66	1.5	19.22	5.94	1.58	7.82	7.20
房屋建筑修缮工程		18.51	5.55	—	18.75	5.83	—	8.45	7.20

注:房屋建筑修缮工程不计算一般风险费。除一般风险费以外的其他风险费,按招标文件要求的风险内容及范围确定。

②装饰工程、幕墙工程、园林绿化工程、通用安装工程、市政安装工程、城市轨道交通安装工程、房屋安装修缮工程、房屋单拆除工程、人工土石方工程以定额人工费为费用计算基础,费用标准见表7.3。

表7.3　企业管理费、组织措施费、一般风险费、利润、规费取费标准（2）　　　单位:%

专业工程		一般计税法			简易计税法			利润	规费
		企业管理费	组织措施费	一般风险费	企业管理费	组织措施费	一般风险费		
装饰工程		15.61	8.63	1.8	15.81	9.06	1.90	9.61	15.13
幕墙工程		17.54	9.79	2.0	17.77	10.28	2.11	10.85	15.13
园林绿化工程	园林工程	7.08	3.62	1.8	7.17	3.80	1.90	4.35	8.2
	绿化工程	5.61	2.86		5.68	3.00		3.08	8.2
通用安装工程	机械设备安装工程	24.65	10.08	2.8	24.97	10.58	2.95	20.12	18.00
	热力设备安装工程	26.89	10.15		27.24	10.65		20.07	18.00
	静置设备与工艺金属结构制作安装工程	29.81	10.71		30.20	11.24		22.35	18.00
	电器设备安装工程	38.17	16.39		38.67	17.20		27.43	18.00
	建筑智能化安装工程	32.53	12.93		32.95	13.57		26.36	18.00
	自动化控制仪表安装工程	32.38	13.53		32.80	14.20		26.65	18.00
	通风空调安装工程	27.18	10.73		27.53	11.26		21.23	18.00
	工业管道安装工程	24.65	10.25		24.97	10.76		22.13	18.00
	消防工程	26.11	11.04		26.47	11.59		22.69	18.00
	给排水、燃气工程	29.46	11.82		29.84	12.41		23.68	18.00
	刷油、防腐蚀、绝热工程	22.79	9.82		23.09	10.31		14.46	18.00
市政安装工程	市政给水、燃气工程	26.46	10.02	2.8	26.80	10.52	2.95	20.68	18.00
	交通管理设施工程	11.93	3.50	1.8	12.09	3.67	1.90	6.24	8.20
城市轨道交通安装工程	通信、信号工程	39.89	10.76	2.8	40.41	11.29	2.95	26.62	18.00
	智能与控制系统工程	34.67	8.28		35.12	8.69		22.56	18.00
	供电工程	25.87	7.05		26.21	7.40		17.87	18.00
	机电设备工程	30.84	7.16		31.24	7.52		19.76	18.00
人工土石方工程		10.78	2.22	—	10.92	2.33	—	3.55	8.20
房屋安装修缮工程		13.85	3.79	—	14.03	3.98	—	6.21	8.20
房屋单拆除工程		8.50	1.01	—	8.61	1.06	—	3.37	8.20

注:人工土石方工程、房屋安装修缮工程、房屋单拆除工程不计算一般风险费用。除一般风险费以外的其他风险费,按招标文件要求的风险内容及范围确定。

2) 安全文明施工费

安全文明施工费按现行建设工程安全文明施工费的有关规定执行,调整后的费用标准见表7.4。

表 7.4　安全文明施工费取费标准

专业工程		计算基础	一般计税法	简易计税法
房屋建筑工程	公共建筑工程	工程造价	3.59%	3.70%
	住宅工程			
	工业建筑工程		3.41%	3.52%
仿古建筑工程			3.01%	3.11%
构筑物工程	烟囱、水塔、筒仓		3.19%	3.29%
	贮池、生化池		3.35%	3.46%
市政工程	道路工程	工程造价1亿元以内	3.00%	3.10%
		工程造价1亿元以上	2.70%	2.79%
	桥梁工程	工程造价2亿元以内	3.02%	3.12%
		工程造价2亿元以上	2.73%	2.82%
	隧道工程	工程造价1亿元以内	2.79%	2.88%
		工程造价1亿元以上	2.53%	2.61%
	广(停车)场	工程造价	2.43%	2.51%
	排水工程		2.67%	2.76%
	涵洞工程		2.45%	2.53%
	挡墙工程		2.70%	2.79%
城市轨道交通工程	盾构工程	工程造价1亿元以内	2.75%	2.84%
		工程造价1亿元以上	2.50%	2.58%
	高架桥工程	工程造价2亿元以内	3.43%	3.54%
		工程造价2亿元以上	3.17%	3.27%
	地下工程	工程造价1亿元以内	2.96%	3.05%
		工程造价1亿元以上	2.69%	2.78%
	轨道工程	工程造价2亿元以内	2.39%	2.47%
		工程造价2亿元以上	2.25%	2.32%
人工、机械(爆破)土石方工程			0.77 元/m³	0.79 元/m³
围墙工程		工程造价	3.59%	3.70%
房屋建筑修缮工程			3.23%	3.33%

续表

专业工程		计算基础	一般计税法	简易计税法
装饰工程			11.8%	12.26%
幕墙工程				
园林绿化工程	园林工程		6.73%	6.94%
	绿化工程			
通用安装工程	机械设备安装工程		17.42%	17.98%
	热力设备安装工程		17.42%	17.98%
	静置设备与工艺金属结构制作安装工程		21.10%	21.77%
	电气设备安装工程		25.10%	25.90%
	建筑智能化安装工程		19.45%	20.07%
	自动化控制仪表安装工程	人工费	20.55%	21.21%
	通风空调安装工程		19.45%	20.07%
	工业管道安装工程		17.42%	17.98%
	消防工程		17.42%	17.98%
	给排水、燃气工程		19.45%	20.07%
	刷油、防腐蚀、绝热工程		17.42%	17.98%
市政安装工程	市政给水、燃气工程		18.29%	18.87%
	交通管理设施工程		14.40%	14.86%
城市轨道交通安装工程	通信、信号工程		22.93%	23.66%
	智能与控制系统工程		20.55%	21.21%
	供电工程		20.55%	21.21%
	机电设备工程		21.28%	21.96%
房屋安装修缮工程			11.00%	11.35%
房屋单拆除工程			17.42%	17.981%

注：①本表计费标准为工地标准化评定等级为合格的标准。

②计费基础：

房屋建筑工程、构筑物工程、仿古建筑工程、市政工程、城市轨道交通工程、爆破工程、围墙工程、房屋建筑修缮工程均以税前工程造价为基础计算；

装饰工程、幕墙工程、园林工程、绿化工程、安装工程(含市政安装工程、城市轨道安装工程)、房屋安装修缮工程、房屋单拆除工程按人工费(含价差)为基础计算；

人工、机械(爆破)土石方工程以开挖工程量为基础计算。

③人工、机械(爆破)土石方工程已包括开挖(爆破)及运输土石方发生的安全文明施工费。

④借土回填土石方工程，按借土回填量乘土石方标准的50%计算。

⑤城市轨道交通工程的建筑、装饰、仿古建筑、园林绿化、房屋修缮、土石方、其他市政等工程按相应建筑、装饰、仿古建筑、园林绿化、房屋修缮、土石方、其他市政工程标准计算。

⑥以上各项工程计费条件按单位工程划分。

⑦同一施工单位承建建筑、安装、单独装饰及土石方工程时，应分别计算安全文明施工费。同一施工单位同时承建建筑工程中的装饰项目时，安全文明施工费按建筑工程标准执行。

⑧同一施工单位承建道路、桥梁、隧道、城市轨道交通工程时，其附属工程的安全文明施工费按道路、桥梁、隧道、城市轨道交通工程的标准执行。

⑨道路、桥梁、隧道、城市轨道交通工程费用计算按照累进制计取。例如某道路工程造价为1.2亿元，安全文明施工费计算如下：10 000 万元×3.0%＝300 万元，(12 000－10 000) 万元×2.70%＝54 万元，合计＝300 万元＋54 万元＝354 万元。

3) 建设工程竣工档案编制费

建设工程竣工档案编制费按现行建设工程竣工档案编制费的有关规定执行,调整后的费用标准见表7.5和表7.6。

①房屋建筑工程,仿古建筑工程,构筑物工程,市政工程,城市轨道交通的盾构工程、高架桥工程、地下工程、轨道工程,机械(爆破)土石方工程,围墙工程,房屋建筑修缮工程以定额人工费与定额施工机具使用费之和为费用计算基础。

②装饰工程、幕墙工程、园林绿化工程、通用安装工程、市政安装工程、城市轨道交通安装工程、房屋安装修缮工程、房屋单拆除工程、人工土石方工程以定额人工费为费用计算基础。

表7.5　建设工程竣工档案编制费标准(以定额人工费与定额施工机具使用费之和为计算基础)　单位:%

专业工程		一般计税法	简易计税法
房屋建筑工程	公共建筑工程	0.42	0.44
	住宅工程	0.56	0.57
	工业建筑工程	0.48	0.50
仿古建筑工程		0.28	0.29
构筑物工程	烟囱、水塔、筒仓	0.37	0.39
	贮池、生化池	0.56	0.57
市政工程	道路工程	0.59	0.61
	桥梁工程	0.38	0.40
	隧道工程	0.31	0.32
	运动场、广场、停车场	0.27	0.28
	排水工程	0.48	0.50
	涵洞工程	0.43	0.45
	挡墙工程	0.31	0.32
城市轨道交通工程	盾构工程	0.14	0.15
	高架桥工程	0.36	0.38
	地下工程	0.34	0.36
	轨道工程	0.94	0.97
机械(爆破)土石方工程		0.20	0.21
围墙工程		0.32	0.33
房屋建筑修缮工程		0.24	0.25

表 7.6　建设工程竣工档案编制费标准（以定额人工费为计算基础）　　单位:%

专业工程		一般计税法	简易计税法
装饰工程		1.23	1.27
幕墙工程		1.51	1.56
园林绿化工程	园林工程	0.10	0.10
	绿化工程	0.09	0.09
通用安装工程	机械设备安装工程	1.92	1.99
	热力设备安装工程	2.11	2.18
	静置设备与工艺金属结构制作安装工程	1.91	1.97
	电气设备安装工程	1.94	2.01
	建筑智能化安装工程	2.14	2.21
	自动化控制仪表安装工程	2.35	2.43
	通风空调安装工程	1.96	2.03
	工业管道安装工程	1.94	2.01
	消防工程	1.92	1.98
	给排水、燃气工程	2.02	2.09
	刷油、防腐蚀、绝热工程	1.92	1.99
市政安装工程	市政给水、燃气工程	2.04	2.11
	交通管理设施工程	0.99	1.02
城市轨道交通安装工程	通信、信号工程	1.99	2.06
	智能与控制系统工程	2.42	2.51
	供电工程	2.24	2.32
	机电设备工程	2.14	2.21
人工土石方工程		0.19	0.20
房屋安装修缮工程		1.01	1.04
房屋单拆除工程		0.19	0.20

4)住宅工程质量分户验收费

住宅工程质量分户验收费按现行住宅工程质量分户验收费的有关规定执行,调整后的费用标准见表7.7。

表 7.7　住宅工程质量分户验收费费用标准　　单位:元/m²

费用名称	计算基础	一般计税法	简易计税法
住宅工程质量分户验收费	住宅单位工程建筑面积	1.32	1.34

5) 总承包服务费

总承包服务费以分包工程的造价或人工费为计算基础,费用标准见表7.8。

表7.8 总承包服务费费用标准　　　　单位:%

分包工程	计算基础	一般计税法	简易计税法
房屋建筑工程	分包工程造价	2.82	2.95
装饰、安装工程	分包工程人工费	11.32	11.84

6) 采购及保管费

采购及保管费 =(材料原价 + 运杂费)×(1 + 运输损耗率)× 采购及保管费率

承包人采购材料、设备的采购及保管费率:材料2%,设备0.8%,预拌商品混凝土及商品湿拌砂浆、水稳层、沥青混凝土等半成品0.6%,苗木0.5%。

发包人提供的预拌商品混凝土及商品湿拌砂浆、水稳层、沥青混凝土等半成品不计取采购及保管费;发包人提供的其他材料到承包人指定地点,承包人计取采购及保管费的2/3。

7) 计日工

①计日工中的人工、材料、机械单价按建设项目实施阶段市场价格确定;计费基价人工执行表7.9的标准,材料、机械执行各专业计价定额单价;市场价格与计费基价之间的价差单调。

表7.9 各工种人工标准(定额基价)　　单位:元/工日

序号	工 种	人工单价
1	土石方综合工	100
2	建筑综合工	115
3	装饰综合工	125
4	机械综合工	120
5	安装综合工	125
6	市政综合工	115
7	园林综合工	120
8	绿化综合工	120
9	仿古综合工	130
10	轨道综合工	120

②综合单价按相应专业工程费用标准及计算程序计算,但不再计取一般风险费。

8) 停、窝工费用

①承包人进入现场后,如因设计变更或由于发包人的责任造成的停工、窝工费用,由承包人提出资料,经发包人、监理方确认后由发包人承担。施工现场如有调剂工程,经发、承包人

协商可以安排时,停、窝工费用应根据实际情况不收或少收。

②现场机械停置台班数量按停置期日历天数计算,台班费及管理费按机械台班费的50%计算,不再计取其他有关费用,但应计算税金。

③生产工人停工、窝工按相应专业综合工单价计算,综合费用按10%计算,除税金外不再计取其他费用;人工费市场价差单调。

④周转材料停置费按实计算。

9)现场生产和生活用水、电价差调整

①安装水、电表时,水、电用量按表计量。水、电费由发包人交款,承包人按合同约定水、电单价退还发包人;水、电费由承包人交款,承包人按合同约定水、电费调价方法和单价调整价差。

②未安装水、电表并由发包人交款时,水、电费按表7.10计算并退还发包人。

表7.10 未安装水、电表时水、电费计取标准　　　　　　　单位:%

专业工程	计算基础	一般计税法		简易计税法	
		水费	电费	水费	电费
房屋建筑、仿古建筑、构筑物、房屋建筑修缮、围墙工程	定额人工费 + 定额施工机具使用费	0.91	1.04	1.03	1.22
市政、城市轨道交通工程		1.11	1.27	1.25	1.49
机械(爆破)土石方工程		0.45	0.52	0.51	0.61
装饰、幕墙、通用安装、市政安装、城市轨道安装、房屋安装修缮工程	定额人工费	1.04	1.74	1.18	2.04
园林、绿化工程		1.01	1.68	1.14	1.97
人工土石方工程		0.52	0.87	0.59	1.02

10)税金

增值税、城市维护建设税、教育费附加、地方教育附加以及环境保护税,按照国家和重庆市相关规定执行,税费标准见表7.11。

表7.11 税费标准　　　　　　　单位:%

税　目		计算基础	工程在市区	工程在县、城镇	工程不在市区及县、城镇
增值税	一般计税方法	税前造价	9		
	简易计税方法		3		
附加税	城市维护建设税	增值税税额	7	5	1
	教育费附加		3	3	3
	地方教育附加		2	2	2
环境保护税			按实计算		

注:①当采用增值税一般计税方法时,税前造价不含增值税进项税额;

②当采用增值税简易计税方法时,税前造价应包含增值税进项税额。

• *7.2.2 工程费用标准适应范围* •

①房屋建筑工程:适用于新建、扩建、改建工程的公共建筑、住宅建筑、工业建筑工程。

a.公共建筑工程:适用于办公、旅馆酒店、商业、文化教育、体育、医疗卫生、交通等为公众服务的建筑。它包括:办公楼、宾馆、商场、购物中心、会展中心、展览馆、教学楼、实验楼、医院、体育馆(场)、图书馆、博物馆、美术馆、档案馆、影剧院、航站楼、候机楼、车站、客运站、停车楼、站房等工程。

b.住宅建筑工程:适用于住宅、宿舍、公寓、别墅建筑工程。

c.工业建筑工程:适用于厂房、仓库(储)库房及辅助附属设施建筑工程。

②装饰工程:适用于新建、扩建、改建的房屋建筑室内外装饰及市政、仿古建筑、园林、构筑物、城市轨道交通装饰工程。

③幕墙工程:适用于按照现行玻璃幕墙工程、金属与石材幕墙工程、人造板材幕墙工程技术规范及质量验收标准、施工验收规范进行设计、施工、质量检测和验收的幕墙围护结构或幕墙装饰工程。

④仿古建筑工程:适用于新建、扩建、改建的仿照古建筑式样而运用现代结构、材料、技术设计和建造的建筑物、构筑物(包括亭、台、楼、阁、塔、榭、庙等)仿古工程及现代建筑中的仿古项目。

⑤通用安装工程:适用于新建、扩建的机械设备、热力设备、电气设备、静置设备与工艺金属结构、建筑智能化、自动化控制仪表、通风空调、工业管道、消防、给排水燃气、刷油防腐蚀绝热安装工程。

⑥市政工程:适用于新建、扩建、改建的市政道路、桥梁、隧道、涵洞、排水、挡墙、广(停车)场及给水、燃气、交通管理设施市政安装工程。

a.道路工程:适用于快速路、主干道、次干道、支路工程。

b.桥梁工程:适用于高架桥、跨线桥、立交桥、人行天桥、引桥等一般桥梁工程及跨越河谷的连续刚构桥、拱桥、悬索桥、斜拉桥等特、大型桥梁工程。

c.隧道工程:适用于各种车行、人行、给排水及电缆(公用事业)隧道工程。

d.广(停车)场工程:适用于室外运动场、广场、停车场工程。

e.挡墙工程:适用于石砌挡墙、重力式混凝土挡墙及锚杆、连拱、扶壁式挡墙工程。

f.排水工程:适用于市政雨水、污水排水管道(井)及圆管涵工程。

g.涵洞工程:适用于各种板涵、拱涵、箱涵、沟渠工程。

h.市政安装工程:适用于市政给水、燃气及交通管理设施工程。

⑦园林、绿化工程:适用于新建、扩建、改建的园林绿化工程。

a.园林工程:适用于园路、园桥、假山、护坡、驳岸、园林小品等工程。

b.绿化工程:适用于乔(灌)木、花卉、草坪、地被植物等植物种植及养护工程。

⑧构筑物工程:适用于新建、扩建、改建的烟囱、水塔、筒仓及贮池、生化池工程。

⑨城市轨道交通工程:适用于新建、扩建的城市地铁、轻轨交通工程,包括盾构工程、高架桥工程、地下工程、轨道工程及城市轨道安装工程。

a. 盾构工程:适用于用盾构法施工的隧道工程。

b. 高架桥工程:适用于高架区间、轨道 PC 梁、高架桥工程。

c. 地下工程:适用于地下结构和地下区间隧道工程。

d. 轨道工程:适用于道床和轨道铺设工程。

e. 城市轨道安装工程:适用于城市轨道交通的通信、信号,智能与控制系统,供电工程及机电设备安装工程。

⑩机械(爆破)土石方工程:适用于机械施工的槽、坑及竖向布置土石方工程或露天石方、建(构)筑物沟槽、基坑石方爆破开挖及机械运输工程。

⑪人工土石方:适用于人工施工的槽、坑、挖孔桩及竖向布置的开挖及运输土石方工程。

⑫围墙工程:适用于室外围墙工程。

⑬房屋修缮工程:适用于房屋建筑和附属设备的修缮工程。

a. 建筑修缮工程:适用于建筑工程的拆除、加固、维修。

b. 安装修缮工程:适用于安装工程的拆除及维修。

c. 单拆除工程:适用于单拆除建(构)筑物整体或局部及人力转运材料。

· 7.2.3 工程费用计算说明 ·

①房屋建筑工程执行《重庆市房屋建筑与装饰工程计价定额》(CQJZZSDE—2018)与《重庆市绿色建筑工程计价定额》(CQLSJZDE—2018)时,定额综合单价中的企业管理费、利润、一般风险费应根据定额规定的不同专业工程费率标准进行调整。

a. 单栋或群体房屋建筑具有不同使用功能时,按照主要使用功能(建筑面积大者)确定工程费用标准。

b. 工业建筑相连的附属生活间、办公室等,按该工业建筑确定工程费用标准。

②装饰、幕墙、仿古建筑、通用安装、市政、园林绿化、构筑物、城市轨道交通、爆破、房屋修缮、人工及机械土石方工程执行相应专业计价定额时,定额综合单价中的企业管理费、利润、一般风险费标准不作调整。

③建(构)筑物外的独立挡墙及护坡,非附属于道路、桥梁、隧道、城市轨道交通的独立挡墙及护坡或附属于道路、桥梁、隧道、城市轨道交通但非同一企业承包施工的挡墙及护坡工程,应按市政挡墙工程确定工程费用标准。

④围墙工程执行《重庆市房屋建筑与装饰工程计价定额》(CQJZZSDE—2018)和《重庆市仿古建筑工程计价定额》(CQFGDE—2018)时,定额综合单价中的企业管理费、利润、一般风险费按围墙工程费用标准进行调整。

⑤执行本专业工程计价定额子目缺项需借用其他专业定额子目时,借用定额综合单价不作调整。

⑥组织措施费、安全文明施工费、建设工程竣工档案编制费、规费以单位工程为对象确定工程费用标准。

a. 本专业工程借用其他专业工程定额子目时,按以主带次的原则纳入本专业工程进行取费。

b.市政工程的道路、桥梁、隧道应分别确定工程费用标准,但附属于道路、桥梁、隧道的其他市政工程,如由同一企业承包施工时,应并入主体单位工程确定工程费用标准。

⑦城市轨道交通地上车站、综合基地、主变电站等房屋建筑与装饰,仿古建筑,园林绿化、修缮工程按相应专业工程确定费用标准。

⑧厂区、小区的车行道路工程按照市政道路工程确定费用标准。

⑨同一项目的机械土石方与爆破工程一并按照机械(爆破)土石方工程确定费用标准。

⑩厂区、小区的建(构)筑物散水(排水沟)外的条(片)石挡墙、花台、人行步道等环境工程,根据工程采用的设计标准规范对应的专业工程确定费用标准。

⑪房屋建筑工程材料、成品、半成品的场内二次或多次搬运费已包含在组织措施费内,包干使用不作调整。除房屋建筑工程外的其他专业工程的二次搬运费应根据工程情况按实计算。

7.3 计价定额应用

计价定额的应用在定额的使用过程中被称为"套定额"的过程,实际上就是应用地区计价定额计算定额基价以及各种工料机的消耗量(工料分析),它是计价定额最直接的应用方式。

· 7.3.1 套用定额时应注意的问题 ·

①应用定额前,应先认真阅读定额总说明、分项工程说明和有关附注、附录等内容,熟悉和掌握定额的适用范围、定额已经考虑或未考虑的因素及有关规定。这也是我们通常所说的"磨刀不误砍柴工",以保证定额应用的准确性,少走弯路、错路。

②要明确定额中的用语和各种符号的含义。例如定额中提到的"×××以内"和"×××以外"的区别:"×××以内"是包含×××本身的,而"×××以外"则不包含×××本身。

③要了解和记忆常用分项工程项目在定额中所处的位置、定额项目包含的工作内容以及有关的辅助规定等,做到正确套用定额项目。例如某分部工程在重庆市2018年版系列定额中的位置、某分项工程在某一定额中的位置。下面举例来说明这类问题。

例如根据图纸想计算某屋面保温层的定额基价和工料机消耗量,那么首先应知道保温隔热项目位于《重庆市绿色建筑工程计价定额》(CQLSJZDE—2018)中"B 节能与能源利用"章节的"B.1 建筑与外围结构"中,而在重庆市2008年版系列定额和《房屋建筑与装饰工程工程量计算规范》(GB 50854—2013)中,通常是将保温隔热工程与防腐工程编排在一起的。诸如此类问题,希望引起我们的重视,以提高工作和学习效率。

④要明确定额换算的范围,正确应用定额附录资料,熟练进行定额项目的换算和调整。这也是以后进行"对量对价"时重点关注的方面之一。

⑤在套用定额前,必须注意核实拟计算分项工程的名称、规格、计量单位与定额子目规定的名称、规格、计量单位是否一致。

· 7.3.2   定额套用 ·

1) 定额套用的基本步骤

除编制补充定额外，一般将定额套用的步骤大致分为预选、判断和计算3个步骤。

①预选。根据施工图纸设计的工程项目内容，从定额目录中查出该工程项目所在定额中的位置（章节、页数等），选定相应的预选定额项目编号。

②判断。判断施工图纸设计的工程项目内容与定额规定的内容是否一致，当完全一致时，可直接套用定额项目；若不完全一致，根据定额相关规定可以进行换算时，对定额项目做换算处理。

③计算。将定额编号和定额基价，包括人工费、材料费、施工机具使用费、企业管理费、利润、一般风险费、各种工料机消耗量等计算好后分别填入相应的工程预算表格内。

2) 定额套用的基本方法

通常定额的套用有3种方法：直接套用、换算后套用和编制补充定额项目。

（1）直接套用

当分项工程设计要求的工作内容、技术特征、施工方法、材料规格等与拟套的定额分项工程（定额子目）规定的工作内容、技术特征、施工方法、材料规格等完全相符时，可以直接套用定额。直接套用定额在编制施工图预算时非常常见。

直接套用的另外一种情况是，分项工程设计要求的工作内容、技术特征、施工方法、材料规格等与拟套的定额分项工程（定额子目）规定的工作内容、技术特征、施工方法、材料规格等不完全相符，但根据定额相关规定可以直接套用。

例如某人工挖土方项目，现场土质类别为三类土，根据《重庆市房屋建筑与装饰工程计价定额》（CQJZZSDE—2018）土石方工程章节说明中"一般说明"的第二条"人工及机械土方定额子目是按不同土壤类别综合考虑的，实际土壤类别不同时不作调整……"，则在执行相关人工土石方项目时不因土质类别不同而对定额项目作调整，可以直接套用。

又如在《重庆市房屋建筑与装饰工程计价定额》（CQJZZSDE—2018）措施项目章节的"脚手架工程"说明的第一条提及"本章脚手架是按钢管式脚手架编制的，施工中实际采用竹、木或其他脚手架时，不允许调整"。

诸如此类说明在定额中有很多，它使定额的直接套用的应用范围变得更加广泛，从而方便我们的计算活动。

【例7.1】　某独立基础的垫层尺寸为4.2 m×2.5 m，数量24个。进行地坑施工时采取人工挖土方式，土质类别为三类土，挖方深度为3.2 m，经计算的总挖方体积为1 820 m³。根据《重庆市房屋建筑与装饰工程计价定额》（CQJZZSDE—2018）确定该项目的定额综合单价合价、各组成部分合价及工料机消耗量。定额节选见表7.12。

【解】　地坑底面积为4.2×2.5 = 10.5（m²）<150 m²，该地坑属于基坑范畴，根据挖土方式、挖土深度确定该项目应该执行人工挖基坑项目，深度在4 m以内，定额编号为AA0009。

项目定额综合单价合价：7 045.01×1 820/100 = 128 219.182（元）

表 7.12 A.1.1.5 人工挖基坑土方（编码 010101004）

工作内容：1. 人工挖坑土方，将土置于坑边 1 m 以外、5 m 以内。

2. 基坑底夯实。

计量单位：100 m³

定额编号					AA0008	AA0009	AA0010	AA0011
项目名称					人工挖基坑土方			
					坑深（m 以内）			
					2	4	6	8
费用		综合单价（元）			6 108.66	7 045.01	8 143.73	9 413.94
	其中	人工费（元）			5 343.00	6 162.00	7 123.00	8 234.00
		材料费（元）			—	—	—	—
		施工机具使用费（元）			—	—	—	—
		企业管理费（元）			575.98	664.26	767.86	887.63
		利润（元）			189.68	218.75	252.87	292.31
		一般风险费（元）			—	—	—	—
	编码	名　称	单位	单价（元）	消耗量			
人工	000300040	土石方综合工	工日	100.00	53.430	61.620	71.230	82.340

项目定额人工费合计：6 162.00×1 820/100＝112 148.40（元）

项目定额企业管理费合计：664.26×1 820/100≈12 089.53（元）

项目定额利润合计：218.75×1 820/100＝3 981.25（元）

项目土石方综合工消耗量＝61.620×1 820/100＝1 121.484（工日）

（2）换算后套用

当施工图纸设计要求与拟套的定额项目的工作内容、技术特征、施工方法、材料规格等不完全相符时，则不能直接套用定额。如果定额规定允许换算，则应按定额规定的换算方法进行换算。经过换算后的定额项目的定额编号，应在原定额编号的右下角或定额编号前注明一个"换"字或"借"字，如定额项目套用其他专业定额子目或定额以往版本项目时应注明一个"借"字。

定额价格换算的基本思路是：根据设计图纸所示分项工程的实际内容，选定某一相近定额子目，按定额规定换入应增加的人工费、材料费和施工机具使用费，减去应扣除的人工费、材料费和施工机具使用费，然后根据费用定额相关费率计算定额综合单价中的企业管理费、利润和一般风险费。计算企业管理费、利润和一般风险费时应注意，若换算过程中定额人工、施工机具使用费（或消耗量）产生变化，将引起企业管理费、利润和一般风险费也发生变化。

下面介绍几种常用的换算方法。

①标准换算。标准换算指的是定额中的自拌混凝土强度等级、砌筑砂浆强度等级、抹灰砂浆配合比以及砂石品种如设计与定额不同时，应根据设计和施工规范要求，按"混凝土及砂浆配合比表"进行换算，但粗骨料的粒径规格不作调整。

需要注意的是,一般情况下定额中采用的水泥强度等级是根据市场生产与供应情况和施工操作规程考虑的,施工中实际采用水泥强度等级不同时不作调整。

此类换算中,自拌混凝土、砂浆在相应定额子目中的消耗量在换算前后保持不变。此外,由于该类换算中产生价格变动的仅仅是定额材料费,而作为计取企业管理费、利润和一般风险费的定额人工费或定额人工费与施工机具使用费之和并未发生变化,故此类换算实质上只是由于定额材料费的变化而引起的定额综合单价的变化。

进行标准换算时,需要将《重庆市房屋建筑与装饰工程计价定额》(CQJZZSDE—2018)与《重庆市建设工程混凝土及砂浆配合比表》(CQPHBB—2018)配合使用。如果需要在工料机分析中计算机械台班费中各组成部分费用及机上人工、燃料动力消耗量时,还需要与《重庆市建设工程施工机械台班定额》(CQJXDE—2018)配套使用。

换算后的定额材料费可按下列公式计算:

换算后的定额材料费 = 换算前定额材料费 + (换入材料单价 - 换出材料单价)× 材料定额消耗量

换算后的定额综合单价可按下列公式计算:

换算后的定额综合单价 = 换算前定额综合单价 + (换入材料单价 - 换出材料单价)× 材料定额消耗量

【例7.2】 某实心砖墙(直形墙),标准砖砌筑,标准砖尺寸为 200 mm ×95 mm ×53 mm,胶结材料为 M7.5 混合砂浆,砂浆现场拌制,计算工程量为 30 m³。请计算该项目定额综合单价合价(包括合价的组成),并对项目做工料机分析。定额节选见表 7.13、表 7.14 和表 7.15。

表 7.13　D.1.3 实心砖墙(编码:010401003)

工作内容:

1. 调运砂浆、铺砂浆、运砖、砌砖(包括窗台虎头砖、腰线、门窗套,安放木砖、铁件等)。
2. 调运干混商品砂浆、铺砂浆、运砖、砌砖(包括窗台虎头砖、腰线、门窗套,安放木砖、铁件等)。
3. 运湿拌商品砂浆、铺砂浆、运砖、砌砖(包括窗台虎头砖、腰线、门窗套,安放木砖、铁件等)。

计量单位:10 m³

定额编号			AD0032	AD0033	AD0034	AD0035
项目名称			200 砖墙			
			水泥砂浆			混合砂浆
			现拌砂浆 M5	干混 商品砂浆	湿拌 商品砂浆	现拌砂浆 M5
费用	综合单价(元)		5 398.02	5 718.60	5 391.59	5 377.64
	其中	人工费(元)	1 883.47	1 778.02	1 722.82	1 883.47
		材料费(元)	2 682.51	3 178.42	3 005.14	2 662.13
		施工机具使用费(元)	76.90	55.78	—	76.90
		企业管理费(元)	472.45	441.94	415.20	472.45
		利润(元)	253.28	236.93	222.59	253.28
		一般风险费(元)	29.41	27.51	25.84	29.41

续表

定额编号					AD0032	AD0033	AD0034	AD0035
	编码	名称	单位	单价(元)	消耗量			
人工	000300100	砌筑综合工	工日	115.00	16.378	15.461	14.981	16.378
材料	041300030	标准砖200×95×53	千块	291.26	7.680	7.680	7.680	7.680
	810104010	M5.0 水泥砂浆(特、稠度70~90 mm)	m³	183.45	2.400	—	—	—
	810105010	M5.0 混合砂浆	m³	174.96	—	—	—	2.400
	850301010	干混商品砌筑砂浆 M5	t	228.16	—	4.080	—	—
	850302010	湿拌商品砌筑砂浆 M5	m³	311.65	—	—	2.448	—
	341100100	水	m³	4.42	1.210	2.410	1.210	1.210
机械	990610010	灰浆搅拌机200 L	台班	187.56	0.410	—	—	0.410
	990611010	干混砂浆罐式搅拌机 20 000 L	台班	232.40	—	0.240	—	—

表7.14 特细砂砌筑砂浆 计量单位:m³

定额编号				810105010	810105020	810105030
项目名称				混合砂浆(特细砂)		
				M5	M7.5	M10
基价(元)				174.96	185.67	201.55
编码	名称	单位	单价	消耗量		
040100015	水泥32.5R	kg	0.31	220.000	270.000	348.000
040300760	特细砂	t	63.11	1.212	1.225	1.240
040900550	石灰膏	m³	165.05	0.170	0.136	0.080
341100100	水	m³	4.42	0.500	0.500	0.500

表7.15 砂浆机械

编码	机械名称	性能规格		机型	台班单价	人工及燃料动力用量	
						机上人工	电
					元	工日	kW·h
						120.00	0.70
990609010	灰浆搅拌机	拌筒容量(L)	200	小	187.56	1.39	8.61

【解】 分析:根据题目给定的条件,应该选择200 mm厚砖墙、混合砂浆砌筑、现拌砂浆项目,定额编号为AD0035,但该项目砂浆强度等级为M5,题目条件为M7.5,根据定额规定可以进行换算。

换算后的材料费:2 662.13 + (185.67 - 174.96) × 2.4 ≈ 2 687.83(元/10 m³)

换算后的定额综合单价:5 377.64 + (185.67 - 174.96) × 2.4 ≈ 5 403.34(元/10 m³)

项目定额综合单价合价:5 403.34 × 30/10 = 16 210.02(元)

项目定额人工费合计:1 883.47 × 30/10 = 5 650.41(元)

项目定额材料费合计:2 687.83 × 30/10 = 8 063.49(元)

项目定额施工机具使用费合计:76.90 × 30/10 = 230.7(元)

项目定额企业管理费合计:472.45 × 30/10 = 1 417.35(元)

项目定额利润合计:253.28 × 30/10 = 759.84(元)

项目定额一般风险费合计:29.41 × 30/10 = 88.23(元)

项目砌筑综合工消耗量:16.378 × 30/10 = 49.134(工日)

项目标准砖消耗量:7.680 × 30/10 = 23.04(千块)

项目M7.5混合砂浆消耗量:2.4 × 30/10 = 7.2(m³)

7.2 m³的M7.5混合砂浆各种材料消耗量如下:

水泥32.5R:270.000 × 2.4 × 30/10 = 1 944.000(kg)

特细砂:1.225 × 2.4 × 30/10 = 8.820(t)

石灰膏:0.136 × 2.4 × 30/10 ≈ 0.979(m³)

水:0.500 × 2.4 × 30/10 = 3.600(m³)

项目水消耗量:1.210 × 30/10 = 3.630(m³)

项目灰浆搅拌机200 L消耗量:0.410 × 30/10 = 1.23(台班)

项目灰浆搅拌机台班中人工、燃料动力消耗量为:

机上人工:1.39 × 0.410 × 30/10 ≈ 1.71(工日)

电:8.61 × 0.410 × 30/10 ≈ 10.59(kW·h)

②系数换算法。系数换算法是根据定额规定的系数,对定额项目中的人工、材料、机械等消耗量进行调整的一种方法。其换算主要依据相关定额说明或工程量计算规则进行。

【例7.3】 人工挖沟槽土方(槽深2 m以内)项目(定额编号为AA0004),定额计量单位为100 m³,定额综合单价为5 753.09元,其中:定额人工费为5 032.00元、企业管理费为542.45元、利润为178.64元,定额土石方综合工消耗量为50.32工日。请计算人工挖湿土时该项目的定额综合单价及工料机消耗量。

【解】 根据《重庆市房屋建筑与装饰工程计价定额》(CQJZZSDE—2018)土石方工程章节中相关说明"人工土方定额子目是按干土编制的,如挖湿土时,人工乘以系数1.18"进行计算。

换算后相关费用及其消耗量如下:

定额人工费:5 032.00 × 1.18 = 5 937.76(元/100 m³)

定额企业管理费:542.45 × 1.18 ≈ 640.09(元/100 m³)

定额利润:178.64 × 1.18 ≈ 210.80(元/100 m³)

定额综合单价:5 937.76 + 640.09 + 210.80 = 6 788.65(元/100 m³)

定额土石方综合工:50.32 × 1.18 ≈ 59.38(工日)

【例7.4】 页岩空心砖围墙,水泥砂浆 M5(现拌)砌筑。根据《重庆市房屋建筑与装饰工程计价定额》(CQJZZSDE—2018)砌筑工程章节中相关说明"围墙采用多孔砖等其他砌体材料砌筑时,按相应材质墙体子目执行,人工乘以系数1.5,砌体材料乘以系数1.07,砂浆乘以系数0.95,其余不变",计算该空心砖墙的定额综合单价和工料机消耗量。定额节选见表7.16。

表7.16 D.1.5 空心砖墙(编码:010401005)

工作内容:

1. 调运砂浆、铺砂浆,运砖、砌砖(包括窗台虎头砖、腰线、门窗套,安放木砖、铁件等)。

2. 调运干混商品砂浆、铺砂浆,运砖、砌砖(包括窗台虎头砖、腰线、门窗套,安放木砖、铁件等)。

3. 运湿拌商品砂浆、铺砂浆,运砖、砌砖(包括窗台虎头砖、腰线、门窗套,安放木砖、铁件等)。

计量单位:10 m³

	定额编号				AD0061	AD0062	AD0063
					页岩空心砖墙		
	项目名称				水泥砂浆		
					现拌砂浆	干混商品砂浆	湿拌商品砂浆
费用		综合单价(元)			4 142.96	4 353.94	4 138.79
	其中	人工费(元)			1 502.25	1 432.79	1 396.45
		材料费(元)			1 991.90	2 318.38	2 204.43
		施工机具使用费(元)			50.64	36.72	—
		企业管理费(元)			374.25	354.15	336.54
		利润(元)			200.63	189.86	180.42
		一般风险费(元)			23.29	22.04	20.95
	编码	名称	单位	单价(元)	消耗量		
人工	000300100	砌筑综合工	工日	115.00	13.063	12.459	12.143
材料	041301320	页岩空心砖	m³	165.05	6.480	6.480	6.480
	041300030	标准砖 200 × 95 × 53	千块	291.26	2.160	2.160	2.160
	810104010	M5 水泥砂浆(特,稠度70~90 mm)	m³	183.45	1.580	—	—
	810105010	M5 混合砂浆	m³	174.96			
	850301010	干混商品砌筑砂浆 M5	t	228.16	—	2.686	—
	850302010	湿拌商品砌筑砂浆 M5	m³	311.65	—	—	1.612
	341100100	水	m³	4.42	0.770	1.560	0.770
机械	990610010	灰浆搅拌机 200 L	台班	187.56	0.270	—	—
	990611010	干混砂浆罐式搅拌机 20 000 L	台班	232.40	—	0.158	—

【解】 选择 AD0061 作为换算基础,换算后的工料机消耗量为:

砌筑综合工:$13.063 \times 1.5 \approx 19.595$(工日)

页岩空心砖:$6.480 \times 1.07 \approx 6.934$(m³)

标准砖(200 × 95 × 53):$2.160 \times 1.07 \approx 2.311$(千块)

M5 水泥砂浆:$1.580 \times 0.95 = 1.501$(m³)

水:0.770 m³(未变)

灰浆搅拌机(200 L):0.270 台班

换算后定额综合单价相关费用计算如下:

人工费:$13.063 \times 1.5 \times 115.00 \approx 2\ 253.37$(元/10 m³)

材料费:$6.480 \times 1.07 \times 165.05 + 2.160 \times 1.07 \times 291.26 + 1.580 \times 0.95 \times 183.45 +$ $0.770 \times 4.42 \approx 2\ 096.31$(元/10 m³)

施工机具使用费:50.64(元/10 m³)(未变)

查工程费用标准(见表 7.2,一般计税法、公共建筑工程)得到:企业管理费费率为 24.10%,利润率为 12.92%,一般风险费费率为 1.5%。

企业管理费:$(2\ 253.37 + 50.64) \times 24.10\% \approx 555.27$(元/10 m³)

利润:$(2\ 253.37 + 50.64) \times 12.92\% \approx 297.68$(元/10 m³)

一般风险费:$(2\ 253.37 + 50.64) \times 1.5\% \approx 34.56$(元/10 m³)

定额综合单价:$2\ 253.37 + 2\ 096.31 + 50.64 + 555.27 + 297.68 + 34.56 = 5\ 287.83$(元/10 m³)

③其他换算。把应该换算的情况除去标准换算和系数换算外的其他换算都归于该分类中,由于该分类中换算情况涉及众多,下面简要介绍其中的几种情况。

a. 专业工程性质不同造成的换算。例如《重庆市房屋建筑与装饰工程计价定额》(CQJZZSDE—2018)第一册中的企业管理费、利润的费用标准是按公共建筑工程取定的,使用时应按实际工程和《重庆市建设工程费用定额》(CQFYDE—2018)对应的专业工程分类及费用标准进行调整。

b. 增减定额用工、机械台班、材料消耗量的换算。

例如表 7.17 的定额节选是有隐含条件的,即人工平基挖土石方定额子目是按深度 1.5 m 以内编制的,深度超过 1.5 m 时,应按照相应规定增加工日。

又如在《重庆市房屋建筑与装饰工程计价定额》(CQJZZSDE—2018)"E 混凝土及钢筋混凝土工程"章节"工程量计算规则"中"经批准的施工组织设计必须采用特种机械吊装构件时,除按规定编制预算外,采用特种机械吊装的混凝土构件综合按 10 m³ 另增加特种机械使用费 0.34 台班,列入定额基价",则是增加机械台班。

再如《重庆市房屋建筑与装饰工程计价定额》(CQJZZSDE—2018)"L 楼地面工程"章节"说明"中"水磨石整体面层按玻璃嵌条编制,如用金属嵌条时,应取消子目中玻璃消耗量,金属嵌条用量按设计要求计算,执行相应定额子目",则是材料消耗有减也有增。

表7.17 A.1.1.2 **人工挖土方**(编码 010101002)

工作内容:挖土、修理边底。　　　　　　　　　　　　　　　　　　　　计量单位:100 m³

定额编号					AA0002
项目名称					人工挖土方
费用	其中	综合单价(元)			3 701.54
		人工费(元)			3 237.60
		材料费(元)			—
		施工机具使用费(元)			—
		企业管理费(元)			349.01
		利润(元)			114.93
		一般风险费(元)			—
	编码	名称	单位	单价(元)	消耗量
人工	000300040	土石方综合工	工日	100.00	32.376

上述类似情况在定额中有很多,希望读者加强对定额相关内容的认识与理解。

c. 按比例进行的定额换算。如在《重庆市房屋建筑与装饰工程计价定额》(CQJZZSDE—2018)"L楼地面工程"章节"说明"中"踢脚线均按高度150 mm编制,如设计规定高度与子目不同时,定额材料消耗量按高度比例进行增减调整,其余不变",则是按照比例进行换算。

d. 构造层厚度不同造成的换算。定额有些项目在编制时是按照常规情况下的构造层厚度进行编制的,实际设计的情况如与定额情况不同时,允许执行相应的增减厚度(数量)来进行调整。例如,表7.18中首先给出基本厚度子目(AJ0019),为便于调整又给出调整厚度子目(AJA0020)。

表7.18 J.2.2 **涂料防水**(编码 010902002)

工作内容:清理基层、调配和涂刷涂料、刷防水附加层。　　　　　　　　计量单位:100 m²

定额编号				AJ0019	AJ0020
项目名称				聚氨酯防水涂料	
				厚度2 mm	厚度每增减0.5 mm
费用	其中	综合单价(元)		3 930.47	1 015.08
		人工费(元)		534.29	123.63
		材料费(元)		3 190.38	843.84
		施工机具使用费(元)		—	—
		企业管理费(元)		128.76	29.79
		利润(元)		69.03	15.97
		一般风险费(元)		8.01	1.85
	编码	名称	单位	单价(元)	消耗量
人工	000300130	防水综合工	工日	115.00	4.646	1.075
材料	130501510	聚氨酯防水涂料	kg	10.09	311.280	81.740
	002000010	其他材料费	元	—	49.56	19.08

（3）编制补充定额项目

定额缺项时，可由建设、施工、监理单位共同编制一次性补充定额项目。

• 7.3.3　价差调整 •

计价定额人工、材料、成品、半成品和机械燃料动力价格，是以定额编制期市场价格（基期价格）确定的，即定额价格。建设项目实施阶段市场价格（计算期价格或比较期价格）与定额价格不同时，可以进行调整。实施阶段市场价格与定额价格的差值部分即为价差。价差调整的方法主要包括以下几种：

1）单项调差法

单项调差法是在计算工程量后通过"套定额"过程的工料机分析来确定各工种、材料等的消耗数量，再乘以实施阶段市场价格和定额价格的差值部分即得到相应价差的方法。该方法的优点是计算准确性高；缺点是工料机数量众多时，工作量巨大。

市场价格可通过参考当地工程造价信息、合同约定、市场询价等方式进行确定。

2）综合系数调差法

综合系数调差法是甲乙双方采用计价定额的单价作为合同的承包单价，竣工结算时根据合理工期及当地建设造价管理部门规定的各季度（月度）竣工调价系数，在定额造价的基础上，调整由于实际人工费、材料费、施工机具使用费等产生的价差。该方法操作简便、快速易行，但过于依赖造价管理部门测定的综合系数。

3）调值公式法

调值公式法又称为动态公式法。这种方法一般适用于按国际惯例对建设项目已完成投资费用的结算。在绝大多数情况下，甲乙双方在签订合同时就明确列出调值公式，并以此作为价格调整的计算依据。调值公式的一般形式为：

$$\Delta P = P_0 \cdot \left[\left(\alpha_0 + \alpha_1 \frac{A}{A_0} + \alpha_2 \frac{B}{B_0} + \alpha_3 \frac{C}{C_0} + \alpha_4 \frac{D}{D_0} + \cdots \right) - 1 \right]$$

式中　ΔP——需调整的价格差额；

$\quad\quad P_0$——根据付款证书，承包人应得到的已完成工程量金额（此项金额不包括价格调整，不计质量保证金的扣留与支付、预付款的支付与扣回，变更金额及其他金额已按现行价格计价的，也不计算在内）；

$\quad\quad \alpha_0$——定值权重（即不调差部分的权重）；

$\quad\quad \alpha_1, \alpha_2, \alpha_3, \alpha_4\cdots$——各可调因子的变值权重（即各可调因子在投标函投标总报价中所占的比例）；

$\quad\quad A, B, C, D\cdots$——工程结算日期的价格指数（指根据付款证书相关周期最后一天前42天各可调因子的价格指数）；

$\quad\quad A_0, B_0, C_0, D_0\cdots$——基期价格指数（指基准日的各可调因子的价格指数）。

7.4　工程量清单综合单价

目前我国建设工程计价推行工程量清单计价,各地也相继根据要求进行了调整。2018 年 8 月 1 日起,重庆市开始执行 2018 年版系列定额,而《重庆市建设工程费用定额》(CQFYDE—2018)中的建筑安装工程费用项目组成采用工程量清单组价的模式,即由分部分项工程费、措施项目费、其他项目费、规费和税金组成。其中分部分项工程费、可计算工程量的措施项目费(施工技术措施项目费)和其他项目费应采用工程量清单综合单价。

1)清单综合单价的确定依据

工程量清单综合单价的确定依据有工程量清单、消耗量定额、工料单价、费用及利润标准、施工组织设计、招标文件、施工图纸及图纸答疑、现场踏勘情况和计价规范等。

2)工程量清单综合单价的组成

工程量清单综合单价是指完成每个分项工程每个计量单位合格建筑产品所需的全部费用,包括所需的人工费、材料费和工程设备、施工机具使用费,企业管理费、利润及一定范围内的风险费用。

①人工费、材料费和工程设备、施工机具使用费。综合单价中的人工费、材料费和工程设备、施工机具使用费可根据投标单位的企业定额计算确定。但由于目前大多数施工企业还没有自己的企业定额,计算时可参考各地区定额内相应子目的工料机消耗量,乘以人工、材料和工程设备、施工机具等的市场单价进行确定。

②企业管理费、利润。企业管理费和利润可按照相应的计费基数乘以相应的费率计算。

③一定范围内的风险费用。风险费用是指隐含于已标价工程量清单综合单价中,用于化解发承包双方在该工程合同中约定内容和范围内的市场价格波动风险的费用。综合单价中应包括招标文件中划分的应由投标人承担的风险范围及其费用,招标文件中没有明确的,应提请招标人明确。

3)工程量清单综合单价的计算方式和方法

(1)工程量清单综合单价的计算方式

工程量清单综合单价的计算方式主要有以下 3 种:

①以消耗量定额为依据,结合竞争需要的政府定额定价;

②以企业定额为依据,结合竞争需要的企业成本定价;

③以分包商报价为依据,结合竞争需要的实际成本定价。

(2)工程量清单综合单价的计算方法

工程量清单综合单价的计算方法分为正算法和反算法两种。

正算法是指工程内容的工程量是清单计量单位的工程量,是定额工程量被清单工程量相除得出的,该工程量乘以定额中的人工、材料和施工机具单价,得出组成综合单价的分项单价,其和即综合单价中人工、材料、机械的单价组成,然后算出企业管理费和利润,组成综合单价。

反算法是指工程内容的工程量是该项目的定额工程量,该工程量乘以消耗的人工、材料和施工机具单价,得出完成该项目的人工费、材料费和施工机具使用费,然后算出企业管理费和利润,组成项目合价,再用合价除以清单工程量即为综合单价。

4)《**重庆市建设工程费用定额**》(CQFYDE—2018)**中的清单综合单价计算程序**

①房屋建筑工程、仿古建筑工程、构筑物工程、市政工程、城市轨道交通的盾构工程及地下工程和轨道工程、机械(爆破)土石方工程、房屋建筑修缮工程,综合单价计算程序见表7.19和表7.20。

表 7.19　综合单价计算程序表(1)

序号	费用名称	一般计税法计算式
1	定额综合单价	1.1 + … + 1.6
1.1	定额人工费	
1.2	定额材料费	
1.3	定额施工机具使用费	
1.4	企业管理费	(1.1 + 1.3) × 费率
1.5	利润	(1.1 + 1.3) × 费率
1.6	一般风险费	(1.1 + 1.3) × 费率
2	人材机价差	2.1 + 2.2 + 2.3
2.1	人工费价差	合同价(信息价、市场价) − 定额人工费
2.2	材料费价差	不含税合同价(信息价、市场价) − 定额材料费
2.3	施工机具使用费价差	2.3.1 + 2.3.2
2.3.1	机上人工费价差	合同价(信息价、市场价) − 定额机上人工费
2.3.2	燃料动力费价差	不含税合同价(信息价、市场价) − 定额燃料动力费
3	其他风险费	
4	综合单价	1 + 2 + 3

表 7.20　综合单价计算程序表(2)

序号	费用名称	简易计税法计算式
1	定额综合单价	1.1 + … + 1.6
1.1	定额人工费	
1.2	定额材料费	
1.2.1	其中:定额其他材料费	
1.3	定额施工机具使用费	
1.4	企业管理费	(1.1 + 1.3) × 费率

续表

序号	费用名称	简易计税法计算式
1.5	利润	（1.1＋1.3）×费率
1.6	一般风险费	（1.1＋1.3）×费率
2	人材机价差	2.1＋2.2＋2.3
2.1	人工费价差	合同价（信息价、市场价）－定额人工费
2.2	材料费价差	2.2.1＋2.2.2
2.2.1	计价材料价差	含税合同价（信息价、市场价）－定额材料费
2.2.2	定额其他材料费进项税	1.2.1×材料进项税税率13%
2.3	施工机具使用费价差	2.3.1＋2.3.2＋2.3.3
2.3.1	机上人工费价差	合同价（信息价、市场价）－定额机上人工费
2.3.2	燃料动力费价差	含税合同价（信息价、市场价）－定额燃料动力费
2.3.3	施工机具进项税	2.3.3.1＋2.3.3.2
2.3.3.1	机械进项税	按施工机械台班定额进项税额计算
2.3.3.2	定额其他施工机具使用费进项税	定额其他施工机具使用费×施工机具进项税税率13%
3	其他风险费	
4	综合单价	1＋2＋3

②装饰工程、通用安装工程、市政安装工程、园林绿化工程、城市轨道交通安装工程、人工土石方工程、房屋安装修缮工程、房屋单拆除工程,综合单价计算程序见表7.21和表7.22。

表7.21 综合单价计算程序表（3）

序号	费用名称	一般计税法计算式
1	定额综合单价	1.1＋…＋1.6
1.1	定额人工费	
1.2	定额材料费	
1.3	定额施工机具使用费	
1.4	企业管理费	1.1×费率
1.5	利润	1.1×费率
1.6	一般风险费	1.1×费率
2	未计价材料	不含税合同价（信息价、市场价）
3	人材机价差	3.1＋3.2＋3.3
3.1	人工费价差	合同价（信息价、市场价）－定额人工费
3.2	材料费价差	不含税合同价（信息价、市场价）－定额材料费

续表

序号	费用名称	一般计税法计算式
3.3	施工机具使用费价差	3.3.1 + 3.3.2
3.3.1	机上人工费价差	合同价(信息价、市场价) - 定额机上人工费
3.3.2	燃料动力费价差	不含税合同价(信息价、市场价) - 定额燃料动力费
4	其他风险费	
5	综合单价	1 + 2 + 3 + 4

表 7.22　综合单价计算程序表(4)

序号	费用名称	简易计税法计算式
1	定额综合单价	1.1 + … + 1.6
1.1	定额人工费	
1.2	定额材料费	
1.2.1	其中:定额其他材料费	
1.3	定额施工机具使用费	
1.4	企业管理费	1.1 × 费率
1.5	利润	1.1 × 费率
1.6	一般风险费	1.1 × 费率
2	未计价材料	含税合同价(信息价、市场价)
3	人材机价差	3.1 + 3.2 + 3.3
3.1	人工费价差	合同价(信息价、市场价) - 定额人工费
3.2	材料费价差	3.2.1 + 3.2.2
3.2.1	计价材料价差	含税合同价(信息价、市场价) - 定额材料费
3.2.2	定额其他材料费进项税	1.2.1 × 材料进项税税率13%
3.3	施工机具使用费价差	3.3.1 + 3.3.2 + 3.3.3
3.3.1	机上人工费价差	合同价(信息价、市场价) - 定额机上人工费
3.3.2	燃料动力费价差	含税合同价(信息价、市场价) - 定额燃料动力费
3.3.3	施工机具进项税	3.3.3.1 + 3.3.3.2 + 3.3.3.3
3.3.3.1	机械进项税	按施工机械台班定额进项税额计算
3.3.3.2	仪器仪表进项税	按仪器仪表台班定额进项税额计算
3.3.3.3	定额其他施工机具使用费进项税	定额其他施工机具使用费 × 施工机具进项税税率13%
4	其他风险费	
5	综合单价	1 + 2 + 3 + 4

【例7.5】 计算《重庆市建设工程费用定额》(CQFYDE—2018)中 AE0022 定额子目的清单综合单价,定额节选见表7.23。工料机结算价格按照重庆市建设工程造价管理总站官网发布的2018年9月份的相关价格信息(主城地区)计算,具体见表7.24。每立方米 C30 混凝土(塑、特、碎5~31.5,坍35~50)配比材料消耗量:水泥32.5R(466 kg)、特细砂(0.392 t)、碎石5~31.5(1.391 t)、水(0.205 m³)。双锥反转出料混凝土搅拌机每台班工料消耗量:机上人工(1.39 工日)、电(43.52 kW·h)。机械综合工定额基价为120元/工日。计算采用一般计税法。

表7.23 E.1.2.1 矩形柱(编码:010502001)

工作内容:1.自拌混凝土:搅拌混凝土、水平运输、浇捣、养护等。
2.商品混凝土:浇捣、养护等。

计量单位:10 m³

定额编号						AE0022	AE0023
项目名称						矩形柱	
						自拌混凝土	商品混凝土
费用		综合单价(元)				4 188.99	3 345.75
	其中	人工费(元)				923.45	422.05
		材料费(元)				2 740.23	2 761.13
		施工机具使用费(元)				122.43	—
		企业管理费(元)				252.06	101.71
		利润(元)				135.13	54.53
		一般风险费(元)				15.69	6.33
	编码	名称	单位	单价/元		消耗量	
人工	000300080	混凝土综合工	工日	115.00		8.030	3.670
材料	800212040	混凝土 C30(塑、特、碎5~31.5,坍35~50)	m³	264.64		9.797	—
	840201140	商品混凝土	m³	266.99		—	9.847
	850201030	预拌水泥砂浆1:2	m³	398.06		0.303	0.303
	341100100	水	m³	4.42		4.411	0.911
	341100400	电	kW·h	0.70		3.750	3.750
	00200010	其他材料费	元	—		4.82	4.82
机械	990602020	双锥反转出料混凝土搅拌机350 L	台班	226.31		0.541	—

表7.24 工料机结算信息价(材料为非含税价)

名称及规格	单位	结算信息价/元	名称及规格	单位	结算信息价/元
混凝土综合工	工日	124	水	m³	4.55
水泥32.5R(袋装)	kg	0.475	电	kW·h	0.72
特细砂	t	130	预拌水泥砂浆1:2	m³	479
碎石(综合)	t	93	机上人工	工日	129

【解】 定额计价表"材料"一栏出现的材料若与机械台班中的燃料动力材料相同,应分别计算其价差,分别计入材料费价差和施工机械费价差项目内。

价差计算结果见表7.25。

表7.25 价差计算表

序号	工料机名称、规格	单位	数量	基价（元）	结算价（元）	价差（元）	价差合计（元）
一	人工费价差						72.27
1	混凝土综合工	工日	8.03	115.00	124.00	9.00	72.27
二	材料费价差						1 399.80
	水泥32.5R(袋装)	kg	466×9.797	0.31	0.48	0.17	776.12
	特细砂	t	0.392×9.797	63.11	130.00	66.89	256.88
	碎石(综合)	t	1.391×9.797	67.96	93.00	25.04	341.24
	水	m³	0.205×9.797+4.441	4.42	4.55	0.13	0.84
	电	kW·h	3.75	0.70	0.72	0.02	0.08
	预拌水泥砂浆1:2	m³	0.303	398.06	479.00	80.94	24.52
三	机械费价差						7.24
	机上人工	工日	1.39×0.541	120.00	129.00	9.00	6.77
	电	kW·h	43.52×0.541	0.70	0.72	0.02	0.47

综合单价计算见表7.26。

表7.26 综合单价计算表 单位:元

序号	费用名称	一般计税法计算式
1	定额综合单价	418.90
1.1	定额人工费	$923.45 \div 10 \approx 92.35$
1.2	定额材料费	$2\,740.23 \div 10 \approx 274.02$
1.3	定额施工机具使用费	$122.43 \div 10 \approx 12.24$
1.4	企业管理费	$252.06 \div 10 \approx 25.21$
1.5	利润	$135.13 \div 10 \approx 13.51$
1.6	一般风险费	$15.69 \div 10 \approx 1.57$
2	人材机价差	147.94
2.1	人工费价差	$72.27 \div 10 \approx 7.23$
2.2	材料费价差	$1\,399.80 \div 10 = 139.98$
2.3	施工机具使用费价差	0.73
2.3.1	机上人工费价差	$6.77 \div 10 \approx 0.68$
2.3.2	燃料动力费价差	$0.47 \div 10 \approx 0.05$
3	其他风险费	0
4	综合单价	566.84

7.5 单位工程建筑安装工程费计算

本节主要介绍《重庆市建设工程费用定额》(CQFYDE—2018)中建筑安装工程费用项目组成及其内容、单位工程计价程序 3 个部分内容。

· 7.5.1 建筑安装工程费用项目组成 ·

建筑安装工程费用由分部分项工程费、措施项目费、其他项目费、规费、税金组成,见表 7.27。

表 7.27 建筑安装工程费用项目组成表

建筑安装工程费	分部分项工程费	建筑安装工程的分部分项工程费		
	措施项目费	施工技术措施项目费	特、大型施工机械设备进出场及安拆费	
			脚手架费	
			混凝土模板及支架费	
			施工排水及降水费	
			其他技术措施费	
		施工组织措施项目费	组织措施费	夜间施工增加费
				二次搬运费
				冬雨季施工增加费
				已完工程及设备保护费
				工程定位复测费
			安全文明施工费	
			建设工程竣工档案编制费	
			住宅工程质量分户验收费	
	其他项目费	暂列金额		
		暂估价		
		计日工		
		总承包服务费		
	规费	社会保险费	养老保险费	
			工伤保险费	
			医疗保险费	
			生育保险费	
			失业保险费	
		住房公积金		
	税金	增值税		
		城市维护建设税		
		教育费附加		
		地方教育附加		
		环境保护税		

·7.5.2 建筑安装工程费用项目内容·

1)分部分项工程费

分部分项工程费是指建筑安装工程的分部分项工程发生的人工费、材料费、施工机具使用费、企业管理费、利润和一般风险费。

(1)人工费

人工费的相关内容及组成详见"2.2.2 建筑安装工程费"中的相应内容。

(2)材料费

材料费的相关内容及组成详见"2.2.2 建筑安装工程费"中的相应内容。

(3)施工机具使用费

施工机具使用费是指施工作业所发生的施工机械、仪器仪表使用费或其租赁费。

①施工机械使用费:是指施工机械作业所发生的施工使用费以及机械安拆费和场外运输费。施工机械台班单价由下列7项费用组成:

a. 折旧费:是指施工机械在规定的耐用总台班内,陆续收回其原值的费用。

b. 检修费:是指施工机械在规定的耐用总台班内,按规定的检修间隔进行必要的检修,以恢复其正常功能所需的费用。

c. 维护费:是指施工机械在规定的耐用总台班内,按规定的维护间隔进行各级维护和临时故障排除所需的费用、保障机械正常运转所需替换设备与随机配备工具附具的摊销费用、机械运转及日常维护所需润滑与擦拭的材料费用及机械停滞期间的维护费用等。

d. 安拆费及场外运费:安拆费是指中、小型施工机械在现场进行安装与拆卸所需的人工、材料、机械和试运转费用以及机械辅助设施的折旧、搭设、拆除等费用;场外运费是指中、小型施工机械整体或分体自停放地点运至施工现场或由一施工地点运至另一施工地点的运输、装卸、辅助材料、回程等费用。

e. 人工费:是指机上司机(司炉)和其他操作人员的人工费。

f. 燃料动力费:是指施工机械在运转作业中所耗用的燃料及水、电等费用。

g. 其他费:是指施工机械按照国家规定应缴纳的车船税、保险费及检测费等。

②仪器仪表使用费:是指工程施工所需使用的仪器仪表的摊销及维修费用。

(4)企业管理费

企业管理费是指建筑安装企业组织施工生产和经营管理所需的费用。

企业管理费中的管理人员工资、办公费、差旅交通费、固定资产使用费、工具用具使用费、劳动保险和职工福利费、劳动保护费、工会经费、职工教育经费、财产保险费、财务费、税金等相关内容详见"2.2.2 建筑安装工程费"中的相应内容。

企业管理费"其他"项中除包括技术转让费、技术开发费、投标费、业务招待费、广告费、公证费、法律顾问费、审计费、咨询费、保险费外,还包括建设工程综合(交易)服务费及配合工程质量检测取样送检或为送检单位在施工现场开展有关工作所发生的费用等。

(5)利润

利润是指施工企业完成所承包工程获得的盈利。

（6）风险费

风险费是指一般风险费和其他风险费。

①一般风险费：是指工程施工期间因停水、停电，材料设备供应，材料代用等不可预见的一般风险因素影响正常施工而又不便计算的损失费用。内容包括：一月内临时停水、停电在工作时间 16 小时以内的停工、窝工损失；建设单位供应材料设备不及时，造成的停工、窝工每月在 8 小时以内的损失；材料的理论质量与实际质量的差；材料代用。但不包括建筑材料中钢材的代用。

②其他风险费：是指一般风险费外，招标人根据《建设工程工程量清单计价规范》（GB 50500—2013）、《重庆市建设工程工程量清单计价规则》（CQJJGZ—2013）的有关规定，在招标文件中要求投标人承担的人工、材料、机械价格及工程量变化导致的风险费用。

2）措施项目费

措施项目费是指建筑安装工程施工前和施工过程中发生的技术、生活、安全、环境保护等费用，包括人工费、材料费、施工机具使用费、企业管理费、利润和一般风险费。

措施项目费分为施工技术措施项目费与施工组织措施项目费。

（1）施工技术措施项目费

施工技术措施项目费包括：

①特、大型施工机械设备进出场及安拆费：进出场费是指特、大型施工机械整体或分体自停放地点运至施工现场或由一施工地点运至另一施工地点的运输、装卸、辅助材料、回程等费用；安拆费是指特、大型施工机械在现场进行安装与拆卸所需的人工、材料、机械和试运转费用以及机械辅助设施的折旧、搭设、拆除等费用。

②脚手架费：是指施工需要的各种脚手架搭、拆、运输费用以及脚手架购置费的摊销或租赁费用。

③混凝土模板及支架费：是指混凝土施工过程中需要的各种模板和支架等的支、拆、运输费用以及模板、支架的摊销或租赁费用。

④施工排水及降水费：是指为确保工程在正常条件下施工，采取各种排水、降水措施所发生的各种费用。

⑤其他技术措施费：是指除上述措施项目外，各专业工程根据工程特征所采用的措施项目费用，具体项目见表 7.28。

表 7.28 专业工程施工技术措施项目表

专业工程	施工技术措施项目
房屋建筑与装饰工程	垂直运输、超高施工增加
仿古建筑工程	垂直运输
通用安装工程	垂直运输、超高施工增加、组装平台、抱（拔）杆、防护棚、胎（膜）具、充气保护
市政工程	围堰、便道及便桥、洞内临时设施、构件运输
园林绿化工程	树木支撑架、草绳绕树干、搭设遮荫（防寒）、围堰
构筑物工程	垂直运输
城市轨道交通工程	围堰、便道及便桥、洞内临时设施、构件运输
爆破工程	爆破安全措施项目

注：表内未列明的施工技术措施项目可根据各专业工程实际情况增加。

（2）施工组织措施项目费

施工组织措施项目费包括：

①组织措施费：主要包括夜间施工增加费、二次搬运费、冬雨季施工增加费、已完工程及设备保护费、工程定位复测费，其内容详见"2.2.2 建筑安装工程费"中的相应内容。

②安全文明施工费：其内容详见"2.2.2 建筑安装工程费"中的相应内容。

③建设工程竣工档案编制费：是指施工企业根据建设工程档案管理的有关规定，在建设工程施工过程中收集、整理、制作、装订、归档具有保存价值的文字、图纸、图表、声像、电子文件等各种建设工程档案资料所发生的费用。

④住宅工程质量分户验收费：是指施工企业根据住宅工程质量分户验收规定，进行住宅工程分户验收工作发生的人工、材料、检测工具、档案资料等费用。

3）其他项目费

其他项目费是指由暂列金额、暂估价、计日工和总承包服务费组成的其他项目费用。其他项目费中暂列金额、计日工、总承包服务费的相关内容详见"2.2.2 建筑安装工程费"中的相应内容。暂估价是指招标人在工程量清单中提供的用于支付必然发生但暂时不能确定价格的材料、工程设备的单价以及专业工程的金额。

4）规费

规费是指根据国家法律、法规规定，由省级政府和省级有关权力部门规定必须缴纳或计取的费用。

规费的相关内容详见"2.2.2 建筑安装工程费"中的相应内容。

5）税金

税金是指国家税法规定的应计入建筑安装工程造价的增值税、城市维护建设税、教育费附加、地方教育附加以及环境保护税。

· 7.5.3 单位工程计价程序 ·

单位工程计价程序详见表7.29。

表7.29 单位工程计价程序表

序号	项目名称	计算式	金额（元）
1	分部分项工程费		
2	措施项目费	2.1＋2.2	
2.1	技术措施项目费		
2.2	组织措施项目费		
其中	安全文明施工费		
3	其他项目费	3.1＋3.2＋3.3＋3.4＋3.5	
3.1	暂列金额		
3.2	暂估价		
3.3	计日工		
3.4	总承包服务费		

续表

序号	项目名称	计算式	金额(元)
3.5	索赔及现场签证		
4	规费		
5	税金	5.1 + 5.2 + 5.3	
5.1	增值税	(1 + 2 + 3 + 4 - 甲供材料费) × 税率	
5.2	附加税	5.1 × 税率	
5.3	环境保护税	按实计算	
6	合　价	1 + 2 + 3 + 4 + 5	

7.6　工程量清单计价表格

· 7.6.1　计价表格组成 ·

计价表格主要包括以下几大类:工程计价文件封面,工程计价总说明,工程计价汇总表,分部分项工程和措施项目计价表,其他项目计价表,规费、税金项目计价表,工程计量申请(核准)表,综合单价调整表,合同价款支付申请(核准)表,主要材料、工程设备一览表。

· 7.6.2　使用计价表格规定 ·

①工程计价采用统一计价表格格式,招标人与投标人均不得变动表格格式。

②工程量清单、招标控制价、投标报价、竣工结算编制以及工程造价鉴定使用不同的表格序列。下面以招标控制价编制为例进行说明,其他情况下使用的表格和表格填写要求详见《重庆市建设工程费用定额》(CQFYDE—2018)第五章的相关内容。另外,本书中选用表格的序列(或编码)与《重庆市建设工程费用定额》(CQFYDE—2018)保持一致,以方便读者查阅相关内容。

A. 招标控制价使用表格:封-2、表-01、表-02、表-03、表-04、表-08、表-09、表-09-1(3)或表-09-2(4)、表-10、表-11、表-11-1 ~ 表-11-5、表-12、表-19、表-20 或表-21。

B. 填表要求:

a. 封面应按规定的内容填写、签字、盖章,除承包人自行编制的投标报价和竣工结算外,受委托编制的招标控制价、投标报价、竣工结算若为造价人员编制的,应有负责审核的造价工程师签字、盖章以及工程造价咨询人盖章。

b. 总说明应按下列内容填写:

● 工程概况:建设规模、工程特征、计划工期、合同工期、实际工期、施工现场及变化情况、施工组织设计的特点、自然地理条件、环境保护要求等。

● 编制依据、计税方法等。

③投标人应按招标文件的要求,附工程量清单综合单价分析表。

a. 按一般计税方法计算的,分析表使用表格:表-09-1 或表-09-2。

b. 按简易计税方法计算的,分析表使用表格:表-09-3 或表-09-4。

封-2

招 标 控 制 价

招标控制价(小写):＿＿＿＿＿＿＿＿＿＿＿＿＿＿＿＿＿＿＿＿＿＿

（大写）:＿＿＿＿＿＿＿＿＿＿＿＿＿＿＿＿＿＿＿＿

其中:安全文明施工费用(小写):＿＿＿＿＿＿＿＿＿＿＿＿＿＿＿＿

（大写）:＿＿＿＿＿＿＿＿＿＿＿＿＿＿＿＿

招 标 人:＿＿＿＿＿＿＿＿＿＿＿＿　　工程造价
咨 询 人:＿＿＿＿＿＿＿＿＿＿＿＿
　　　　（单位盖章）　　　　　　　　　　　　　（单位资质专用章）

法定代表人　　　　　　　　　　法定代表人
或其授权人:＿＿＿＿＿＿＿＿＿＿　或其授权人:＿＿＿＿＿＿＿＿＿＿
　　　　（签字或盖章）　　　　　　　　　　（签字或盖章）

编 制 人:＿＿＿＿＿＿＿＿＿＿＿　　审 核 人:＿＿＿＿＿＿＿＿＿＿＿
（造价人员签字盖专用章）　　　　　（造价工程师签字盖专用章）

时 间:　　年　　月　　日

表-01

工程计价总说明

工程名称：

表-02

建设项目招标控制价/投标报价汇总表

工程名称：

第 页共 页

序号	单项工程名称	金额（元）	其 中		
			暂估价（元）	安全文明施工费（元）	规费（元）
	合 计				

注:本表适用于建设项目招标控制价或投标报价的汇总。暂估价包括分部分项工程中的暂估价和专业工程暂估价。

表- 03

单项工程招标控制价／投标报价汇总表

工程名称：　　　　　　　　　　　　　　　　　　　　　　　　　　　　　第　页共　页

序号	单位工程名称	金额（元）	其　中		
			暂估价（元）	安全文明施工费（元）	规费（元）
	合　计				

注：本表适用于单项工程招标控制价或投标报价的汇总。暂估价包括分部分项工程中的暂估价和专业工程暂估价。

表-04

单位工程招标控制价/投标报价汇总表

工程名称：

序号	汇总内容	金额(元)	其中:暂估价(元)
1	分部分项工程		
1.1			
1.2			
1.3			
1.4			
1.5			
1.6			
1.7			
1.8			
2	措施项目		
2.1	其中:安全文明施工费		
3	其他项目		
4	规费		
5	税金		
	招标控制价合计 = 1 + 2 + 3 + 4 + 5		

注:①本表适用于单位工程招标控制价或投标报价的汇总,如无单位工程划分,单项工程页使用本表汇总。

②分部分项工程、措施项目中暂估价应填写材料、工程设备暂估价;其他项目中暂估价应填写专业工程暂估价。

表- 08

措施项目汇总表

工程名称：   第　页 共　页

序号	项目名称	金额(元)	
		合价	其中:暂估价
1	施工技术措施项目		
2	施工组织措施项目		
2.1	其中:安全文明施工费		
2.2	建设工程竣工档案编制费		
2.3	住宅工程质量分户验收费		
	措施项目费合计 = 1 + 2		

分部分项工程/施工技术措施项目清单计价表

表-09

第 页 共 页

工程名称：

序号	项目编码	项目名称	项目特征	计量单位	工程量	综合单价	金额（元）	
							合价	其中：暂估价
本页小计								
合 计								

工程名称：

分部分项工程/施工技术措施项目清单综合单价分析表（一）

项目编码		项目名称			计量单位						综合单价		合价

定额编号	定额项目名称	单位	数量	定额综合单价									合价
				定额人工费	定额材料费	定额施工机具使用费	企业管理费		利润		一般风险费用		人材机价差	其他风险费	
				1	2	3	费率(%) 4	(1+3)×(4) 5	费率(%) 6	(1+3)×(6) 7	费率(%) 8	(1+3)×(8) 9	10	11	1+2+3+5+7+9+10+11 12

合　计			数量				—		—		—		市场合价	
人工、材料及机械名称		单位	数量	定额单位			市场单位				价差合计		备注
1. 人工													
2. 材料													
(1) 计价材料													

续表

人工、材料及机械名称	单位	数量	定额单位	市场单位	价差合计	市场合价	备注
(2)其他材料	元	—	—		—		
3.机械							
(1)机上人工							
(2)燃料动力费							
价差合计							

注：①此表适用于房屋建筑工程、仿古建筑工程、构筑物工程、市政工程、城市轨道交通的盾构工程及地下工程和轨道工程、房屋建筑修缮工程分部分项工程或技术措施项目清单综合单价分析。爆破工程、机械土石方工程、房屋建筑修缮工程分部分项工程使用费之和为计算基础并按一般计税方法计算的工程。

②此表适用于定额与定额人工费使用费之和为计算基础并按一般计税方法计算的工程。

③投标报价如不使用本市建设主管部门发布的依据，可不填定额项目、编号等。

④招标文件提供了暂估价的材料，按暂估价的单价填入表内，并在备注栏中注明为"暂估价"。

⑤材料应注明名称、规格、型号。

分部分项工程/施工技术措施项目清单综合单价分析表（二）

工程名称：

项目编码		项目名称			计量单位				综合单价			合价
定额编号	定额项目名称	单位	数量	定额综合单价								
				定额人工费	定额材料费	定额施工机具使用费	企业管理费	利润	一般风险费	未计价材料费	人材机价差	其他风险费
				1	2	3	4	6	8	10	11	12	13
							费率(%)	费率(%)	费率(%)				1+2+3+ 5+7+9+ 10+11+12
							5	7	9				
							(1)×(4)	(1)×(6)	(1)×(8)				
合　计							—	—	—				

人工、材料及机械名称	单位	数量	定额单位	市场单位	价差合计	市场合价	备注
1. 人工							
2. 材料							
(1)计价材料							

续表

人工、材料及机械名称	单位	数量	定额单位	市场单位	价差合计	市场合价	备注
(2)其他材料	元	—	—		—		
3. 机械							
(1)机上人工							
(2)燃料动力费							

注:①此表适用于装饰工程、通用安装工程、市政安装工程、园林绿化工程、城市轨道交通安装工程、人工土石方工程、房屋安装修缮工程、房屋单拆除工程分部分项工程或技术措施项目清单综合单价分析。

②此表适用于定额人工费为计算基础并按一般计税方法计算的工程。

③投标报价如不使用本市建设主管部门发布的依据,可不填定额项目、编号等。

④招标标文件提供了暂估单价的材料,按暂估的单价填入表内,并在备注栏中注明为"暂估价"。

⑤材料应注明名称、规格、型号。

表-10

施工组织措施项目清单计价表

工程名称：

序号	项目编码	项目名称	计算基础	费率（％）	金额（元）	调整费率（％）	调整后金额（元）	备注
1		组织措施费						
2		安全文明施工费						
3		建设工程竣工档案编制费						
4		住宅工程质量分户验收费						
5								
6								
7								
8								
9								
10								
11								
12								
13								
合　计								

注：①计算基础和费用标准按本市有关费用定额或文件执行。
　　②根据施工方案计算的措施费，可不填写"计算基础"和"费率"的数值，但应在备注栏说明施工方案出处或计算方法。

表-11

其他项目清单计价汇总表

工程名称：   第 页共 页

序号	项目名称	计量单位	金额/元	备 注
1	暂列金额			明细详见表-11-1
2	暂估价			
2.1	材料（工程设备）暂估价			明细详见表-11-2
2.2	专业工程暂估价			明细详见表-11-3
3	计日工			明细详见表-11-4
4	总承包服务费			明细详见表-11-5
5	索赔与现场签证			明细详见表-11-6
合 计				

注:材料、设备暂估价进入清单项目综合单价,此处不汇总。

表-11-1

暂列金额明细表

工程名称：

序号	项目名称	计量单位	暂列金额(元)	备注
1				
2				
3				
4				
5				
6				
7				
8				
9				
10				
合 计				

注:此表由招标人填写,如不能详列,也可只列暂定金额总额,投标人应将上述暂列金额计入投标总价中。

表-11-2

材料(工程设备)暂估单价及调整表

工程名称：   第　页共　页

| 序号 | 材料(工程设备)名称、规格、型号 | 计量单位 | 数量 | | 暂估价(元) | | 调整价(元) | | 差额 ±(元) | | 备注 |
			暂估数量	实际数量	单价	合价	单价	合价	单价	合价	

注：①此表由招标人填写"暂估单价"，并在备注栏说明暂估价的材料、工程设备拟用在哪些清单项目上，投标人应将上述
材料、工程设备暂估单价计入工程量清单综合单价报价中。
②材料包括原材料、燃料、构配件以及按规定应计入建筑安装工程造价的设备。

表-11-3

专业工程暂估价及结算价表

工程名称：

序号	专业工程名称	工程内容	暂估金额（元）	结算金额（元）	差额±（元）	备 注
合 计						—

注：此表由招标人填写，投标人应将上述专业工程暂估价计入投标总价中。结算时按合同约定结算金额填写。

表-11- 4

计日工表

工程名称：   第　页共　页

序号	项目名称	单位	暂定数量	实际数量	综合单价（元）	合价（元）	
						暂定	实际
1	人　工						
	人工小计		—		—		
2	材　料						
	材料小计		—		—		
3	施工机械						
	施工机械小计		—		—		
	合　计						

注:此表项目名称、暂定数量由招标人填写,编制招标控制价时,单价由招标人按有关计价规定确定;投标时,单价由投标人自主报价,按暂定数量计算合价计入投标总价中。结算时,按发承包双方确认的实际数量计算合价。

表-11-5

总承包服务费计价表

工程名称：   第 页共 页

序号	工程名称	项目价值(元)	服务内容	计算基础	费率(%)	金额(元)
1	发包人发包专业工程					
2	发包人供应材料					
	合　计					

注:此表项目名称、服务内容由招标人填写,编制招标控制价时,费率及金额由招标人按有关计价规定确定;投标时,费率及金额由投标人自主报价,计入投标总价中。

表-12

规费、税金项目计价表

工程名称：   第　页共　页

序号	项目名称	计费基础	费率(%)	金额(元)
1	规费			
2	税金	2.1 + 2.2 + 2.3		
2.1	增值税	分部分项工程费 + 措施项目费 + 其他项目费 + 规费 – 甲供材料费		
2.2	附加税	增值税		
2.3	环境保护税	按实计算		
	合　计			

表-19

发包人提供材料和工程设备一览表

工程名称：

第　页共　页

序号	名称、规格、型号	单位	数量	单价(元)	交货方式	送达地点	备注

注：此表由招标人填写，供投标人在投标报价、确定总承包服务费时参考。

表-20

承包人提供主要材料和工程设备一览表

（适用于价格指数差额调整法）

工程名称：　　　　　　　　　　　　　　　　　　　　　　　　　　　第　页共　页

序号	名称、规格、型号	变值权重 B	基本价格指数 F_0	现行价格指数 F_t	备注
定值权重 A					
合　计		1			

注：①"名称、规格、型号""基本价格指数"由招标人填写，基本价格指数应首先采用工程造价管理机构发布的价格指数，
　　没有时，可采用发布的价格代替，如人工、施工机具使用费也采用本法调整，由招标人在"名称"栏填写。

　　②"变值权重"由招标人根据该项人工、施工机具使用费和材料设备价值在投标总报价中所占的比例填写，1减去其
　　比例为定值权重。

　　③"现行价格指数"按约定的付款证书相关周期最后一天的前42天的各项价格指数填写，该指数应首先采用工程造
　　价管理机构发布的价格指数，没有时，可采用发布的价格代替。

表-21

承包人提供主要材料和工程设备一览表

（适用于造价信息差额调整法）

工程名称：

序号	名称、规格、型号	单位	数量	风险系数（％）	基准单价（元）	投标单价（元）	发承包人确认单价(元)	备注

注：①此表由招标人填写除"投标单价"栏的内容，投标人在投标时自主确定投标单价。

②招标人应优先采用工程造价管理机构发布的单价作为基准单价，未发布的，通过市场调查确定其基准单价。

第8章 工程计量与合同价款的结算

8.1 工程计量

对承包人已经完成的合格工程进行计量并予以确认,是发包人支付工程价款的前提工作。因此,工程计量不仅是发包人控制施工阶段工程造价的关键环节,也是约束承包人履行合同义务的重要手段。

工程计量就是发承包双方根据合同约定,对承包人完成合同工程的数量进行的计算和确认。具体地说,就是双方根据设计图纸、技术规范以及施工合同约定的计量方式和计算方法,对承包人已经完成的质量合格的工程实体数量进行测量与计算,并以物理计量单位或自然计量单位进行标识、确认的过程。

· 8.1.1 工程计量的原则、范围及依据 ·

1)工程计量的原则

工程计量的原则包括以下 3 个方面:

①不符合合同文件要求的工程不予计量。即工程必须满足设计图纸、技术规范等合同文件对其在工程质量上的要求;同时,有关的工程质量验收资料要齐全、手续完备,满足合同文件对其在工程管理上的要求。

②按合同文件规定的方法、范围、内容和单位计量。工程计量的方法、范围、内容和单位受合同文件约束,其中工程量清单(说明)、技术规范、合同条款均会从不同角度、不同侧面涉及这方面的内容。在计量中要严格遵循这些文件的规定,并且一定要结合起来使用。

③因承包人原因造成的超出合同工程范围施工或返工的工程量,发包人不予计量。

2)工程计量的范围

工程计量的范围包括:

①工程量清单及工程变更所修订的工程量清单的内容。

②合同文件中规定的各种费用支付项目,如费用索赔、各种预付款、价格调整、违约金等。

3)工程计量的依据

工程计量的依据包括:工程量清单及说明、施工图纸、工程变更指令及其修订的工程量清单、合同条件、技术规范、有关计量的补充协议、质量合格证书等。

· 8.1.2 工程计量的方法 ·

工程量必须按照现行国家相关专业工程工程量计算规范规定的工程量计算规则进行计算。

工程计量可选择按月或按工程形象进度分段计量,具体计量周期在合同中约定。

通常区分单价合同和总价合同规定不同的计量方法,成本加酬金合同按照单价合同的计量方法进行计量。

1)单价合同计量

单价合同工程量必须以承包人完成合同工程应予计量的按照现行国家相关专业工程工程量计算规范规定的工程量计算规则计算得到的工程量确定。施工中工程计量时,若发现招标工程量清单中出现缺项、工程量偏差,或因工程变更引起工程量的增减,应按承包人在履行合同义务中完成的工程量计算。

2)总价合同计量

采用工程量清单方式招标形成的总价合同,工程量应按照与单价合同相同的方式计算。采用经审定批准的施工图纸及其预算方式发包形成的总价合同,除按照工程变更规定引起的工程量增减外,其各项目的工程量是承包人用于结算的最终工程量。总价合同约定的项目计量应以合同工程经审定批准的施工图纸为依据,发承包双方应在合同中约定工程计量的形象目标或时间节点。

8.2 合同价款结算

合同价款结算是指依据建设工程发承包合同等进行工程预付款、进度款、竣工价款结算的活动。

· 8.2.1 工程价款的结算方式 ·

工程价款的结算方式主要有以下几种:

①按月结算。实行按月支付进度款,竣工后清算的办法。合同工期在两个年度以上的工程,在年终进行工程盘点,办理年度结算。

②分段结算。对于当年开工、当年不能竣工的工程,按照工程形象进度,划分不同阶段支付工程进度款。具体划分应在施工合同中明确。

③目标结算。在施工合同中,将承包工程的内容分解成不同的控制界面,以业主验收控制界面作为支付工程价款的前提条件。也就是说,将合同的工程内容分解成不同的验收单元,当承包商完成单元工程内容并经业主(或其委托人)验收后,业主支付构成单元工程内容

的工程价款。

④竣工后一次结算。建设项目或单项工程的全部建筑安装工程建设期在 12 个月以内，或者工程承包合同价值较低，通常在 100 万元以下的，可以实行工程价款每月月终预支，竣工后一次结算的方式。

⑤发承包双方约定的其他结算方式。

• 8.2.2　工程价款结算 •

工程价款结算主要包括分阶段结算、专业分包结算、竣工结算和合同中止结算。

（1）分阶段结算

按施工合同约定，工程项目按工程特征划分为不同阶段实施和结算。每一阶段的合同工作内容完成后，经建设单位或监理人验收合格后，由施工单位在原合同分阶段价格的基础上编制调整价格并提交监理人审核签认。分阶段结算是一种工程价款的中间结算。

（2）专业分包结算

按分包合同约定，分包合同工作内容完成后，经总承包单位、监理人对专业分包工作内容验收合格后，由分包单位在原分包合同价格基础上编制调整价格并提交总承包单位、监理人审核签认。专业分包结算也是一种工程价款的中间结算。

（3）竣工结算

工程项目完工并经验收合格后，对所完成的工程项目进行的全面结算。

（4）合同中止结算

工程实施过程中合同中止时，需要对已完成且经验收合格的合同工程内容进行结算。施工合同中止时已完成的合同工程内容，经监理人验收合格后，由施工单位按原合同价格或合同约定的定价条款，参照有关计价规定编制合同中止价格，提交监理人审核签认。合同中止结算有时也是一种工程价款的中间结算，除非施工合同不再继续履行。

• 8.2.3　建设工程质量保证金的扣留与返还 •

（1）质量保证金

质量保证金是指建设单位与施工单位在工程承包合同中约定，从应付工程款中预留，用于保证施工单位在缺陷责任期内对建设工程出现的缺陷进行维修的资金。

这里的缺陷是指建设工程质量不符合工程建设强制性标准、设计文件，以及承包合同的约定。

根据《住房城乡建设部 财政部关于印发建设工程质量保证金管理办法的通知》（建质[2017]138 号）的规定，缺陷责任期一般为 1 年，最长不超过 2 年，由发、承包双方在合同中约定。

缺陷责任期从工程通过竣工验收之日起计。由于承包人原因导致工程无法按规定期限进行竣工验收的，缺陷责任期从实际通过竣工验收之日起计。由于发包人原因导致工程无法按规定期限进行竣工验收的，在承包人提交竣工验收报告 90 天后，工程自动进入缺陷责任期。

（2）其他

推行银行保函制度,承包人可以银行保函替代预留质量保证金。

在工程项目竣工前,已经缴纳履约保证金的,发包人不得同时预留质量保证金。

采用工程质量保证担保、工程质量保险等其他保证方式的,发包人不得再预留质量保证金。

（3）质量保证金预留

发包人应按照合同约定方式预留质量保证金,质量保证金总预留比例不得高于工程价款结算总额的3%。

合同约定由承包人以银行保函替代预留质量保证金的,保函金额不得高于工程价款结算总额的3%。

（4）质量保证金使用

缺陷责任期内,由承包人原因造成的缺陷,承包人应负责维修,并承担鉴定及维修费用。如承包人不维修也不承担费用,发包人可按合同约定从质量保证金或银行保函中扣除,费用超出质量保证金金额的,发包人可按合同约定向承包人进行索赔。承包人维修并承担相应费用后,不免除对工程的损失赔偿责任。由他人原因造成的缺陷,发包人负责组织维修,承包人不承担费用,且发包人不得从质量保证金中扣除费用。

（5）质量保证金返还

缺陷责任期内,承包人认真履行合同约定的责任,到期后,承包人向发包人申请返还质量保证金。发包人在接到承包人返还质量保证金申请后,应于14天内会同承包人按照合同约定的内容进行核实。如无异议,发包人应当按照约定将质量保证金返还给承包人。对返还期限没有约定或者约定不明确的,发包人应当在核实后14天内将质量保证金返还承包人,逾期未返还的,依法承担违约责任。发包人在接到承包人返还质量保证金申请后14天内不予答复,经催告后14天内仍不予答复,视同认可承包人的返还质量保证金的申请。

· 8.2.4　预付款 ·

预付款是按照合同约定,在正式开工前由发包人预先支付给承包人,用于购买工程施工所需的材料及组织施工机械和人员进场的价款。

1）预付款支付

工程预付款额度,各地区、各部门的规定不完全相同,主要是保证施工所需材料和构件的正常储备。工程预付款额度一般是根据施工工期、建筑安装工作量、主要材料和构件费用占建筑安装工程费的比例以及材料储备周期等因素经测算确定。

（1）百分比法

发包人根据工程特点、工期长短、市场行情、供求规律等因素,招标时在合同条件中约定工程预付款的百分比。包工包料工程的预付款的支付比例不得低于签约合同价(扣除暂列金额)的10%,不宜高于签约合同价(扣除暂列金额)的30%。

（2）公式计算法

公式计算法是根据主要材料（含结构件等）占年度承包工程总价的比重、材料储备定额天数和年度施工天数等因素，通过公式计算预付款额度的一种方法。其计算公式为：

$$工程预付款额度 = \frac{年度承包工程总价 \times 材料比例（\%）}{年度施工天数} \times 材料储备定额天数$$

式中，年度施工天数按 365 天日历天计算；材料储备定额天数由当地材料供应的在途天数、加工天数、整理天数、供应间隔天数、保险天数等因素决定。

2）预付款扣回

发包人支付给承包人的工程预付款属于预支性质，随着工程的逐步实施，原已支付的预付款应以充抵工程价款的方式陆续扣回，抵扣方式应当由双方当事人在合同中明确约定。扣款的方法主要有以下两种：

（1）按合同约定扣款

预付款的扣款方法由发包人和承包人通过协商后在合同中予以确定，一般是在承包人完成金额累计达到合同总价的一定比例后，由承包人开始向发包人还款，发包人从每次应付给承包人的金额中扣回工程预付款，发包人至少在合同规定的完工期前将工程预付款的总金额逐次扣回。

（2）起扣点计算法

从未施工工程尚需的主要材料及构件的价值相当于工程预付款数额时起扣，此后每次结算工程价款时，按材料所占比重扣减工程价款，至工程竣工前全部扣清。起扣点的计算公式如下：

$$T = P - \frac{M}{N}$$

式中　T——起扣点（即工程预付款开始扣回时）的累计完成工程金额；

P——承包工程合同总额；

M——工程预付款总额；

N——主要材料及构件所占比重。

该方法对承包人比较有利，最大限度地占用了发包人的流动资金，但是显然不利于发包人的资金使用。

3）预付款担保

（1）预付款担保的概念及作用

预付款担保是指承包人与发包人签订合同后领取预付款前，承包人为正确、合理地使用发包人支付的预付款而提供的担保。其主要作用是保证承包人能够按合同规定的目的使用并及时偿还发包人已支付的全部预付款金额。如果承包人中途毁约，中止工程，使发包人不能在规定期限内从应付工程款中扣除全部预付款，则发包人有权从该项担保金额中获得补偿。

（2）预付款担保的形式

预付款担保的主要形式是银行保函。预付款担保的担保金额通常与发包人的预付款等值。预付款一般逐月从工程进度款中扣除，预付款担保的担保金额也相应逐月减少。承包人的预付款保函的担保金额根据预付款扣回的数额相应扣减,但在预付款全部扣回之前一直保持有效。

预付款担保也可以采用发承包双方约定的其他形式,如由担保公司提供担保或采取抵押等担保形式。

4)安全文明施工费预付款

发包人应在工程开工后的 28 天内预付不低于当年施工进度计划的安全文明施工费总额的 60% ,其余部分按照提前安排的原则进行分解,与进度款同期支付。

发包人没有按时支付安全文明施工费的,承包人可催告发包人支付;发包人在付款期满后 7 天内仍未支付的,若发生安全事故,发包人应承担连带责任。

· 8.2.5　期中支付（工程进度款支付）·

合同价款的期中支付,是指发包人在合同工程施工过程中,按照合同约定对付款周期内承包人完成的合同价款给予支付的款项,也就是工程进度款的结算支付。

发承包双方应按照合同约定的时间、程序和方法,根据工程计量结果,办理期中价款结算,支付进度款。进度款支付周期应与合同约定的工程计量周期一致。

1)期中支付价款的计算

（1）已完工程的结算价款

已标价工程量清单中的单价项目,承包人应按工程计量确认的工程量与综合单价计算。如综合单价发生调整的,以发承包双方确认调整的综合单价计算进度款。

已标价工程量清单中的总价项目,承包人应按合同中约定的进度款支付分解,分别列入进度款支付申请中的安全文明施工费和本周期应支付的总价项目的金额中。

（2）结算价款的调整

承包人现场签证和得到发包人确认的索赔金额列入本周期应增加的金额中。由发包人提供的材料、工程设备金额,应按照发包人签约提供的单价和数量从进度款支付中扣除,列入本周期应扣减的金额中。

（3）进度款的支付比例

进度款的支付比例按照合同约定,按期中结算价款总额计,不低于 60% ,不高于 90% 。

2)期中支付的文件

（1）进度款支付申请

承包人应在每个计量周期到期后向发包人提交已完工程进度款支付申请一式四份,详细说明此周期认为有权得到的款额,包括分包人已完工程的价款。

（2）进度款支付证书

发包人应在收到承包人进度款支付申请后,根据计量结果和合同约定对申请内容予以核实,确认后向承包人出具进度款支付证书。若发承包双方对有的清单项目的计量结果有争议,发包人应对无争议部分的工程计量结果向承包人出具进度款支付证书。

发现已签发的任何支付证书有错、漏或重复的数额,发包人有权予以修正,承包人也有权提出修正申请。经发承包双方复核同意修正的,应在本次到期的进度款中支付或扣除。

· 8.2.6 竣工结算 ·

工程竣工结算是指工程项目完工并经竣工验收合格后,发承包双方按照施工合同的约定对完成的工程项目进行的合同价款的计算、调整和确认。

工程竣工结算分为单位工程竣工结算、单项工程竣工结算和建设项目竣工总结算。其中,单位工程竣工结算和单项工程竣工结算也可看作是分阶段结算。

1)工程竣工结算的编制和审核

单位工程竣工结算由承包人编制,发包人审查;实行总承包的工程,由具体承包人编制,在总包人审查的基础上,发包人审查。

单项工程竣工结算或建设项目竣工总结算由总(承)包人编制,发包人可直接审查,也可以委托具有相应资质的工程造价咨询机构审查。政府投资项目由同级财政部门审查。单项工程竣工结算或建设项目竣工总结算经发承包人签字盖章后有效。承包人应在合同约定期限内完成项目竣工结算编制工作,未在规定期限内完成的并且提不出正当理由延期的,责任自负。

竣工结算审核方法主要包括全面审核法、重点审核法、抽样审核法、类比审核法等。

2)竣工结算款的支付

工程竣工结算文件经发承包双方签字确认的,应作为工程结算的依据,未经对方同意,另一方不得就已生效的竣工结算文件委托工程造价咨询企业重复审核。发包人应当按照竣工结算文件及时支付竣工结算款。竣工结算文件应当由发包人报工程所在地县级以上地方人民政府住房城乡建设主管部门备案。

①承包人应根据办理的竣工结算文件,向发包人提交竣工结算款支付申请。

②发包人应在收到承包人提交竣工结算款支付申请后规定时间内予以核实,向承包人签发竣工结算支付证书。发包人在收到承包人提交的竣工结算款支付申请后规定时间内不予核实,不向承包人签发竣工结算支付证书的,视为承包人的竣工结算款支付申请已被发包人认可。

③发包人签发竣工结算支付证书后的规定时间内,按照竣工结算支付证书列明的金额向承包人支付结算款。发包人未按照规定的程序支付竣工结算款的,承包人可催告发包人支付,并有权获得延迟支付的利息。发包人在竣工结算支付证书签发后或者在收到承包人提交的竣工结算款支付申请规定时间内仍未支付的,除法律另有规定外,承包人可与发包人协商将该工程折价,也可直接向人民法院申请将该工程依法拍卖,承包人就该工程折价或拍卖的价款优先受偿。

· 8.2.7 最终结清 ·

所谓最终结清,是指合同约定的缺陷责任期终止后,承包人已按合同规定完成全部剩余工作且质量合格的,发包人与承包人结清全部剩余款项的活动。

1)最终结清申请单

缺陷责任期终止后,承包人已按合同规定完成全部剩余工作且质量合格的,发包人签发缺陷责任期终止证书,承包人可按合同约定的份数和期限向发包人提交最终结清申请单,并提供相关证明材料,详细说明承包人根据合同规定已经完成的全部工程价款金额以及承包人认为根据合同规定应进一步支付的其他款项。发包人对最终结清申请单内容有异议的,有权要求承包人进行修正和提供补充资料,并由承包人向发包人提交修正后的最终结清申请单。

2)最终结清支付证书

发包人收到承包人提交的最终结清申请单后在规定时间内予以核实,并向承包人签发最终结清支付证书。发包人未在约定时间内核实,又未提出具体意见的,视为承包人提交的最终结清申请单已被发包人认可。

3)最终结清付款

发包人应在签发最终结清支付证书后的规定时间内,按照最终结清支付证书列明的金额向承包人支付最终结清款。承包人按合同约定接受了竣工结算支付证书后,应被认为已无权再提出在合同工程接收证书颁发前所发生的任何索赔。承包人在提交的最终结清申请中,只限于提出工程接收证书颁发后发生的索赔。提出索赔的期限自接受最终支付证书时终止。发包人未按期支付的,承包人可催告发包人在合理的期限内支付,并有权获得延迟支付的利息。

最终结清时,如果承包人被扣留的质量保证金不足以抵减发包人工程缺陷修复费用的,承包人应承担不足部分的补偿责任。最终结清付款涉及政府投资资金的,按照国库集中支付等国家相关规定和专用合同条款的约定办理。承包人对发包人支付的最终结清款有异议的,按照合同约定的争议解决方式处理。

· 8.2.8　建设工程合同价款纠纷处理 ·

建设工程合同价款纠纷是指发承包双方在建设工程合同价款的约定、调整以及结算等过程中发生的争议。

1)建设工程合同价款纠纷分类

按照争议合同的类型不同,可以把建设工程合同价款纠纷分为总价合同价款纠纷、单价合同价款纠纷以及成本加酬金合同价款纠纷;按照纠纷发生的阶段不同,可以分为合同价款约定纠纷、合同价款调整纠纷和合同价款结算纠纷;按照纠纷的成因不同,可以分为合同无效的价款纠纷、工期延误的价款纠纷、质量争议的价款纠纷以及工程索赔的价款纠纷。

2)建设工程合同价款纠纷的解决途径

建设工程合同价款纠纷的解决途径主要有和解、调解、仲裁和诉讼4种。

（1）和解

和解是指当事人在自愿互谅的基础上,就已经发生的争议进行协商并达成协议,自行解决争议的一种方式。发生合同争议时,当事人应首先考虑通过和解解决争议。和解解决争议简便易行,能经济、及时地解决纠纷,同时有利于维护合同双方的友好合作关系,使合同能更好地得到履行。

（2）调解

调解是指双方当事人以外的第三人应纠纷当事人的请求,依据法律规定或合同约定,对双方当事人进行疏导、劝说,促使他们互相谅解、自愿达成协议解决纠纷的一种方式。《建设工程工程量清单计价规范》（GB 50500—2013）规定了以下调解方式:

①管理机构的解释或认定;

②双方约定争议调解人进行调解。

（3）仲裁

仲裁是指当事人根据在纠纷发生前或纠纷发生后达成的有效仲裁协议,自愿将争议事项提交双方选定的仲裁机构进行裁决的一种纠纷解决方式。

（4）诉讼

诉讼是指国家审判机关即人民法院,依照法律规定,在当事人和其他诉讼参与人的参加下,依法解决讼争的活动。

在建设工程合同中,发承包双方在履行合同时发生争议,双方当事人不愿和解、调解或者和解、调解未能达成一致意见,又没有达成仲裁协议或者仲裁协议无效的,可依法向人民法院提起诉讼。因建设工程合同纠纷提起的诉讼,应当由工程所在地人民法院管辖。

案例分析

【背景资料】

某施工单位承包某工程项目,发承包双方签订的关于工程价款的合同内容有:

（1）建筑安装工程造价660万元,建筑材料及设备费占施工产值的比重为60%。

（2）工程预付款为建筑安装工程造价的20%。工程实施后,工程预付款从未施工工程尚需的建筑材料及设备费相当于工程预付款数额时起扣,从每次结算价款中按材料和设备占施工产值的比重抵扣工程预付款,竣工前全部扣清。

（3）工程进度款逐月计算。

（4）工程质量保证金为建筑安装工程造价的3%,竣工结算月一次扣留。

（5）建筑材料和设备价差调整按当地工程造价管理部门有关规定执行（当地工程造价管理部门规定,上半年材料和设备价差上调10%,在6月份一次调增）。

工程各月实际完成产值见表8.1。

表8.1　工程各月实际完成产值　　　　　　单位:万元

月份	2月	3月	4月	5月	6月	合　计
完成产值	55	110	165	220	110	660

【问题】

（1）通常工程竣工结算的前提条件是什么?

（2）工程价款结算的方式有哪几种?

（3）该工程的工程预付款、起扣点为多少？

（4）该工程2月至5月每月拨付工程款为多少？累计工程款为多少？

（5）6月份办理工程竣工结算，该工程结算造价为多少？发包人应付工程结算款为多少？

（6）该工程在保修期间发生屋面漏水，发包人多次催促承包人修理，承包人一直未修理，后发包人另请施工单位修理，修理费为1.5万元，该项费用如何处理？

【解】 （1）工程竣工结算的前提条件是承包人按照合同规定的内容全部完成所承包的工程，并符合合同要求，经相关部门联合验收质量合格。

（2）工程价款的结算方式有按月结算、按形象进度分段结算、目标结算、竣工后一次结算和双方约定的其他结算方式。

（3）工程预付款：$660 \times 20\% = 132$（万元）

　　起扣点：$660 - 132/60\% = 440$（万元）

（4）各月拨付工程款为：

2月：

工程款：55万元，累计工程款：55万元

3月：

工程款：110万元，累计工程款：$55 + 110 = 165$（万元）

4月：

工程款：165万元，累计工程款：$165 + 165 = 330$（万元）

5月：

工程款：$220 - (220 + 330 - 440) \times 60\% = 154$（万元）

累计工程款：$330 + 154 = 484$（万元）

（5）工程结算造价：$660 + 660 \times 60\% \times 10\% = 699.6$（万元）

　　发包人应付工程结算款：$699.6 - 484 - 699.60 \times 3\% - 132 = 62.612$（万元）

（6）1.5万元维修费应从扣留的质量保证金中支付。

参考文献

［1］中华人民共和国住房和城乡建设部.建设工程工程量清单计价规范:GB 50500—2013［S］.北京:中国计划出版社,2013.

［2］中华人民共和国住房和城乡建设部.房屋建筑与装饰工程工程量计算规范:GB 50854—2013［S］.北京:中国计划出版社,2013.

［3］中华人民共和国住房和城乡建设部.建筑工程建筑面积计算规范:GB/T 50353—2013［S］.北京:中国计划出版社,2013.

［4］重庆市建设工程造价管理总站.重庆市房屋建筑与装饰工程计价定额:CQJZZSDE—2018［S］.重庆:重庆大学出版社,2018.

［5］重庆市建设工程造价管理总站.重庆市绿色建筑工程计价定额:CQLSJZDE—2018［S］.重庆:重庆大学出版社,2018.

［6］重庆市建设工程造价管理总站.重庆市建设工程费用定额:CQFYDE—2018［S］.重庆:重庆大学出版社,2018.

［7］重庆市建设工程造价管理总站.重庆市建设工程施工机械台班定额:CQJXDE—2018［S］.重庆:重庆大学出版社,2018.

［8］重庆市建设工程造价管理总站.重庆市建设工程混凝土及砂浆配合比表:CQPHBB—2018［S］.重庆:重庆大学出版社,2018.

［9］全国造价工程师执业资格考试培训教材编审委员会.建设工程计价［M］.2017年版.北京:中国计划出版社,2017.

［10］全国造价工程师执业资格考试培训教材编审委员会.建设工程造价案例分析［M］.2017年版.北京:中国城市出版社,2017.

［11］吴育萍,王艳红,刘国平.建筑工程计量与计价［M］.北京:北京大学出版社,2017.

［12］范菊雨,杨淑华.建筑装饰工程预算［M］.2版.北京:北京大学出版社,2015.

［13］张俊友.建筑工程计量与计价［M］.长春:吉林大学出版社,2017.

［14］吴佐民,房春艳.房屋建筑与装饰工程工程量计算规范图解［M］.北京:中国建筑工业出版社,2016.